U0172679

中国古建筑油作技术

（第二版）

路化林　著

中国建筑工业出版社

图书在版编目（CIP）数据

中国古建筑油作技术 / 路化林著. — 2版. — 北京：中国建筑工业出版社，2020.2

ISBN 978-7-112-24773-8

Ⅰ.①中… Ⅱ.①路… Ⅲ.①古建筑－油漆技术－中国 Ⅳ.①TU-87

中国版本图书馆CIP数据核字（2020）第022291号

本书主要包括：概述，古建油饰常用材料及预加工配制的基本知识，地仗施工工艺，油皮（油漆）施工工艺，饰金施工工艺，烫硬蜡、擦软蜡、清漆施工工艺，匾额油饰施工工艺，一般大漆施工工艺，粉刷施工工艺，清式古建油作混线技术，古建油饰工程施工的基本技能，古建油饰工程质量通病产生与预防及治理方法，古建油饰工程环境保护与安全施工的防护措施及要求，古建油作名词术语及技术术语注释，关于古建筑部位名称油画作与木作名词对照表，关于油饰彩画工程分部、分项工程名称参考，古建油漆工职业技能（应知应会的要求）等内容。

本书为作者数十年的油作施工经验总结，实用性、可操作性强，适合广大古建筑油作专业的人员阅读使用。

* * *

责任编辑：张伯熙
责任校对：焦　乐

中国古建筑油作技术（第二版）
路化林　著

*

中国建筑工业出版社出版、发行（北京海淀三里河路9号）
各地新华书店、建筑书店经销
北京点击世代文化传媒有限公司制版
北京中科印刷有限公司印刷

*

开本：787×1092毫米　1/16　印张：17¼　插页：18　字数：334千字
2020年4月第二版　2020年4月第二次印刷
定价：**88.00**元
ISBN 978-7-112-24773-8
（35069）

古建筑油作工程举例

古建地仗工程施工中

油饰彩画竣工工程

彩图2-2-1　线麻

彩图3-2-1　地仗施工常用铁板、铲刀、皮子、麻轧子、轧子

彩图3-4-1　柱子槛框踏板基层处理

彩图3-4-2　柱子基层处理

彩图3-4-3　下竹钉与扒锔子

彩图3-4-4　上下架大木捉缝灰及椽头通灰未裹椽帮

彩图3-4-5　上架大木捉缝灰和椽头通灰及椽望中灰

彩图3-4-6　室内上架大木捉缝灰后轧合楞

彩图3-4-7　柱子槛框捉缝灰后、轧八字基础线

彩图3-4-8　铁箍使麻

彩图3-4-9　上架大木椽头通灰和灶火门椽望斗栱捉缝灰

彩图3-4-10　上架的上行条和压斗枋及道僧帽粘麻

彩图3-4-11　上架的上行条和垫板随粘麻随砸干轧

彩图3-4-12　廊步大木使麻大面积先使多秧角多接点的麻

彩图3-4-13　柱框风槛踏板使麻步骤一拉柱子与踏板的麻

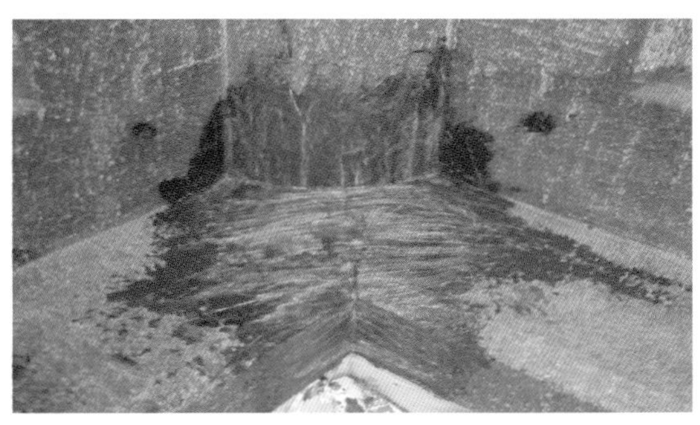

彩图3-4-14　柱框风槛踏板使麻步骤二拉踏板与踏板的麻

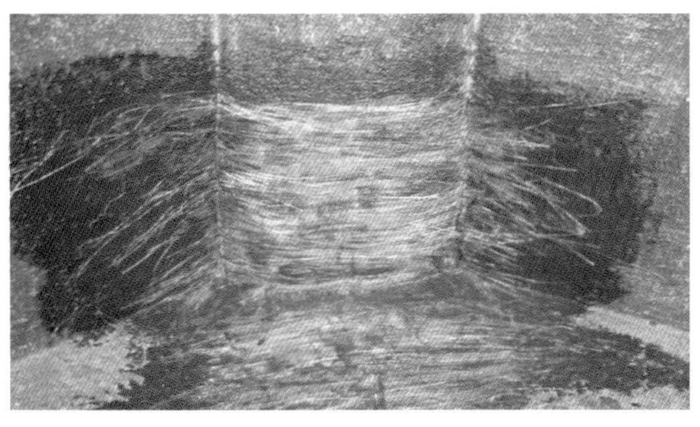

彩图3-4-15　柱框风槛踏板使麻步骤三拉柱子与风槛的麻

彩图3-4-16　柱框风槛踏板使麻步骤四拉右框与风槛和踏板的麻

彩图3-4-17　柱框风槛踏板使麻步骤五拉左框与风槛和踏板的麻

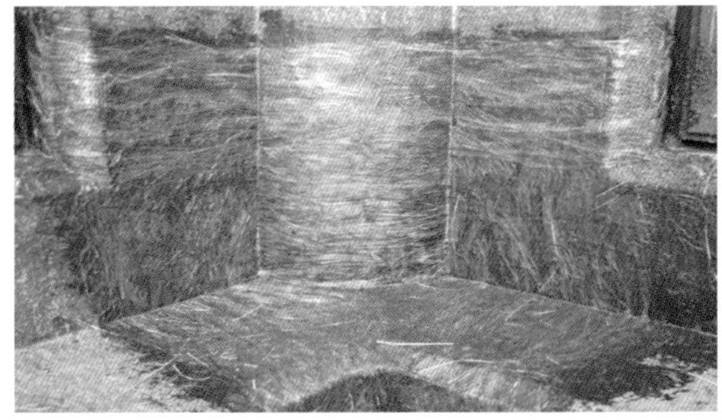

彩图3-4-18　柱框风槛踏板使麻步骤六拉柱子与左右抱框的麻

彩图3-4-19　山花博缝绶带使麻后需磨麻

彩图3-4-20　下架柱子罗汉墙使麻后待磨麻

彩图3-4-21　上架大木磨麻后需压麻

彩图3-4-22　槛框隔扇磨麻后风干

彩图3-4-23　门扇边抹节点糊布条大小樘子满糊布

彩图3-4-24　柱子抱框压麻灰

彩图3-4-25　隔扇边抹轧压麻灰线后“干拣线角”

彩图3-4-26　山花绶带细灰、博缝边棱找细灰

彩图3-4-27　上架大木找细灰、合楞轧细灰

彩图3-4-28　上架大木找细灰、合楞轧细灰

彩图3-4-29　上架大木找细灰、合楞轧细灰

彩图3-4-30　下架槛框轧细灰线干后“干拣线角”

彩图3-4-31　槛框、踏板、门扇轧线、找细灰

彩图3-4-32　柱框、踏板轧线、找细灰

彩图3-4-33　下架槛框轧细灰线干燥后待细槛框面

彩图3-4-34　隔扇的樘子心海棠盒轧细灰线

彩图3-4-35　隔扇的边抹皮条线轧细灰

彩图3-4-36　上下架大木磨细灰，右上槛落磨细灰线

彩图3-4-37　柱框磨细灰应由下至上磨

彩图3-4-38　室内墙柱钻生桐油

彩图3-4-39　柱子抱框隔扇钻生桐油后等干

彩图3-4-40　柱槛框大门扇钻生桐油后等干

彩图3-7-1　楦攒角（翼角图示）

彩图3-7-2　楦攒角的老檐斜椽当

彩图3-7-3　老檐椽头、檐檩、压斗枋通灰

彩图3-7-4　斗栱捉缝灰、上架大木通灰

彩图3-7-5　花活钻生桐油后等干

彩图3-7-6　落地雕三交六碗菱花槛盲窗心屉地仗前

彩图3-7-7　落地雕三交六碗菱花槛盲窗心屉地仗后

彩图3-8-1 混凝土大木捉找胶溶性灰轧合楞

彩图3-8-2　混凝土柱子通胶溶性灰

彩图3-8-3　混凝土柱子细灰

彩图3-8-4　混凝土柱子钻生桐油后等干

彩图4-1-1　下架大木（罗汉墙）油饰

彩图4-1-2　小式大作垂花门的屏门油饰

彩图4-1-3　斑竹座彩画

彩图4-1-4　什锦窗黑红镜油饰

彩图4-1-5　金边片金万寿字门簪

彩图4-1-6　金边松竹梅门簪

彩图4-1-7　廊步下架油饰的横披窗边抹饰朱红油

彩图4-1-8　金线掐箍头搭包袱彩画及油饰

彩图4-1-9　黄线掐箍头彩画及油饰

彩图4-1-10　仿古建游廊下架油饰

彩图4-1-11　长廊椽望红帮绿底、白菜头油饰

彩图4-1-12　民居遗留的黑红镜院门

彩图4-1-13　民居遗留的黑色院门

彩图4-1-14　四合院新做黑红镜油饰

彩图4-4-1 上下架大木找、刮大白油腻子

彩图4-4-2　隔扇门找、刮胶油腻子

彩图4-4-3　柱框门扇找、刮大白油腻子

彩图4-4-4 刷攒角(翼角)飞椽绿肚前通线弧度粘美纹纸

彩图4-4-5　攒角飞椽通线粘美纹纸

彩图4-4-6　正身飞椽通线粘美纹纸

彩图4-4-7　绿椽帮的划印工具

绿椽肚为椽长的4/5

彩图4-4-8　绿椽帮为椽径的45%，红椽根为椽长的1/5

彩图5-1-1　下架框线及隔扇云盘线、绦环线贴金

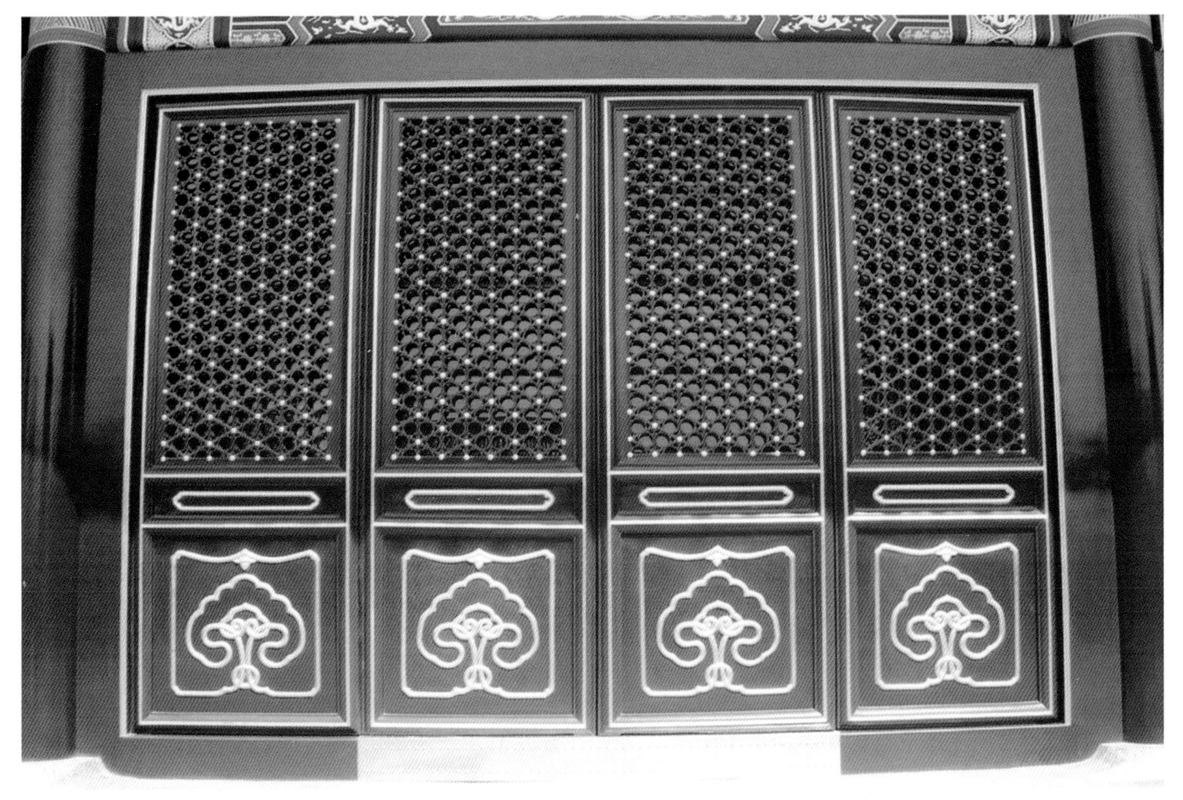

彩图5-1-2　框线、云盘线、绦环线、两炷香、菱花扣贴金

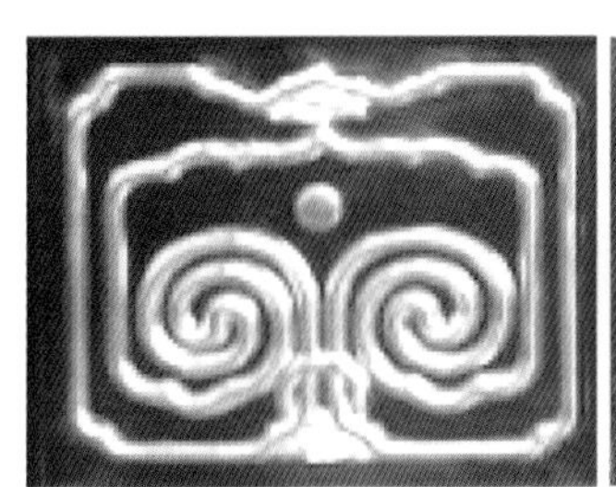

彩图5-1-3　云盘线槛子

彩图5-1-4　五福捧寿槛子(旧)

彩图5-1-5　五福捧寿槛子(新)

彩图5-1-6　五福捧寿槛子

彩图5-1-7　浮雕花板龙凤戏珠云贴金

彩图5-1-8　框线及隔扇云盘线、面叶、绦环线、菱花扣贴金

彩图5-1-9　框线及隔扇面叶、云龙、卷草、菱花扣贴金

彩图5-1-10　框线及槛窗面叶、云龙、菱花扣贴金

彩图5-1-11　隔扇浮雕云龙、卷草片金樘子

彩图5-1-12　隔扇皮条线、云盘线、绦环线贴金

彩图5-1-13　框线、门钉、门簪边贴金

彩图5-1-14　框线、门钉、兽面门钹、门簪边贴金

彩图5-1-15　江山永驻西番莲大卷叶草片金柱子

彩图5-1-16　江山永驻两色金盘龙柱

彩图5-1-17　金龙和玺彩画贴两色金（明间）

彩图5-1-18　金龙和玺彩画贴两色金（次间）

彩图5-1-19　平金边斗栱、垫栱板坐龙片金、坐斗枋跑龙两色金彩画

彩图5-1-20　金龙和玺彩画贴片金

彩图5-1-21　金龙和玺彩画贴两色片金

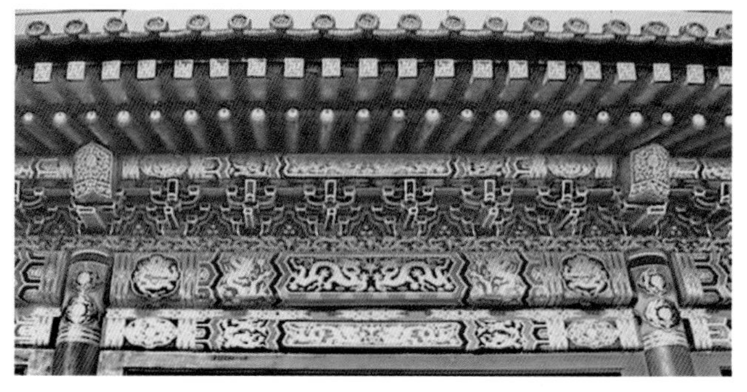

彩图5-1-22　金龙和玺彩画贴片金

彩图5-1-23　平金边斗拱、三宝珠火焰、金龙和玺彩画贴片金

彩图5-1-24　金线海屋添筹包袱苏画饰金

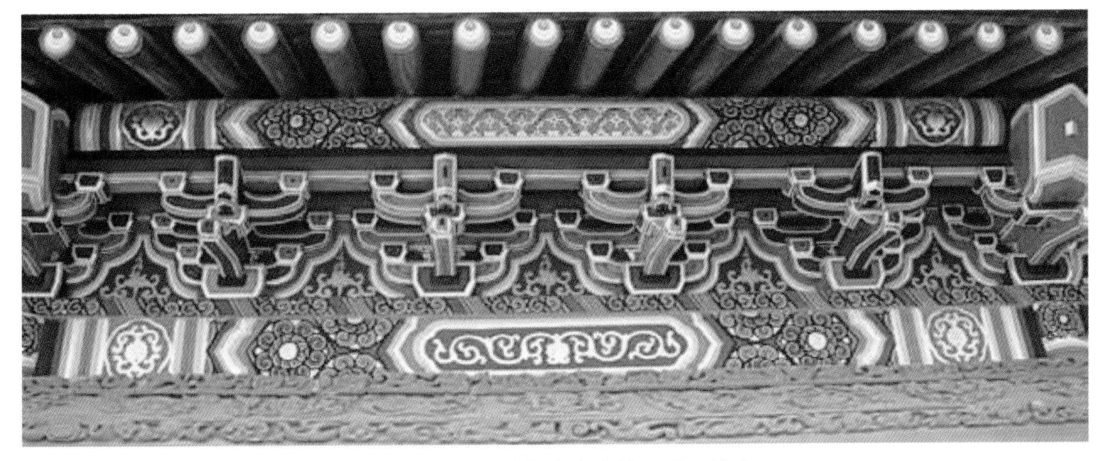

彩图5-1-25　金线大点金旋子彩画饰金

彩图5-1-26　金线枋心苏画饰金

彩图5-1-27　墨线大点金旋子彩画饰金

彩图5-1-28　金线枋心苏画饰金

彩图5-1-29　墨线小点金旋子彩画饰金

彩图5-1-30 雀替大边、金老彩画贴金

彩图5-1-31 雀替大边、灵芝、卷草、金老彩画贴金

彩图5-1-32 金琢墨雀替彩画

彩图5-1-33 片金雀替彩画

彩图5-1-34 正身椽望沥粉彩画贴金

彩图5-1-35 翼角椽望沥粉彩画贴金

彩图5-1-36 歇山山花一挂一组四环梨花绶带油饰前

彩图5-1-37 歇山山花一挂一组四环梨花绶带油饰后

彩图5-1-38　歇山山花一挂一组四环梨花绶带及梅花钉贴金

彩图5-1-39　歇山山花一挂一组三套环绶带及梅花钉贴金

彩图5-1-40　歇山山花五挂九组四环梨花绶带及梅花钉贴金

彩图5-1-41　山花五挂九组四环梨花绶带沥粉贴金及梅花钉贴金

彩图5-1-42　油饰彩画及饰金

彩图5-1-43　油饰彩画及饰金

彩图5-1-44　油饰彩画及饰金

彩图5-1-45　神龛雕龙毗卢帽、卷草芽子贴浑金

彩图5-1-46　佛像面部金箔罩漆（贴金罩腰果漆）

彩图5-1-47　彩堆拨金佛像

彩图5-1-48　佛像局部拨金纹饰

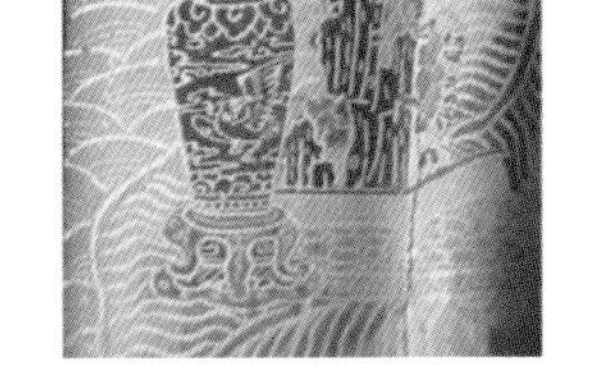

彩图5-1-49　佛像局部拨金纹饰

彩图5-1-50　挂檐板边线和寿钱沥粉贴金

彩图5-1-51　挂落板边和如意头贴库金及荷叶净瓶彩画

彩图5-1-52　福禄善庆槛子

彩图5-1-53　六抹隔扇的边抹皮条线含两柱香

彩图5-2-1　金夹子、广东栓、捻子、筷子笔

↓ 9.33cm × 9.33cm　　↓ 护金纸的折边

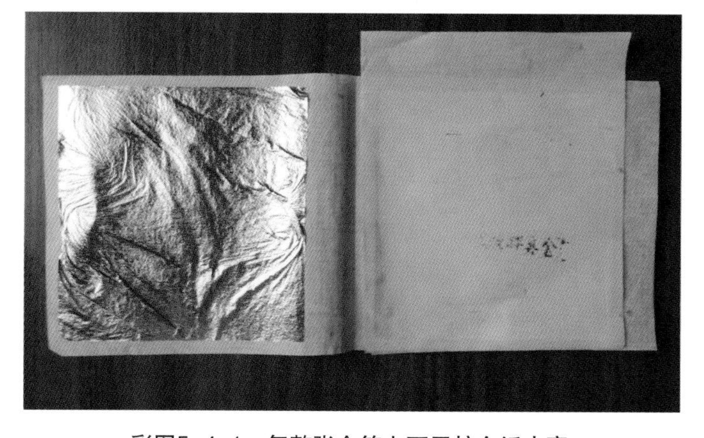

彩图5-4-1　每整张金箔上下层护金纸夹裹

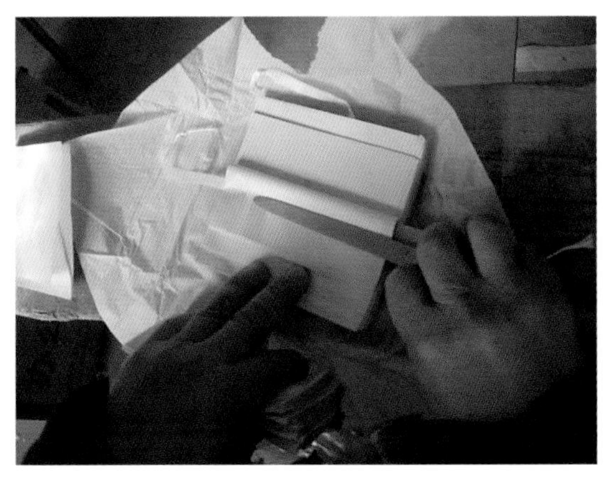

彩图5-4-2　折金：一贴金＝10张金箔

彩图5-4-3　每10贴金打成捆存放在罗内

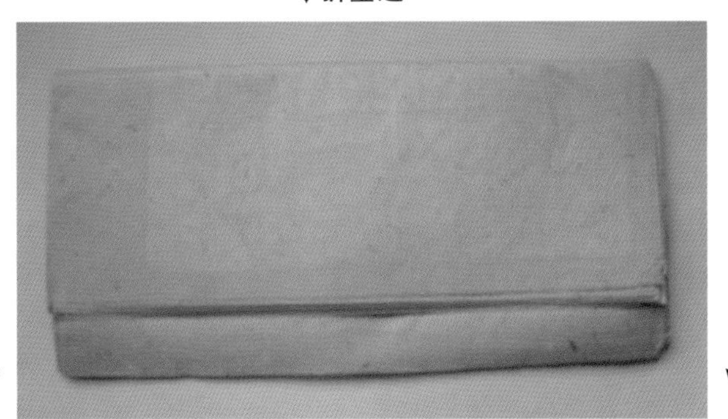

彩图5-4-4　折好的一贴金↑下边长上边短

彩图5-4-5　撕金后划金前左手拿金方法

彩图5-4-6　划金后金纸打卷贴佛像底座

彩图5-4-7　贴金时左手指与右手的配合

彩图5-4-8　混线贴整条金

彩图5-4-9　混线贴金后帚金

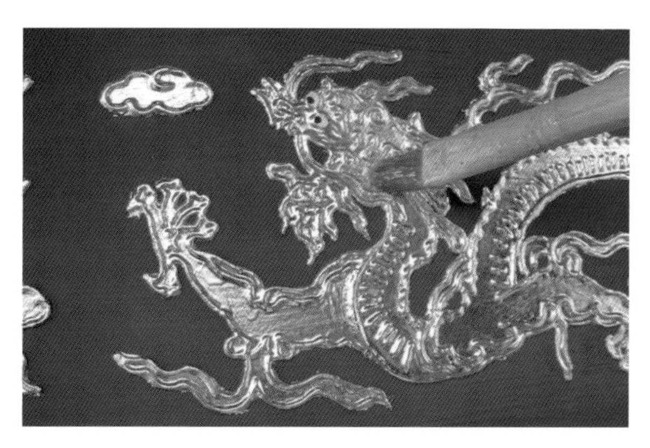

彩图5-4-10　坐斗枋彩画沥粉贴赤金的部位罩油

彩图5-4-11　上行条彩画沥粉贴赤金的部位罩油

彩图6-1-1　高雅的精装修古朴的色彩搭配

彩图 7-1-1　挂于古建筑物最显眼部位的匾额

彩图7-3-1　斗子匾（边框红地金边匾）

彩图7-3-2　斗子匾（边框红地金边匾）

彩图7-3-3　斗子匾（边框红地金边匾）及金边素门簪

彩图7-3-4　斗子匾（雕刻边框蓝地金纹饰）

彩图7-3-5　斗子匾（雕刻边框蓝地金纹饰）

彩图7-3-6　斗子匾（雕刻边框素绿匾）

彩图7-3-7　雕龙匾（雕刻边框云龙浑金匾）

彩图7-3-9　雕龙匾
（雕刻边框红地彩海水江牙金云龙金边匾）

彩图7-3-8　雕龙匾
（雕刻边框红云地金边金龙匾）

彩图7-3-10　雕龙匾
（雕刻边框云龙浑金抱柱对子）

彩图7-3-11　雕龙匾
（雕刻边框云龙浑金抱柱对子）

彩图7-3-12　御章

彩图7-3-13　雕龙匾（雕刻边框云龙浑金匾）

彩图7-13-14　雕龙匾（雕刻边框红地金云龙匾）

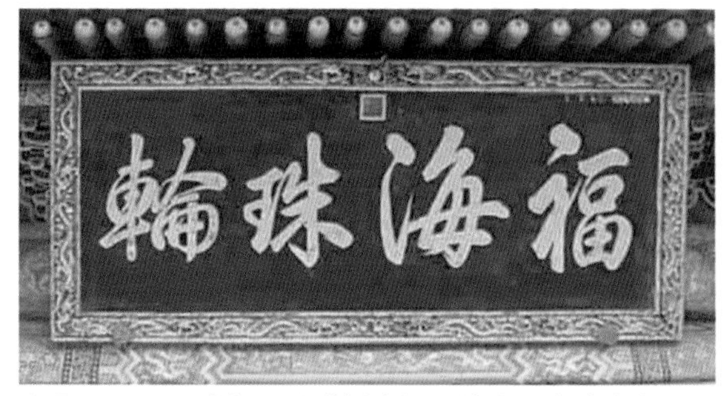

彩图7-3-15　雕龙匾（雕刻边框红地彩云金边金龙匾）

彩图7-3-16 花边匾（雕刻边框红地金边金万寿纹匾）

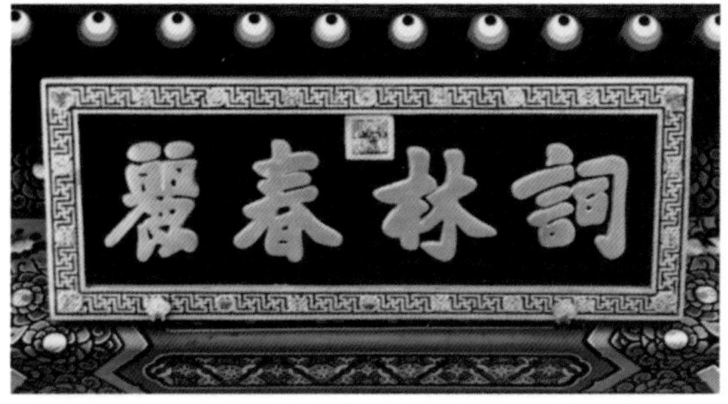

彩图7-3-17　花边匾（雕刻边框红地金边金万寿纹匾）

彩图7-3-18　花边匾（雕刻边框红地金边金松竹梅纹匾）

彩图 7-3-19　花边抱柱对子

彩图7-3-20　花边抱柱对子

彩图7-3-21　平面匾（木刻镂阳字贴金）

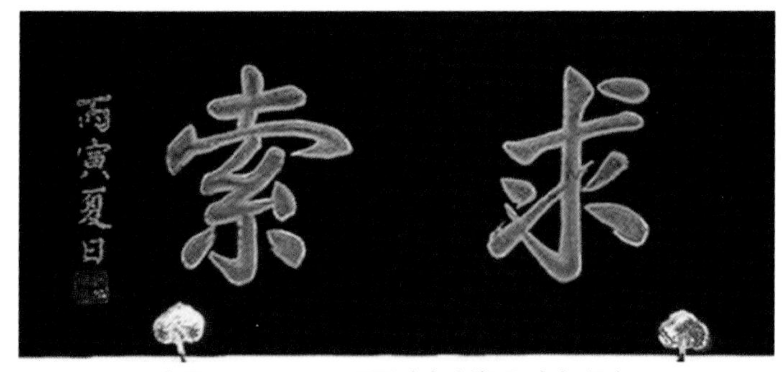

彩图7-3-22　平面匾（灰刻镂阳字扫绿）

彩图7-3-23　平面匾（镘阳字贴金）

彩图7-3-24　抱柱对子

彩图 7-3-25　清色匾(旧烫蜡地扫绿字匾)

彩图 7-3-26　清色匾(后改清漆地刷绿字匾)

彩图7-3-27　清色匾(御章)

彩图7-3-28　奇形匾（套环匾）

彩图7-3-29　奇形匾（套环匾）

彩图7-3-30　奇形匾（画卷匾）

彩图7-3-31　奇形匾（福匾）

彩图7-3-32　奇形匾（福匾）

彩图7-3-33　奇形匾（福匾）

彩图7-3-34　边框匾

彩图7-3-35　边框匾(纸绢匾)

彩图7-3-36　边框匾(纸绢匾)

彩图7-3-37　铜制匾托

彩图7-3-38　木雕匾托

彩图7-3-39　木雕匾托

彩图7-3-40　木雕匾托

彩图7-3-41　木雕匾托

彩图7-3-42　木雕匾托

彩图7-3-43　木雕匾托（新样式）

彩图7-6-1　斗子匾框钻生

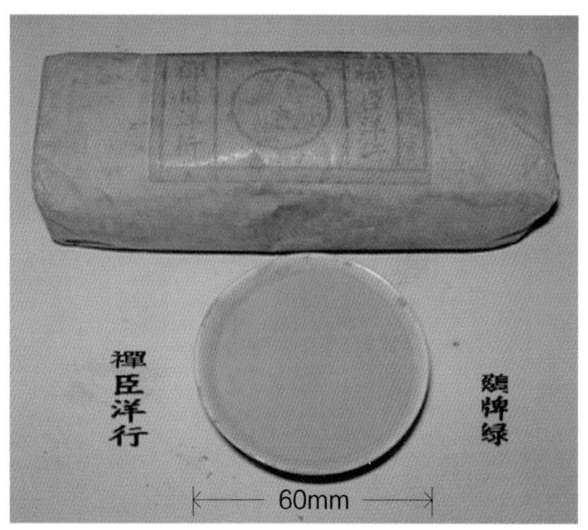

彩图7-9-1　鸡牌绿颜料

彩图9-3-1　大绿墙边界黑白线

彩图9-3-2　大绿墙边界红白线

彩图9-3-3　墙边切活勾填纹饰界红白线

彩图9-3-4　青绿墙边沥粉片金跑龙界红白线

彩图9-3-5　太庙大戟门青墙边界红白线

彩图10-4-1　框线与基础线的关系

彩图10-4-2　没掌握框线与基础线的关系框面灰则厚

彩图10-4-3　掌握了框线与基础线的关系框面灰则薄

彩图10-5-1　混线轧坯

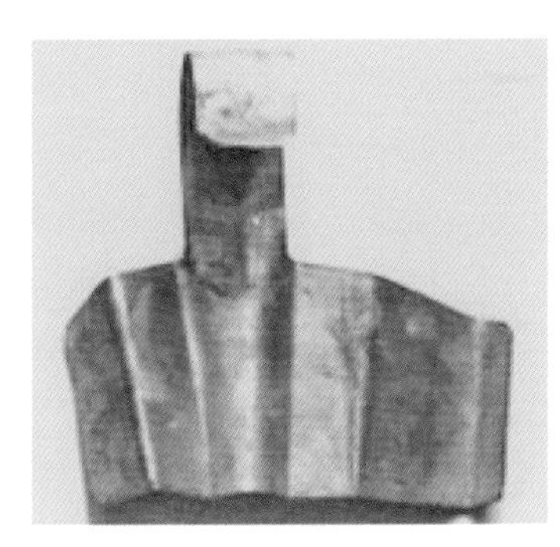

彩图10-5-3　反手混线轧子

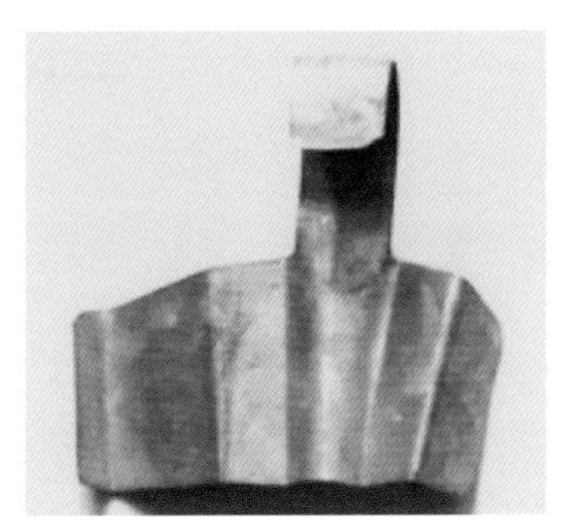

彩图10-5-4　正手混线轧子

彩图11-1-1　室内上架大木做假木纹

彩图11-1-2　室内上架大木做假木纹

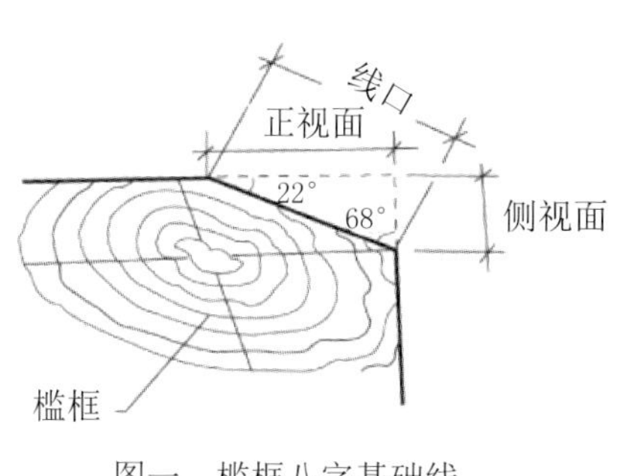

图一　槛框八字基础线

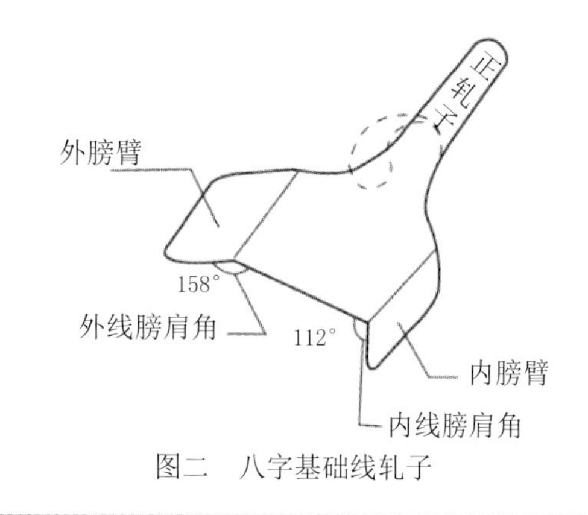

图二　八字基础线轧子

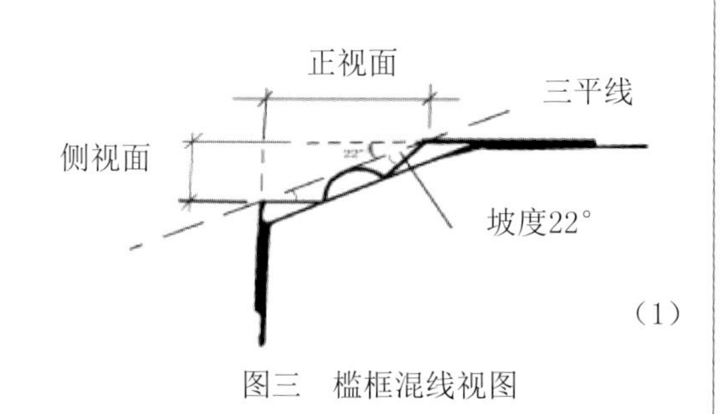

图三　槛框混线视图

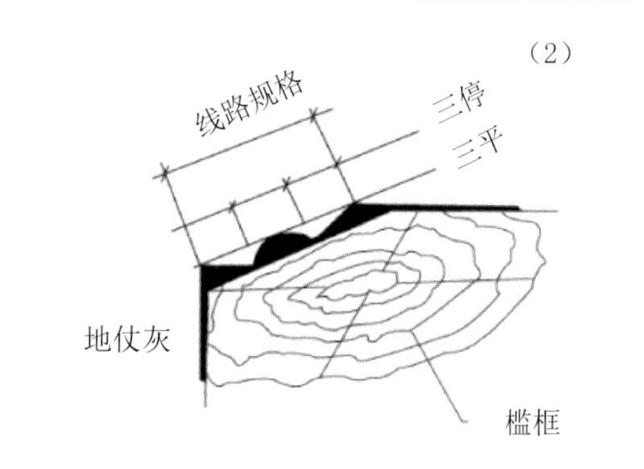

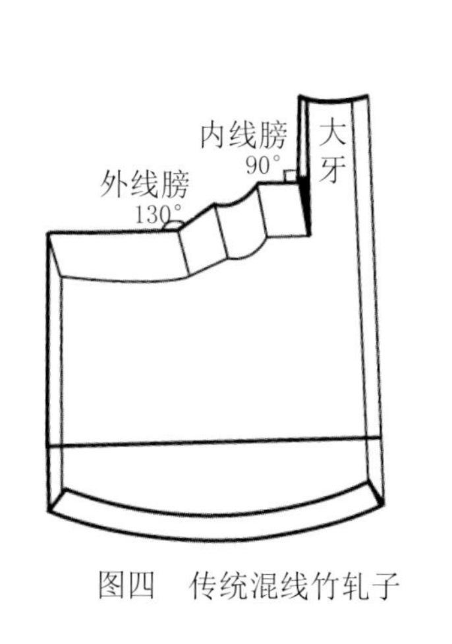

图四　传统混线竹轧子

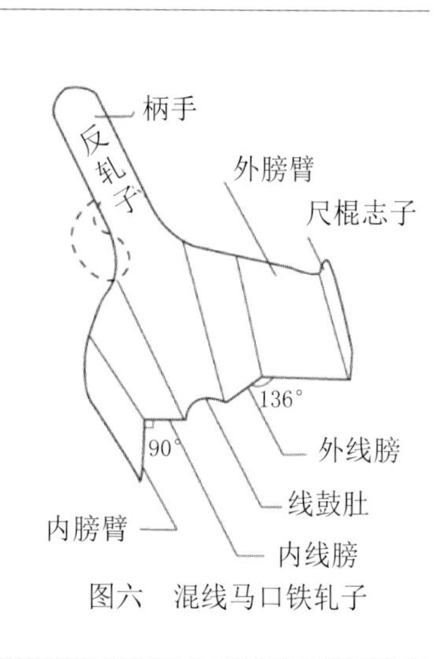

图六　混线马口铁轧子

7-11cm
20～24cm
6～9cm
1～1.5cm
图五　混线轧坯

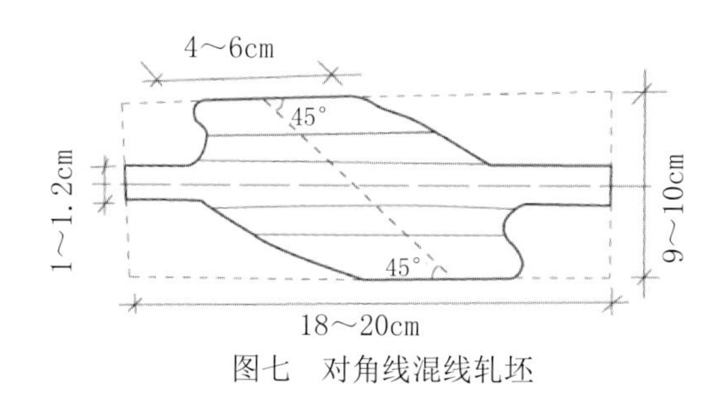

图七　对角线混线轧坯

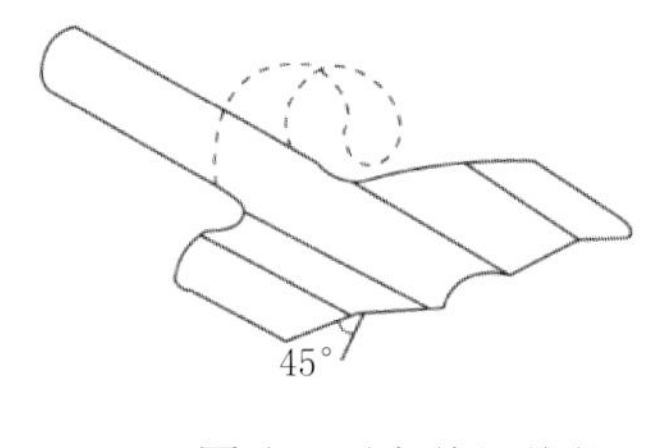

图八　对角线混线轧子

彩图10-5-2　八字基础线与混线及轧线工具的图形

彩图12-1-1　中灰线胎裂纹

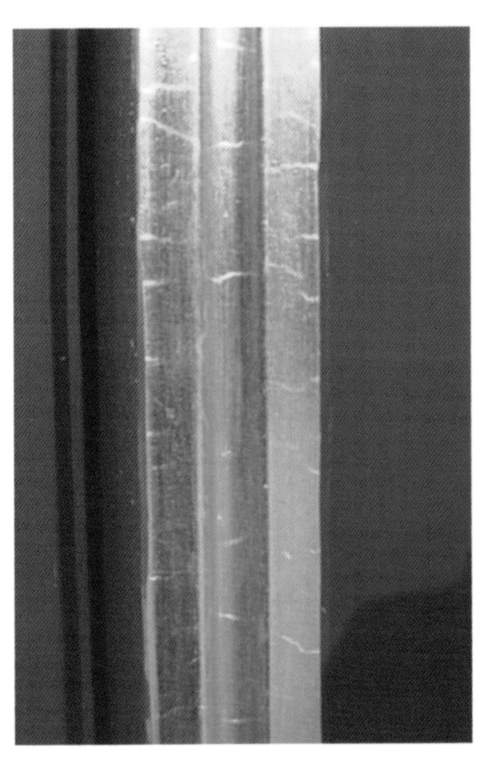
彩图12-1-2　线路金面暗裂纹

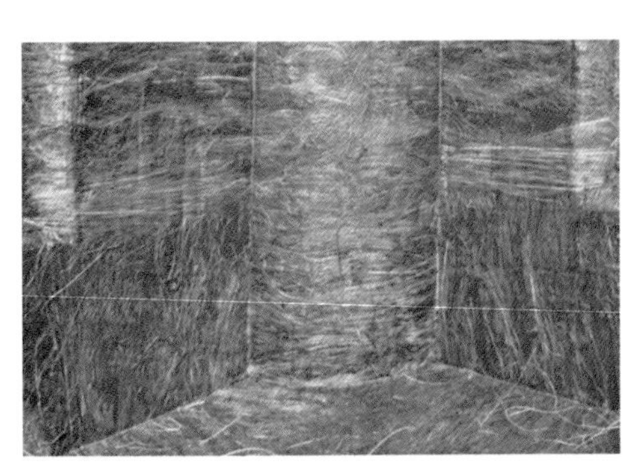
彩图12-1-3　柱框风槛与踏板使麻

彩图12-1-4　柱枋上槛与框使麻

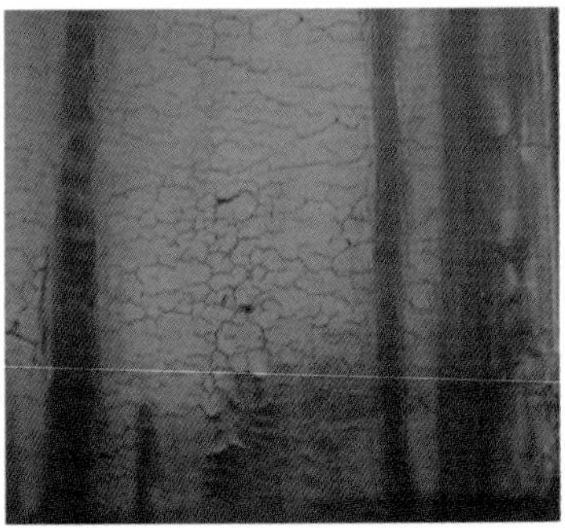

彩图12-1-5　渗透油皮的龟裂纹

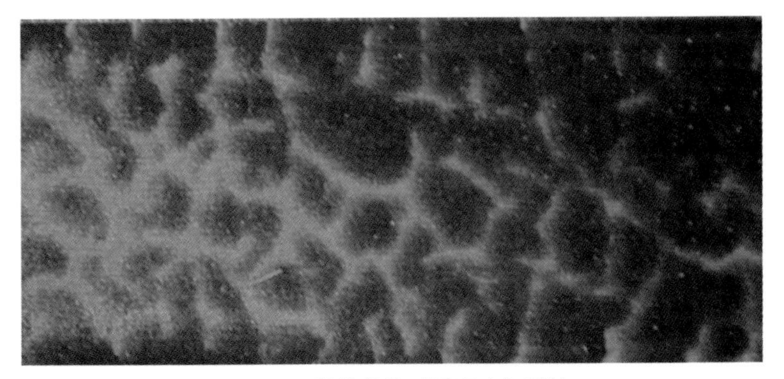
彩图12-1-6　地仗钻生时呈现暗龟裂纹

彩图12-2-1　油皮呈现龟裂状折皱

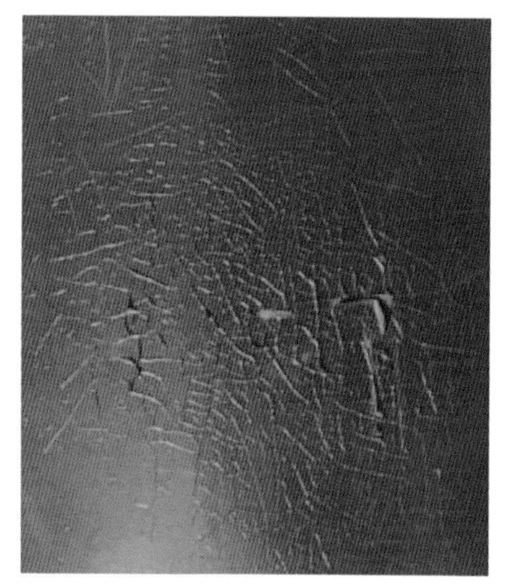

彩图12-2-2　油膜干后呈现炸纹

彩图12-2-3　油皮和金面开裂翘皮

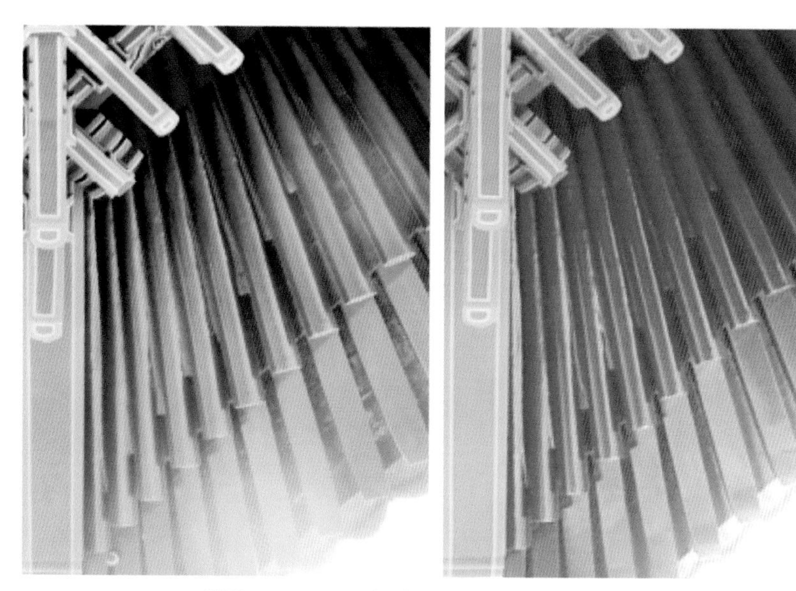

彩图12-2-4　翼角椽当绿椽肚左正确与右错误

彩图12-2-5　窝角椽当绿椽肚左正确与右错误

彩图12-3-1　金面呈现绽口

彩图12-3-2　金面爆裂卷翘

彩图15-1-1　藻井（蟠龙部位称老龙窝）

再版前言

《中国古建筑油作技术》一书从第一版发行至今已过去八个年头。在初始发行阶段我国正处在改革开放，经济社会大发展繁荣兴旺的形势下，文物古建筑的保护和利用得到了国家高度的重视。传承工匠精神、保护和维修文物建筑的任务十分艰巨，仿古建筑的维修也非常繁重。此书出版后让我没想到的是一些古建施工单位将该书作为指导施工的工具书使用，也有将此书用于文物古建筑修缮设计、施工及培训的，还有将此书作为专业学习及资料收藏的，如此受青睐作为作者感到非常荣幸。同时也对文物古建筑的保护修缮及仿古建筑的地仗、油饰维修，以及传承弘扬传统工匠文化和专业技术人才的培养起到了不可磨灭的作用。为把中国古建筑修缮传统技艺传承下去，本书再版时进行了系统性的梳理、改进和补充。本书再版改进补充内容如下：

1. 主要对地仗工艺、油皮（油漆）工艺、贴金工艺进行了梳理。增加的内容使传统工艺细致规范，条理分明，有助于读者提高油作传统操作知识和技能。

2. 为了使传统工艺的内容更便于读者理解、掌握及运用，可以一目了然，增加了彩图 70 余张和技术术语 12 条。

3. 在本书 2.1 节古建和仿古建常用地仗材料及用途中增补了净满地仗工程施工的基本要求，为读者提供使用净满地仗施工所需掌握的基本技术知识。

4. 对仿古建筑混凝土面胶溶性灰与传统油灰配套单披灰地仗施工工艺进行了梳理，有利于仿古建筑混木结构（混凝土构件与木构件）地仗配套施工工艺的工序搭接，简化了传统工艺，达到仿古建筑传统效果，保证了施工的质量。2014 年 8 月 21 号本工法被评为北京市工法。

5. 增加了三个附录内容。附录 A、附录 B 转载自《古建园林技术》杂志，分别是清工部《工程做法则例》油作用料（卷五十六）、油作用工（卷七十），目的是便于读者了解清代雍正十二年工部颁布的《工程做法则例》，是清式建筑的经典性文献，其材料、设色、做法对于我们今天进行古建筑保护、维修、研究有着实用性价值。

附录 C 是从原版书中转载的“有关《天坛祈年殿油饰彩画工程做法》摘录（大

清光绪十二年）”，目的是让读者了解学习探索清晚期的油饰彩画做法、设色以及“漆与油”曾并用的依据。

本书在第二版编写过程中得到了同行刘铁军提供的黑红镜院门照片和黑色院门照片及四合院新做黑红镜油饰照片，在此一并表示感谢！

路化林

2018年12月18日

前言

随着社会经济的发展，国家对古建筑的保护与利用高度重视，社会各界对仿古建筑的投入越来越大。当前古建筑保护维修任务十分艰巨，且面临专业技艺人才缺乏甚至断代的困境，传承、弘扬传统工艺技术，编写古建油饰技术书籍已是当务之急。

笔者自青少年时期坐科于古建油漆彩画专业，1962 年毕业分配后一直从事古建油饰专业工作，磕拜著名油漆作大师崔立顺为师从艺，在工作中向著名的匠师们学习。由最初追求学有所成而逐步领悟到古建油饰行业之博大精深、学无止境，只能踏踏实实学以致用。在长期从事班组施工、技术质量管理、工程监理、教学培训及认真善悟的基础上，对古建油饰技术进行规范的、系统的梳理，发现有些规律性的东西形成了自己的观点。因此，在进行与此相关的各项工作中都能得心应手，编写《修建二公司（古代建筑工程公司）油漆彩画质量检验评定实施细则及评定优质工程实施细则（1989 年）》，参编市颁《高级建筑装饰工程质量检验评定标准（第一版与第二版）》，参编部颁《古建筑修建工程施工及质量验收规范》（2013 年 12 月），编写部颁《古建筑行业古建油漆工（北方地区）职业技能岗位标准、鉴定规范和技能鉴定试题库（2002 年）》，参编《建筑工程质量通病防治手册》（第三版与第四版），参编《建筑施工手册》（第四版与第五版），参与市修建行业技师考核办培训（修建和古建油漆工）高级工、技师不计其数（1990 ~ 2008 年文物古建培训中心）等培训工作，曾在《古建园林技术》第 54、64、65、69、71、108 期发表古建油饰实用技术文章，参编北京市文物工程质量监督站起草的地方标准《文物建筑修缮工程操作规程》油作（地仗部分）等。

以上工作，都是长期实践与探索的结果，对于将该专业的知识介绍给读者发挥了重要作用。古建油饰工艺技术，就其施工难度、工艺复杂程度而言，没有油漆施工的基本功，对油饰工艺不甚了解的人，很难在短期内掌握油饰工艺技术。本书是为了方便读者了解、熟悉并能获得传统古建油饰技术知识，使他们成为技术熟练、操作起来得心应手的古建油漆工的启蒙读物。对从事古建油饰内行师傅和专业工作者来说,本书可以作为技术切磋和经验交流的桥梁。本书编写过程中，博采前辈匠师之长，并参考了涂饰工具书中的常用油漆、颜料部分以及其他相关参考资料，因其理念涵盖古建油饰材料的一些标准与要求，其知识也有利于提高理论素质和古建油饰的施工质量。因本人水平有限，对古建油饰施工工艺，即地仗工艺，油漆（油皮）工艺，粉刷工艺，饰金工艺，匾额油饰工艺，烫蜡、擦蜡、清漆工艺，一般大漆工艺和清式混线技术及古建油饰工程质量通病产生与预防及治理方法、古建油饰工程施工的基本技能、古建油作名词术语及技术术语注释等，只能起一个承前启后、抛砖引玉的作用，便于读者能够举一反三运用自如。书中难免有不妥、不足之处，如能引起有同行争鸣，则是对传统技术更高层次的推动与弘扬。欢迎读者帮助指导！

路化林　于北京

目　录

第1章　概述

中国古建油饰历史悠久，随着时光流逝、社会变迁，在现代化都市发展的今天，我们依然能欣赏到历史先辈留给后人的文化遗产。这些古建筑群之所以能留存至今，与古建油饰密切相关，中国古建油饰具有一种独立体系的装饰技术，凝聚着历代匠人的智慧。

我国古建筑以木结构为主要特征。这些木结构建筑的各部分直接暴露在大气环境中，长期受到冷热交替、干湿变化、风吹、日晒、雨淋等作用，日积月累，由轻到重，导致铁件锈蚀、木材腐朽霉蛀等情况。最终缩短了木结构的使用寿命，或失去木结构的功能和作用，或使木结构表面裸露部分粗糙而影响其观感。为了延长古建筑使用寿命，将油漆施涂于建筑物体的表面形成一层牢固的保护薄膜，这种薄膜隔绝外界环境中会对建筑构件造成侵蚀的有害物质，从而起到保护建筑物免受自然界环境变化给其带来的侵蚀。古建筑经过油漆后既丰富了色彩和光泽，同时也增加其精美华丽、雄伟壮观的气势，并展示了古建筑的等级设色制度；更重要的是能够保护木质结构建筑使其不易损坏，延长其使用寿命。在古建筑延续保护利用阶段，要保证每次大修文物建筑的修缮质量，延长古建筑使用寿命，减少大修修缮次数。因此，不定期地实施油饰保养古建筑，显得尤为重要。

油漆在我国古代是指两种不同的材料，油是从油桐树的桐籽中榨出的桐油，漆是从漆树上割取下来的乳白色液汁加工成的天然漆。我国将油与漆两种材料用于建筑保护和装饰方面有着悠久的历史。《庄子·世人间》就有“桂可食，故伐之，漆可用，故割之”的记载。早在公元前11世纪的我国西周时代，就有漆林税收之征。漆园设官吏（战国时期的庄周曾任“漆园吏”），漆林有征税。可见我们的祖先远在3000多年前从采用野生漆树的漆汁到知其用途，发展成针对漆树设官吏专门管理经营，说明当时生漆业的盛况。从发掘的汉墓中，发现2000多年前的漆制随葬品（漆制随葬品上镶贴嵌金图案，漆制大门为内红外黑），以及汉、唐以来文献中的建筑装饰记载，如“土被朱紫”“青墀丹楹”“户皆朱漆”等这都证明了对漆的应用之广泛和对桐油的应用之成熟。公元1103年北宋李诫（字明仲）所著《营造法式》一书中未明确油饰专业工种，隐寓于彩画作。在书的三卷第十四中详细记载了炼桐油的方法，从所下材料品种、入油顺序、试油方法和操作方法以及明确合金漆用的记载来看，直至清代未见油作技术的详细记载，仅此首例，证明了油饰在宋代以桐油为主，且应用广泛。南北宋虽有制漆记载但多用于器具，宋代以前的汉、唐宫殿建筑装饰用料，是否主要用漆，还是兼用桐油或是漆油并用，因史证不足而无从论断。从出土的实物用漆看多属器具，宫廷装饰虽有金漆做法，但极不普遍。宋之后，金、元时代未见成文记载。明代的《永乐大典》对漆油的使用是否详著，因其缺失也难明真相。明黄成所著《髹饰录》中对漆工记载详细，仅用于器物。明、清楠木建筑内外檐柱木均有烫蜡出色，宫殿内檐柱木偶尔用金漆做法，主要以使用桐油为主。直到清雍正年间，颁行工部《工程做法则例》始成明确油饰专业工种，油作与画作并列两个专业，各有专工规程。宋、元用金箔不多（《天工开物》下卷对造金箔有记载），贴金寓于彩画作，清制明确归于油作。宫殿匾联多由漆工制作，须经窨干（漆干湿），所以外檐柱木装修少用金漆做法，也属油工作业范围。油作的漆油并用，在清光绪十二年（1886 年）有关《天坛祈年殿油饰彩画工程做法》摘录，即下架柱木装修朱红漆饰，菱花眼钱、槛框线路使漆筛扫黄金，上架除彩画部位外均朱红油饰。由此也可证明建筑运用天然油与漆的历史作用。即使是现代各种不同类型油漆不断出现的今天，天然油与漆仍占有一席之地，尤其是桐油在建筑领域的用途更为广泛，截至目前，在北方官式建筑的油饰工程中，几乎渗透到各个主要工序中。从上述内容可以看出古建油作技术发展源远流长。

油漆与油漆作的名词起始来由前述已然明确。对于油与漆这两种材料，随着时代的发展，这些古老的原料已不能满足需要，于是出现了其他植物油和天然树脂制成的油漆，既增加了油漆的品种又改进了油漆的质量。近几十年来，由于生产和科学技术的迅速发展，各种有机合成树脂原料被广泛采用，油漆从天然原料发展到以合成材料为原料，油漆产品的面貌发生了根本的变化。根据使用功能的需求，各种可以满足特定性能要求的油漆不断出现，用有机合成树脂制成的油漆有许多方面的优越性，不但具有漆膜坚硬、丰满光亮、干燥快等特点，有些油漆品种还具有良好的耐酸、耐碱、耐腐蚀等特殊功能。目前，油漆原料已少用或不用纯植物油和天然树脂，特别是涂料产品向水性化、高固体化和无溶剂化方向发展，水溶性涂料逐渐代替了不环保的有机溶剂涂料。水溶性涂料已接近、达到或超过有机溶剂涂料的性能和要求，外用建筑涂料具有超耐候性。由于各种水性涂料的应用，原有“油漆”一词的含义已经不能恰当地表达所有的油漆产品，因此，我国已正式采用“涂料”这个统称，其中包括油性涂料、树脂涂料、水性涂料等。但对某些具体品种仍采用“油漆”一词。如在古建工程中运用涂料彩画或涂饰彩画等词汇就显得不伦不类，运用油漆彩画或油饰彩画等词汇就理所当然，这是由于传统的原因。因此，古建专业油漆一词将会一直沿用。

古建油饰工艺与新建和高级装修的涂饰工艺有着相似的原理，也有其特殊的工艺。庞大的工艺组合形成独特的体系，主要体现在材料的选用和施工的方法以及工艺的组合等方面。古建油饰工艺大体由两部分组成，由五种以上工艺完成。第一部分为基层处理（砍活阶段）工艺和地仗工艺；第二部分为油皮（油漆）工艺、金饰工艺、粉刷工艺，以及烫蜡、擦蜡、灰堆字、灰刻字、筛扫等特殊工艺。特别是第一部分的特殊工艺“油灰地仗”，它含有或不含有麻布的油灰层，俗称生油地，是古建油作、画作对木基层面与油皮之间的油灰层的专称，具有附着力强、防腐、防虫蛀、防裂和耐久等性能。建筑物有了这层牢固坚韧的灰壳，既能使木骨与外界周围的有害物质隔绝，保护建筑物免受风雨、水汽、日晒等各种有害因素的侵蚀，又能使粗糙的建筑物表面满足油饰彩画前对外观形状及平直圆衬地的要求；同时，对延长古建筑使用寿命也起到重要作用。1925 年考古人员在俄罗斯赤塔（东康堆古城）附近发掘元朝移相哥王府（成吉思汗之侄）废墟时，在残木柱上发现“用粗布包裹涂有腻子灰，表面绘有动物形象的泥饼”。这应该是地仗方面迄今为止发现的最早资料。明代前后我国北方地区对建筑木构表面缝隙节疤以灰膏填实刮平，多直接做靠木油。“净满油灰地仗”在明、清宫殿广为应用，逐步形成官工通行做法，清雍正年间载入《工程做法则例》。明代地仗薄，木骨无斧迹，灰层不披麻，线型随木作。清代沿用了薄型地仗，多为三道灰地仗，常用于彩画衬地和椽望及装修衬地油饰。清初期形成衬厚型“净满麻布油灰地仗”，是因宫苑营建工程频繁，木材消耗量大，难免有规格尺寸差异、拼帮攒贴、剔凿挖补，修缮工程不断，木构件表面必然有缺损粗糙、凹凸不平、大小缝隙、木筋裸露等缺陷。所有这些缺陷，无疑与表面油饰彩画达到的美观效果差距甚远，无法使其达到外观形状和衬地的要求。清《工程做法则例》由一麻三灰地仗做法，多至三麻二布七灰等地仗做法，约有 12 种之多，圆满地解决了以上缺陷。早期的使麻地仗，据前辈的匠师讲述，借鉴沿海地带民间用桐油、苎麻、石灰粉修补船舶的做法。自形成净满麻布油灰地仗工艺后，下架槛框木作所起装饰线，不适应油作需要的槛框混线宽度和锓口，为便于使麻、糊布和轧混线的工艺要求，从古（清早期）至今总是木作起线油作砍，所以在砍活时成为谁轧线谁“砍线口”的作业项目。同时，由于挖竹轧子和轧混线这门独特的技术掌握在极少数匠师中，其技术互不交流，手法不一，在修缮中则谁轧线谁进行砍修八字基础线口。虽然匠师起线手法差异微妙，其目的隐含在槛框混线贴金之后，求其一致，使古建筑下架部位的间次轮廓更加突出协调，富有立体感。清晚期的油灰地仗施工，据前辈的匠师讲述，由于道光、咸丰年间外敌入侵、国库空虚、连年灾荒、粮食紧缺等原因，官工对地仗油灰材料及配比进行了变革，借鉴民间使用血料的做法，由净满油灰地仗变革为血料油灰地仗，即为清晚期油灰地仗，也就是至今沿用的传统地仗油灰材料配合比。但通过多处遗留净满麻布油灰地仗比传统麻布油灰地仗薄而砖灰粒径小，很少发现大籽灰、中籽灰。虽然晚期油灰地仗各种性能不及净满地仗优越，由于净满油灰地仗施工成本高、干燥慢、工期长等原因，近百年基本未曾在实体建筑中实施，但油灰地仗在我国北方木结构建筑施工起来切实可行。过去轧线的工具“竹轧子”，使用时需提前制作，称“挖轧子”，仅是极少数匠师的一门特殊拿手的技术，在20世纪50年代，匠师们对起线的传统“混线竹轧子”进行了技术革新，改为现今使用的马口铁或镀锌白铁轧子，关键在于制作易学、操作方便、提高效率、不易变形。至此，地仗工艺经过明、清两个朝代至今，由我们的祖辈匠师以师徒口传心授的形式，逐渐形成了一套完整的地仗工艺，这项工艺具有很高的科学性，是我国古代油饰工艺的一大成就。

古建油饰不仅利用油与漆保护古建筑，丰富其色彩和光泽，除此之外还利用油与漆的色彩作建筑的标志。古建筑的设色，其独特的色彩运用，突出表现了封建礼法、等级制度，这体现在古建筑油饰设色制度上。官工油饰做法，源于古代“黝垩”“丹雘”之法。上古“黝垩”做法，黝即“黝黑”为黑色，源于生漆之本色；垩即白色的土，源于白垩（大白）。后出现的“丹雘”做法以红色为主。丹即朱砂，也叫丹砂、朱石，为赤红色颜料；雘为赤石脂之类的颜料，特指红色或青色颜料，即丹雘、青雘，为上等漆、油色彩。古代统治阶级垄为专擅制度，并属于设色之工，历代各朝别有定制，不得违反。丹青金碧，赤白黄涂，限于宫殿。衙署、寺宇，一般唯用黑色。明清两代，色彩的等级标志更为明显。清《工程做法则例》油作各色做法多达50余种，仅饰面层的设色分各色油饰与刷饰胶色就不下20种；仅限于宫殿大座建筑的朱红油饰名色就达7种，如不通过做法的颜料分析朱红油饰的名堂，似乎地仗有别，误为朱红一色，其实不仅一色。次等建筑（宫内附属建筑）用红土子油饰和黑烟子油饰，官民一般建筑限用黑色或本木色。官工油饰浩繁的名色做法和金饰做法多种名目，体现出古建油饰工程施工工艺的复杂性；油饰工艺又与彩画工艺有着不可分割的联系和互相配合的工艺，特别是彩画之前的部位均需油作地仗衬地，然后施彩色；同时，彩画部位的油活和独特贴金工艺需要与画作的工序穿插有序、合理搭接，使古建筑油漆彩画装饰达到更高的水平，体现了中国古建筑独特的装饰风格和唯一标志。但是，古建油饰工程其工艺流程、操作技术、各种规矩要求，在清工部《工程做法则例》中，真正写做法规范的，也只偏重于大木结构，而装饰的油饰技法，大多从略，只对油饰罗列其做法名称、工限料例、实足定额。说明当时只列大规矩（做法）、不求技法细节，对其钱粮谨慎，物料精细，维护其等级尊卑的主旨。从清《工程做法则例》油作各色做法来看，如此复杂的油饰工艺，绝非少数匠师和从役者臆造，很多匠师怀有上佳的绝技，非文字所能形容，祖辈匠师们以师徒传承的方式，在不断总结的基础上逐步形成了一套完整的工艺，乃是凝聚历代名匠丰富经验之成就。

近几十年来，随着科学技术的不断发展，基于古建、仿古建油饰工程施工的需求，古建油饰彩画在仿古建筑的普及应用，在继承和不断发扬传统技术的同时，油饰工艺也在不断发展中变化。该阶段一方面用传统材料和工艺进行仿古建油饰施工；另一方面利用新材料，采用传统操作方法进行仿古建油饰施工，特别是用传统工艺和材料与新材料配套施工于近代文物建筑和仿古建筑中，并在施工前利用氯化锌等新型材料，对混凝土面的硅酸盐物质进行处理。遇有木混构件连接时，应合理穿插传统材料工艺与新材料工艺的工序搭接质量。如新型胶溶性单披灰地仗工艺和做法不仅应用于我国南北方，甚至用于国外。在北京地区近代文物建筑的混凝土面和仿古建的混凝土面做胶溶性地仗时，为了避免做油饰彩画后，因胶溶性地仗灰的碱性水泥易引起皂化影响耐久性，用胶溶性地仗灰捉衬、通刮平整做垫层，通过操油进行传统面层两道灰钻生，再做传统油饰彩画，从而提高了地仗与油饰彩画配套施工的质量。在古建和仿古建施工时运用新材料和新工艺，如用具备大漆某种性能的腰果清漆做佛像金箔罩漆。装饰线粘贴美纹纸后打金胶油、贴金或拉线，虽能满足观感要求，却丢失技能又有费工费料之嫌。采用水性涂料涂饰外红墙和内包金土墙面实用耐久，其色泽有的与传统有差异。这说明传统做法已逐渐和现代油饰技术相融合，这些发展和变化，使得古建修缮和仿古建油饰工程施工有广阔的前景。对文物保护类建筑，若要做到“修旧如初”和“不改变原状”，则应根据需求采用传统材料和传统工艺进行。有的从业人员在文物建筑油饰修缮工作中，因不懂起混线的规矩或追求效益，造成线路偏窄且与古建筑物不协调的缺陷，易引发“不改变原状”的争议。在传统油饰的饰面色彩上，由于历史的时代风格特征给人们留下的视觉习惯和印象，稍有不符定制，就会使人看着不舒服，甚至留下错觉和遗憾。因此，古建筑下架均做二朱红油饰，有的色彩较艳，显得建筑物头重脚轻，有的与定制不符；四合院、会馆、铺面门脸及仿古建筑等下架油饰几乎与“文革”时期的“一片红”相似，色调单一偏重美观，而官式黑红镜（黑为主色调、朱红和绿色为次色调），黑红镜（黑为主色调、铁红为次色调或点缀）、栗（荔）色、紫棕色、羊肝色（似清早期的红土烟子光油）、木本色等油饰色彩极少见；有的文物工程设计交底中对油饰工程地仗（油满）的油水比、部位做法及色彩等交底含糊不清，甚至油饰做法只写按传统做，易引发不必要的纠纷和遗憾。另外，因原材料地板黄的短缺或惜失，古建内墙面配刷的包金土色，有的既不是包金土色，也不是喇嘛黄色，但其实这两种色彩也不能乱用。还有，对于熬光油用的黄丹材料，在配比中误将陀僧当黄丹或黄丹当陀僧标识，其实系为两种固体催干材料，从清《工程做法则例》炼桐油用料中“每桐油 100 斤用土籽 6.25 斤，黄丹 6.25 斤，陀僧 6 两 4 钱”证实了两种材料的用量之差别。另外，在 20 世纪 70 年代末，因传统原材料红土子惜失，已由新材料氧化铁红所代替，其颜色不宜使用偏紫头的或偏黄头的，在故宫午门的东门洞材料房用偏红头的氧化铁红配制柿红油，搓刷于太和门前的两侧朝房下架柱木槛框和隔扇；传统配兑刷浆用胶材料，由古代的江米、白矾与皮胶、血料、光油，至龙须菜胶，然后面粉火碱胶、纤维素及乳胶等胶料，21 世纪初已逐步被水性涂料所替代；传统使用盛灰的容器由笨重的木制品也逐步被铁制品所替代；在 1984 年天安门油饰彩画修缮时，油饰工程的下架柱木槛框搓传统的罩光油后，因出现超亮（详见本书 12.2.2 节）和失光缺陷而停用光油；20 世纪 90 年代后北京市有关部门在各古建油饰工程中推行使用传统的光油，由于原材料（生桐油）和预加工成品油的种种原因，在油饰工程中所使用的颜料光油，在操作中不用丝头搓可涂刷成活，油皮干燥后不用呛粉可直接打磨，油皮表面还可粘贴美纹纸很容易揭掉而基本不留痕迹。搅动颜料光油时黏稠度稀（皮头小），成膜厚度薄（油皮薄），油膜干燥时间略慢于酚醛清漆，其性能却与新建使用的长油度油漆性能基本相似，而保光性、耐候性等与传统光油（详见本书 2.3.4 节）相比虽有较大差别，但效果已非常好了；传统油饰工程中使用的主要的预加工材料，由于防火和场地等原因，自 20 世纪 60 年代起，逐步由古建油漆厂家所经营。因此，在文物建筑传统油饰工程中，无论是材料的变更，还是工具的改进或是工艺的变革，其先决条件是必须优于传统质量，否则任何改变都是没有意义的，甚至会造成今不如昔的后果。

近 10 多年来，国家对文物建筑进行了大规模修缮及油饰彩画，例如历代帝王庙、法海寺、北海公园、景山公园、颐和园、劳动人民文化宫、牛街礼拜寺、天坛神乐署、祈年殿、故宫太和殿等数不胜数的国家级、市级、区级文物保护工程以及仿古建的油饰彩画工程，不但体现了国家对文物保护工作的重视，也体现了大量的农民工为城市建设作出的突出贡献。但是，由于技术、人力缺乏等原因，存在一些不可忽视的问题。如在古建从事油饰技术的工人中，尚有对传统工艺不熟悉者，故在施工中，质量问题屡见不鲜。有的直接影响外观的装饰风格，有的影响坚固耐久性，无形中缩短了使用年限。究其原因，主要有以下几种：对使用材料的性能和作用不了解，材料配兑不正规或使用不当；对每道操作工序的必要性了解不够，操作不得要领或流于形式；对应用工具的作用了解不够，常用的工具未备齐全，该用的未用，用时发挥不了作用，甚至无法根据工作需要使用工具，更谈不上“工欲善其事，必先利其器”；片面地追求效益和效率，因技术素质低出工无效率，关键操作马虎从事，甚至省略不做。更有甚者把弄虚取巧视为技巧，违规操作使得学徒者将其视为正规，有的反而把传统技术要求看成额外刁难。诸多不合理现象如不扭转，长此以往，古建油作技术的发展前景堪忧。为适应现代高水平施工需求，提高从业人员管理水平、技能素质和职业责任心，这些都是亟待解决的问题。

古建油饰在长期发展演变过程中，很多匠师不但精通传统的油饰技艺，而且在20世纪50～70年代，他们同时能够对修建工程涂饰工艺的新材料、新工艺运用自如、经验丰富、技艺精湛。如这些匠师在人民大会堂、北京饭店、民族饭店、大使馆、友谊宾馆、钓鱼台国宾馆、中央党校、政协礼堂等重要建筑的高级装饰中，特别是实施染色、修色的醇酸（清）漆、硝基（清）漆的磨退工艺，各种色棕眼工艺，硬木三色工艺以及修旧翻新的工艺中展现了精湛的技艺。这类工艺难度大，质量要求高，必须由具备很强技术素质的施工队伍完成这类任务。这些都说明了我们的前辈匠师既是古建行业的精英又是修建行业的精英，他们全面且精湛的技艺值得我们学习。特别是在科学技术迅速发展的今天，我们不但要做好文物建筑的油饰维修复原工作，还要适应仿古建筑的装修涂饰的新材料、新技术、新工艺更新较快的变化情况，这就需要我们不断学习，努力提高技能，借助当代的古建装饰手段，必将出现更多出色的德才兼备的古建油饰技术人才。

当前，古建筑处于延续保护利用阶段，保护及维修的任务十分艰巨。保证每次大修文物建筑的修缮质量，延长使用寿命，减少大修修缮次数极为重要。仿古建筑的修建任务也越来越繁重。因此，古建油饰工程施工的质量是关键。一些原材料、成品材料和化工油漆涂料出厂前质量虽有所保证，但进入现场也应认真检验，按规范要求认真加工配制。同时，在施工中要因地因时，根据气候的变化、室外或室内、向阳或背阴、温湿度变化、风雨或日晒、阴晴或早晚等具体情况的不同，它的配制材料和施工要求及方法就有所不同，如果不加重视，就难以保证油饰工程质量。工人掌握的技术知识情况和操作技能的熟练程度与施工质量有着密切关系。相关的工程负责人应在古建油饰工程施工前认真地制订施工方案和预防措施，并认真落到实处才能确保其质量；一些影响质量的因素，往往都是施工时未注意的或在表面所不易发现的，产生的后果却不堪设想，会造成油饰工程质量不达标而被迫返工或缩短使用寿命。所以，作为古建的匠人和油饰技术人员要正确认识文物建筑修缮工作的责任和重要意义。

本书为古建传统油饰工艺技术专业参考用书，书中所讲述的内容适用于北方地区清代官式文物建筑和仿古建筑的室内外地仗工艺（清晚期）、油皮（油漆）工艺、饰金工艺、烫蜡擦软蜡工艺、匾额油饰工艺、一般大漆工艺、粉刷工艺等。其中，胶溶性单披灰地仗工艺适用于南北方仿古建筑的混凝土面施工。

第2章　古建油饰常用材料及预加工配制的基本知识

古建和仿古建油饰工程所使用的材料种类及品种繁多，很多材料品种的使用量很大。根据工艺做法及用途，分为用于具有保护和满足外观形状衬地的地仗材料，用于地仗表层油皮保护和装饰的油漆类材料及用于油饰彩画、佛龛、匾额饰金的金属类等材料，用于木装修清色活保护和装饰的蜡类等材料，另外还有用于墙面保护和装饰的粉刷材料。传统油饰施工用到的大部分原材料需提前预加工配制，再用于施工，少部分成品材料能直接用于施工。近些年来文物古建和仿古建油饰工程施工的大部分原材料系预加工配制，由经营古建材料的厂家按技术要求生产为半成品和成品材料（如灰油、血料、砖灰，颜料光油、罩光油、金胶油）能直接用于施工，只有少部分半成品材料仍需加工配制才能用于施工。因此，在文物建筑延续保护利用阶段及仿古建筑的修建中，材料是需要我们认真严肃对待的问题。材料的优劣好坏，对工程质量起着至关重要作用。虽说绝大部分材料不需要预加工配制，但仍需要了解和掌握这些原材料、半成品材料、成品（含油漆涂料）材料的性能及作用和加工配制方法，也需要了解和掌握仿古建油饰工程施工的新材料的性能，甚至需要了解和掌握环境因素对材料质量的影响与施工质量的相互关系。所以要不断学习，充实我们的理论知识，提高技术素质。

2.1　古建和仿古建常用地仗材料及用途

2.1.1　油满的油水比与油灰配比的使用

油满的油水比，是指油灰地仗的油水比。起初是以净满地仗施工的工序确定的不固定模式，逐渐演变为以油灰地仗施工的部位确定的不固定模式，之后演变为现今以油灰地仗施工的工程项目确定的固定模式；地仗油水比的确定与油灰配比的使用依据如下。

1. 早期油满的油水比使用

（1）“油满”是由灰油、白面、石灰水调制烧结成的粘结基料，又称曼水、灰膏子。其调制过程称“打油满”。“油水比”有两种：其一是用石灰水和白面烧结成同数量的白坯满与不同数量的灰油相比；其二是用同数量的石灰水与白面烧结成白坯满和不同数量的灰油相比。就是说，前者是按白坯满代水与灰油相比，后者是按石灰水代水与灰油相比，这两种配比方法沿用至今，使用后者配比方法的较为普遍。北京地区清代至今官式建筑地仗工程施工，常用油满的油水比包括两油一水、一个半油一水、一油一水、一油两水等配比，其中一油两水在中华人民共和国成立后基本未使用过。

（2）早期“油满”与“净满”的含义和意义

北京地区清代中早期官式建筑净满地仗施工，使用“油满”与“净满”的含义，其一是指主要粘结料“油满”，其“满”为全，是指材料已下齐全。其二是指在粗中灰、使麻和糊布工序中，只用“油满”，即为“净满”，其“净”为纯，是指不掺入血料。其三是指采用不固定油水比模式，并遵循增油撤水至撤油增水的配比规则，使其逐层减缓各遍麻布灰层的不同强度，而在（清晚期的中灰）细灰时，由于操作工艺的需要掺入了血料（官书初制不用血料）。其四是指基层面处理时，新木构件做地仗前可不做斧迹处理，在旧地仗油皮上通过斧痕处理继续做地仗。其五是指清中早期地仗工艺细致，成本高，干燥慢，工期长，坚固耐久。其六是指观察净满地仗麻布灰层的色泽（明代灰薄无麻）微黄、年代久的焦黄，是我们判断地仗年代的依据。

（3）清代中早期至晚期重点官式建筑净满地仗工程施工，使用油满的油水比，是按地仗做法的工序而定，即不固定油水比模式调配地仗油灰，参考如下：

1）两麻一布七灰的油水比是：捉缝灰、通灰、使麻、压麻灰为两油一水；使二道麻、压麻灰为一个半油一水；糊布、压布灰为一油一水；中灰、细灰为一油两水，细灰掺入血料，拨浆灰以血料为主，糙油，为打油满 4 种。关于清代中早期细灰掺入血料，拨浆灰以血料为主，仅为个人见解，未查到资料。

2）一麻一布六灰的油水比是：捉缝灰、通灰、使麻、压麻灰为一个半油一水；糊布、压布灰为一油一水；中灰、细灰为一油两水，细灰掺入血料，拨浆灰以血料为主，糙油。为打油满 3 种。

3）两麻六灰的油水比是：捉缝灰、通灰、使麻、压麻灰为一个半油一水；使二道麻、压麻灰为一油一水；中灰、细灰为一油两水，细灰掺入血料，拨浆灰以血料为主，糙油。为打油满 3 种。早期无两麻六灰做法，多为两麻五灰做法，也有两麻四灰做法。

4）一麻五灰的油水比是：捉缝灰、通灰为一个半油一水；使麻、压麻灰为一油一水；中灰、细灰为一油两水，细灰掺入血料，拨浆灰以血料为主，糙油。为打油满 3 种。多为一麻四灰做法。

5）一麻三灰的油水比（可用于连檐瓦口）是：捉缝灰、捉麻为一油一水；中灰、细灰为一油两水，细灰掺入血料，糙油。为打油满 2 种。

6）三道灰的油水比是：捉缝灰为一油一水；中灰、细灰为一油两水，中灰不掺或少掺血料，细灰掺入血料，糙油。为打油满2种。

7）二道灰的油水比是：捉中灰、满细灰为一油两水，糙油。为打油满1种。

净满地仗工程施工的基本要求：

1）木基础处理时，对木质构件凡有木质风化、松散现象应进行操油，糟朽处应进行剔凿挖补。因净满地仗劲大（附着力强，俗称黏着力强），木质强度低者易造成地仗空鼓或脱裤子（脱层）。因此操油要求：对木质挠有白茬的部位操油配比为生桐油不得少于1/3，凡有木质风化、松散现象的部位操油配比为生桐油不得少于2/3，确保木质的强度。

2）净满地仗做法的油水比和油灰的配比尚无资料查证，每种地仗做法的油水比运用，应遵循增油撤水至撤油增水的撤劲（逐层减缓强度）规则，所以每种地仗做法需打油满几种油水比，并注明各工序的油水比（见早期油满的油水比使用第3）条），应符合设计的要求。每次打好的油满与多少砖灰配比及砖灰的级配，要通过试验，以操作方便适宜为度，方可大量调配。另外调配油灰时，打油满应随打随调灰，使麻时的油满不宜过夜避免影响操作。

3）净满地仗工程施工，由于净满油灰比传统油灰黏度大，干后又比传统油灰更坚硬，所以在施工操作时要干净、利落、整齐，避免出现残存灰、野灰、余灰、高低不平的灰及不整齐的灰等，以防造成不可挽回的质量缺陷。

4）修补旧净满地仗：找补砍或颠砍的部位，凡露木基层处、灰口坡度边缘处的麻层、灰层应确保其强度，不得有脱层、空鼓、松动等缺陷。

5）平面匾地仗（彩图7-3-22）做法为：支油桨、光屁胡（即白木茬）净满使麻，用净满调鱼籽灰压麻后，再做传统中灰、渗灰、细灰、磨细钻生、刻字等，至今32年挂于室内地仗表面均无缺陷。但是此工艺做法用两种性质的油灰，是不符合净满施工工艺要求的（主要指中灰内含血料，渗灰和细灰内满少料大）。

2．晚期至今油满的油水比与油灰配比的变革

（1）清晚期至今油满的油水比使用

清晚期至20世纪末地仗工程施工，据老前辈们讲述和个人经历，为权衡油饰彩画使用周期的利弊，地仗的油水比，基本是按古建筑上下架（阴阳向背）的部位而定，曾用两种油水比，仍属不固定油水比模式。如内外檐上架大木、椽望、斗栱等部位打油满基本采用一油一水。内外檐下架大木、隔扇因易受风吹雨打、日晒的侵蚀，打油满基本采用一个半油一水（1963年天安门修缮采用了两油一水），但是上架的山花、博缝、连檐瓦口、椽头、挂落板等部位更容易受风吹雨打、日晒的侵蚀，因此，地仗的油水比则按下架大木使用的油水比要求。这是以前地仗施工曾分上下

架的原因之一。尽管如此，在一定年限内油活仍比画活部位多修缮一次。

20世纪70年代北京地区对很多古建筑进行了修缮，地仗工程施工使用油满的油水比，是按建筑工程项目而定，油水比转为固定的模式，多采用一油一水，做麻布地仗时有在油灰内多加油满的。20世纪80年代中期至90年代末，各古建施工单位凡是文物建筑工程地仗施工，使用油满的油水比多采用不足一个半油一水，做麻布地仗有在油灰内多加油满的，仿古建地仗工程多采用一油一水。21世纪初有个别古建施工单位的工艺技术交底中写两油一水，而实际打油满的油水比则是一个半油一水，仍属不规范施工。例如设计要求油满的油水比为两油一水时，实际打油满的油水比采用一个半油一水，均属投机取巧违规施工。

（2）传统地仗油灰材料配比的使用

清中期至晚期地仗工程施工，据前辈的匠师讲述，由于道光、咸丰年间外敌入侵、国库空虚、连年灾荒、粮食紧缺等原因，官工对地仗油灰材料及配比进行了变革，主要为减少使用白面方面，借鉴了民间使用血料的工艺做法，以固定的油水比打油满，为主要的黏结基料，并按比例加入大量血料，从增满撤料至撤满增料的配比，进行逐层减缓各遍麻布灰层的不同强度，因操作工艺的需要，在调配细灰中采用了撤满增料入光油的方法，地仗工程施工既能满足操作要求，又能满足地仗的强度。目前我们使用的地仗油灰材料配合比（含定额大木地仗灰材料配合比），是清晚期沿用至今的地仗油灰材料配合比，即传统的地仗油灰材料配比。

传统地仗油灰材料配合比（各种地仗做法）：

1）汁浆：油满∶血料∶清水＝1∶1∶（8～12）（三道灰的清水为20）。

2）捉缝灰：油满∶血料∶砖灰＝1∶1∶1.5。

3）通灰：油满∶血料∶砖灰＝1∶1∶1.5。

4）头浆：油满∶血料＝1∶1.2。

5）压麻灰：油满∶血料∶砖灰＝1∶1.5∶2.3。

6）中灰：油满∶血料∶砖灰＝1∶1.8∶3.2。

7）细灰：油满∶血料∶砖灰∶光油∶清水＝1∶10∶39∶2∶适量。

8）潲生：油满∶清水＝1∶1.2。

传统细灰配合比中的油满用1标识，但料房在调配细灰时，依据不同部位的地仗做法酌情加入少量油满，也有加入少量白坯满的。为保证工程质量，今后应强调按传统加入少量油满或白坯满。

3．地仗施工油满油水比的使用依据

古建油饰工程地仗施工，油满的油水比，统一应用一个半油一水。作为古建筑工程项目地仗施工打油满的固定油水比模式，既能满足地仗工程施工进度和质量的要求，又执行了国家（北京地区）定额。在古建筑延续保护利用的初级阶段，做到每次修缮文物建筑延长其使用寿命，减少修缮次数是我们的责任。因此，地仗工程施工油满的油水比，应符合设计文件和文物的修缮要求。净满地仗工程施工和其他地区传统地仗工程施工，油满的油水比应符合设计文件要求或外埠地区定额的要求。

2.1.2 传统地仗的组成材料及用途

地仗是由多种天然材料组成的，包括黏结基料（生桐油和油满）和辅助黏结料（血料、熟桐油）及填充料（砖灰）、拉结料（线麻、夏布）等多种天然材料。这些材料其成分各异，每种材料各自发挥着不同的作用，是地仗施工中不可缺少的材料。

1. 主要黏结基料

（1）生桐油：见本书 2.3.1 节。

（2）“油满”是构成地仗的主要黏结基料，也是地仗施工中配制地仗灰的主要黏结基料之一。油满是由灰油、白面、石灰水组成（曾以灰油与白坯满比）的，配制方法称“打油满”。油满的质量及油水比多少对地仗灰的黏结力、耐久性、防水性、防潮性和地仗的强度起着重要作用，因此油满在古建地仗施工中占有重要地位。油满是将地仗中的其他材料黏结在一起，黏附在物体表面上干燥结硬，形成牢固坚韧的保护灰壳。打油满应根据工程进度随用随打，油满的表面要用盖水覆盖严实。油满不能储存，在夏季相当不稳定，易产生结皮、长毛、发酵、发霉和硬块现象，应在规定的时间内使用完。

1）灰油：主要以调配地仗灰而得名，因此称“灰油”，是以生桐油为主按季节加土籽面、章丹粉熬炼制成的，外观深褐色，有黏稠度，能与灰层同时干燥。具有黏结力强、耐久性好和防腐、防潮、耐水等性能。灰油是增加地仗强度和延长使用寿命的主要胶粘剂，主要用于打“油满”，而在油满的油水比中称为油，使用量较大。灰油一般不做他用，缺点易起皱，光泽差，其灰油皮子在高温闷热天气中受热易自燃。传统使用灰油属于预加工材料，现北京集贤血料厂等售货。地仗施工应按季节购用，进场观测外观深褐色，搅动检查应有黏稠度或皮头，无杂质及其他异味。在使用时不得用过嫩的(无皮头)和过老的(皮头过大)灰油。灰油熬炼的方法见本书 2.2.1 节。

2）白面：普通食用白面，通过石灰水的烧结，起胶结作用，是打油满的主要材料之一。进场检查无杂质杂物、无硬面疙瘩、无受潮霉变，不宜用黏度（筋劲）大的面粉。料房的白面应堆放在架空的木板之上，防止受潮，码放整齐。也可打面胶用于砖石糊纸成品保护等。20 世纪 60 年代至 70 年代初，地仗施工曾用过粮店扫地的面和抖面袋的面（也称为“土面”），杂质杂物多，用时需过箩而胶结黏度小。

3）生石灰：石灰有块状和粉状两种。要用块状生石灰，不得使用无烧结作用的粉状熟石灰。块状生石灰经水溶解试验易粉化、温度高为合格。石灰除起烧结作用外，在地仗中具有增加强度、弥补空隙、助干、防潮、防腐、防虫等作用。生石灰应存放在干燥的铁桶内，主要用于打油满和发血料及粉刷墙面等。清《工程做法则例》按生桐油 100 斤，石灰块 50 斤，白面 50 斤，现在传统做法因增加了用料（血料）而减少了用满（油满）量，石灰块的用量就少了，但不得少于石灰水规定的用量。

4）石灰水：将生石灰块放入半截铁桶内，泼入清水，粉化后再加入清水搅匀，过 40 目铁纱箩即可使用，是打油满的主要材料之一，在油满的油水比中称为水，石灰水主要起烧结白面成面糊（即白坯满），其次是烧结灰油使其与面糊融合在一起，而避免石灰水的温度低所打的油满因“面油”分离而影响地仗质量，同时要避免因石灰水稀而降低地仗的强度和防腐、防潮等性能，确保增加油满的黏结力，因此，石灰水的温度和稠度对油满的质量起着重要作用。所以打油满要求石灰水的稠度按每 150kg 灰油不宜少于 20kg 石灰块，以木棍搅动石灰水提出为实白色，要求石灰水的温度 40℃左右，或以手指试蘸石灰水略高于手指温度即可。

2. 辅助黏结料

（1） 血料：也称熟血料，一般用鲜猪血、鲜牛羊血，为鲜生血，很少用血粉，必须经加工后才能使用，加工方法称“发”血料。猪血料黏性好、附着力强，牛羊血料黏性、和易性差。根据血料的品质主要采用猪血料，用于配制地仗灰、腻子和清色活调色等用途。血粉多作饲料用，因用血粉发的血料黏性最差，很少使用，外地工程无猪血时可代替。

1）猪血料：是用不含盐的纯鲜猪血和石灰水发制而成的熟血料，是配制地仗灰的黏结材料之一。目测为暗紫红色，手捻有黏性，微有弹性，似软胶冻状或南豆腐状（嫩豆腐）状，搅拌呈稠粥状。血料附着力强，和易性好，并具有耐水、耐油、耐酸碱等作用。备用血料在夏季高温天气可存放一至两日，要存放在阴凉通风处，否则易变质泻成血料汤甚至腐臭、发霉，但不得使用或掺用血料渣、硬血料块及变质的血料汤。使用血料应随用随（发制）购，稍棒的血料待回头（春秋两季将血料放置时间长些泻软再用）后使用在调粗灰中，其他灰遍不得使用。发血料的方法见本书 2.2.1 节。

2）牛血料：用于清真地仗工程。加工发制方法、作用及特性基本同猪血料。因牛羊血料黏性差，为增加其黏性打油满为一个半油一水，调配地仗油灰采取粗灰、中灰、使麻糊布增满撤料、细灰增油不撤料的调灰方法，清真油灰配比见本书 2.2.2 节。

（2） 熟桐油：俗称光油，为一般光油，呈浅棕黄色，清澈透明，无杂质，搅动检查有黏稠度。专用于调制细灰和调制油石膏腻子及调制操底油，和易性好，附着力强，增加强度。使用时应过 40 ～ 60 目箩除去油皮子，熟桐油不能用于配制颜料光油或罩油，有黏稠度的罩油易起皱时均可用于调制细灰。凡调制细灰的熟桐油应有皮头，不能掺用其他油料、稀料或含有其他油漆的光油。

3. 填充料

砖灰：以烧制的土质青砖、瓦为原料，呈灰色，浸油性好，耐腐蚀性强，作为地仗的主要填充料。要求干燥，不含酸、碱性和砂性。砖灰分粗、中、细三类共七种规格，有楞籽灰、大籽灰、中籽灰、小籽灰、鱼籽灰、中灰、细灰。砖灰潮湿时，应晾晒干燥再用。料房存放的砖灰要按规格标识，分别码放在架空的木板上，防止受潮以利于应用。砖灰规格见本书 2.2 节表 2-2-2。

4. 拉结料

（1）线麻：古代称汉麻，因产地不同又称魁麻、寒麻、火麻、云麻、大麻等。常用的线麻其韧皮纤维已经预处理，使用线麻前则需再加工，有人工梳理的线麻和机制的盘麻，专用于披麻的地仗中起增强整体拉力，防裂作用。要用本色白偏黄头微有光泽，并具有纤维拉力强的上等柔软线麻，手拉线麻丝不易拉断。不得用过细（似麻绒）的机制线麻或拉力差、发霉的线麻。使用的线麻中不得有大麻披、麻秸、麻疙瘩、杂草、杂物、尘土以及变质麻。梳理线麻的方法见本书 2.2.1 节，线麻见彩图 2-2-1。

（2）夏布：古代称苧布。使用以苧麻纤维织成的布，用于使麻或糊布的地仗，在地仗中起增强整体拉力、防裂作用。布丝柔软、清洁、布纹孔眼微大为佳，每厘米长度内以 10 ～ 18 根丝为宜，应根据使用部位，如大木、隔扇选用布丝粗细适宜的夏布。不得使用拉力差、发霉及跳丝破洞的夏布。无夏布时，经设计允许，可采用孔眼适宜的玻璃丝布代替。严禁使用棉质豆包布代替夏布，在地仗施工中为预防地仗表面出现龟裂纹，允许在有龟裂的压麻灰上、中灰上糊豆包布。

5. 辅助材料

催干剂：又名干燥剂，有土籽面和章丹粉，主要用于熬炼灰油。用时要求干燥、颜色一致，无杂质、杂物。材料性能和用途见本书 2.3.1 节中“3. 辅助材料”相关部分。

6. 其他材料

（1）毛竹竿：使用毛竹应干燥宜粗不宜细，用于制作竹轧子、竹钉、竹扁、抿尺，不得用当年的新毛竹。

（2）镀锌白铁、马口铁：用于制作各种大小类型轧子，厚度要求 0.5mm、0.75mm、1mm 不等；应根据轧线的规格尺寸选用铁皮厚度，以防轧线变形。

（3）防锈漆：有铁红防锈漆、红丹防锈漆、樟丹油、锌黄防锈漆、醇酸铁红底漆等，用于预埋铁件或钢铁构件表面防锈，如铁箍、拉杆（霸王杠）、扒锔子。使用前要搅匀，涂刷后的涂膜薄厚要均匀且亮度适宜，涂刷后 10 天内做地仗有较好的防锈性能。其性能和作用见本书 2.3.4 节。

（4）松香水：可用 200 号汽油或无铅汽油稀释操底油，不宜使用其他性质的稀释剂。

（5）虫胶清漆（醇溶性清漆）：俗称洋干漆、泡立水。为棕色半透明液体。将虫胶片溶于酒精一天搅匀即为虫胶清漆，使用方便，干燥迅速，漆膜坚硬、光亮、附着力好，但不耐酸碱和日光暴晒，热水浸烫会变白。用于封闭隔离，防止新木件节疤松脂析出和咬色，操作方法俗称点漆片。

2.1.3 胶溶性地仗材料及用途

（1）氯化锌或硫酸锌溶液：用于混凝土基层含水率微偏高需施工时，通过防潮湿处理后进行施工，可采用15%～20%浓度的硫酸锌或氯化锌溶液涂刷数遍，待干燥后除去盐碱等析出物可进行地仗施工。也可用15%的醋酸或5%浓度的盐酸溶液进行中和处理，再用清水冲洗干净，待干燥后再施工。

（2）界面剂：众霸－Ⅱ型为界面剂，具有渗透性，能充分浸润基层材料表面，防止空鼓，增加黏结性能。使用时应有产品合格证书。作用如同混凝土基层面做传统油灰地仗的刷稀底油。

（3）胶粘剂：众霸－Ⅰ型胶粘剂的粘结性能强，为适应众霸胶溶性地仗灰的操作和质量要求，加入了791胶作为混合胶粘剂，配合比为2∶1，如791胶达不到操作要求时（和易性和可塑性），以众霸Ⅱ型代替，配合比1∶1。该混合胶粘剂黏结力强，使地仗灰层与混凝土基层面附着牢固。使用时应有产品合格证书。

（4）其他胶粘剂：胶溶性单披灰地仗表面做溶剂型涂料，其地仗的中灰层、细灰层用聚醋酸乙烯乳胶液时，外檐应用外用乳液，不能用10℃以下的冷水稀释。羧甲基纤维素溶液浓度为5%，为提高灰层强度应适量加入光油（熟桐油）。

（5）填充料：用强度等级32.5级以上普通硅酸盐水泥为主，可根据混凝土基层面缺陷的具体情况选用砖灰粒径，如籽灰、鱼籽灰、中灰、细灰。其地仗表面选用溶剂型涂料时，面灰主要以中、细灰为填充料。

（6）胶溶性灰与传统油灰配套地仗的用料同本节和本书2.1节、2.2节。

2.2 传统地仗材料预加工配制及油灰配合比

传统较大的油饰工程，从开工设置大材料房准备材料，进行材料预加工，好似大的材料加工厂。预加工的材料有熬制灰油，熬制光油，颜料出水、串油，砖灰加工，发血料，梳理线麻，打油满，地仗灰调配，油料配兑，熬制配兑金胶油，浆料配制及配兑等。自20世纪60年代至今由于防火和场地等原因，特别是有了专营古建油漆的厂家，工地由大材料房逐渐缩小为料房，基本限于打油满，地仗灰调配，拾掇油料、金胶油、浆料等。在古建筑延续保护利用阶段，仍需要认真了解和掌握油饰材料的传统预加工方法及配制方法。

2.2.1 传统地仗材料预加工配制

1. 熬制灰油

灰油的熬制，应根据春秋两季配合比和“冬加土籽、夏加丹”的技术要点进行熬炼。

（1）熬炼方法：先将土籽面和章丹粉同时放入锅内炒之去潮，呈开锅冒泡状，待颜色变深潮气全部消失后，再倒入生桐油加火继续熬，用长把的铁勺随时搅拌扬油放烟，油开锅前后颜色由黄中偏红色变驼色至黑褐色时，油温不得超过 180℃，即可试油，成熟后撤火出锅，继续扬油放烟冷却后待用。熬灰油季节配合比见表 2-2-1。

（2）试油方法：将油滴入冷水碗中，成油珠不散，下沉水底而慢慢返回水面，即可撤火，此时有充分出锅时间，如油珠不再返回水面应立即撤火出锅。

熬灰油季节配合比（重量比） 表 2-2-1

材料 / 季节	材料		
	生桐油	土籽面	章丹
春、秋季	100	7	4
夏 季	100	6	5
冬 季	100	8	3

（3）熬制灰油注意事项：

1）地仗施工如需熬制灰油时，应经有关部门批准，远离建筑物和火源并备有个人安全用具（手套、围裙、护袜）和防火设备（如铁锹、铁板、砂子、潮湿麻袋、灭火器材等），方可熬制。

2）熬制灰油时，放入锅内的土籽面和樟丹粉应炒至潮气全部消失，以防炸响、出沫油溢锅着火；应掌握生桐油的含水率，入锅要少量，灶锅附近应备有凉生桐油（冷油），预防熬油溢锅着火；油开锅后应随时搅拌扬油放烟并观察油的颜色，及时试油以防整锅油暴聚造成经济损失。

3）夏季熬制灰油每次灰油出锅后，清理洗刷锅内的灰油皮子要随时清除、妥善处理，以防高温天气受热自燃。

2. 发制血料

（1）先用碎藤瓤子或干稻草揉搓鲜生猪血，将血块、血丝揉搓成稀粥状血浆后，加入适量的清水搅动均匀基本同原血浆稠度，另过箩于干净铁桶内去掉杂质。在稀稠适度的血浆内，点 4% ～ 7% 的温度和稠度适宜的石灰水，并随点随用木棍顺一个方向轻轻搅动均匀，待 2 个小时左右凝聚成微有弹性的及黏性的熟血料，即可使用。

（2）发制血粉

先将血粉加入清水，待水高于血粉搅匀，浸泡 4 小时以上，待血粉与水融合变稠后，过铁纱箩去掉疙瘩和杂质，再根据稀稠度适量加入清水搅匀，点 4% ～ 7% 的温度和稠度适宜的石灰水按发血料的方法进行。

（3）发制血料注意事项

1）初次发血料先试验，根据血浆稀稠度掌握调整石灰水的温度和稠度及石灰水的加入量，试验成熟再批量发血料，并根据使用要求发制调粗灰的血料和调细灰的血料。

2）发血料不得使用加过水（由深红色变浅红色）和盐（有咸味）的鲜生猪血，经加工（搓好的）的血浆加入清水控制在 15% ～ 20%，血浆起泡沫时可滴入适量的豆油作消泡剂。

3）目前，鲜生猪血可用机械加工，在其他地区发血料应具备卫生条件及废弃物的处理条件。如在室内或搭棚封闭加工操作，废血水血渣可排入污水池。

3．梳理线麻

（1） 初截麻：截麻前先打开麻捲，剁掉麻根部分，顺序拧紧，剁成肘麻（肘麻是指一肘长，即用手攥住麻头绕过肘部至肩膀的长度）为 700mm 左右长。

（2） 梳麻：经初截麻后，在架子的合适高度拴个绳套，将肘麻搭在绳套上，用左手攥住绳套部分的麻，右手拿麻梳子梳麻，将麻梳成细软的麻丝存放。

（3） 截麻：梳麻后，需根据部位的具体情况（如柱、枋、槅扇）再进行截麻，部位面积较大时按原尺寸使用，部位面积较小时，可截短些。

（4）择麻：截麻后进行择麻，就是将梳麻中漏梳的大麻披和麻中的麻秸、麻疙瘩以及杂草等择掉，使麻干净，无杂物。

（5）掸麻：麻择干净后，使用两根掸麻杆进行掸麻，用未挑麻的麻杆掸打挑麻的麻杆和麻，使麻干净，无杂物和尘土，见彩图 2-2-1，再将麻摊顺成铺顺序码放在席上，足席卷捆待用。

（6）梳麻注意事项：梳理线麻时应通风良好，并戴双层口罩，注意麻梳子扎手。

4．砖灰的加工和规格及级配要求

砖灰用青砖、瓦经粉碎分别过箩后，达到不同规格的颗粒及粉末，使用砖灰前同种规格的砖灰如有杂质或粒径不一致时，油料房要按目数过筛分类再用。砖灰的使用，即根据基层表面的缺陷大小来选用砖灰粒径，又依据部位的地仗做法和工序进行砖灰级配，不可忽视。选用砖灰的规格和级配见表 2-2-2、表 2-2-3。

砖灰规格 表 2-2-2

规格＼类别	细灰	中灰	粗灰				
			鱼籽	小籽	中籽	大籽	楞籽
目数	80	40	24	20	16	12～10	
粒径（mm）			0.6～0.8	1.2	1.6	2.2～2.4	3～5（孔径）

注：1. 目数为平方英寸的孔数。
2. 粒径控制在表内范围（参考数）。

砖灰级配 表 2-2-3

灰遍		砖灰级配			
1	捉缝灰、衬垫灰、通灰	大籽 45%	小籽 15%	鱼籽 10%	中灰 30%
2	第一道压麻灰	中籽 50%	小籽 10%	鱼籽 10%	中灰 30%
3	第二道压麻灰、填槽灰	小籽 30%		鱼籽 40%	中灰 30%
4	压布灰、填槽灰	鱼籽 60%			中灰 40%
5	轧鱼籽中灰线	鱼籽 40%			中灰 60%
6	中灰	鱼籽 20%			中灰 80%

注：此表为两麻一布七灰做法的砖灰级配参考数。一麻五灰做法的捉缝灰、衬垫灰、通灰的级配参考表中第一道压麻灰的数据，一麻五灰做法的压麻灰和填槽灰的级配及三道灰做法的捉缝灰级配参考表中第二道压麻灰的数据。在地仗工程施工中应根据基层面的实际情况和各部位地仗做法及工序，掌握好砖灰级配，使地仗灰层收缩率小、避免灰面粗糙和龟裂纹、增强密实度。

5．打油满的要求及配制

（1）打油满的要求及配比

地仗工程施工的油满油水比为一个半油一水，作为地仗工程施工油满配合比固定模式的依据，还应符合文物和设计要求，不得随意撤油增水或增油撤水，不得用反，不得胡掺乱兑。打油满的重量比和容量比及体积密度见表 2-2-4。

打油满材料配合比 表 2-2-4

灰油		石灰水		白面	
重量比	容量比	重量比	容量比	重量比	容量比
150	1.5	100	1	67～75	1

注：1. 打油满的底水和盖水应使用配合比之内的石灰水。
2. 人工或机械打油满时，每 150kg 灰油其白面用量应控制在 67～75kg。
3. 净白面 400kg/m^3，灰油 1000 kg /m^3，石灰水 1000 kg /m^3，油满 874 kg /m^3。

（2）配制油满

1）调制石灰水：按每用 150kg 灰油，不少于 20kg 石灰块，打油满前先将生石灰块放入半截铁桶内，泼入清水，粉化后再加入清水搅匀，过40目铁纱箩即可。石灰水的稠度以木棍搅动石灰水提出全覆盖木棍为实白色为宜，石灰水的温度40℃左右或以手指试蘸石灰水略高于手指温度为宜，否则打的油满易面油分离。

2）打油满：先将底水倒入容器内，放入定量的白面粉，陆续加入稠度、温度适宜的石灰水，搅拌成糊状，无面疙瘩，颜色成淡黄色（即为白坯满）时，再加入定量的灰油搅拌均匀即成"油满"，随之将油满表面倒入盖水待用。底水和盖水约各占配比的10%，打白坯满的石灰水约占配比的90%，如随打油满随调油灰时可不放盖水多放底水。

（3）打油满注意事项

1）打油满应专人负责，严格按配比统一计量配制，不得随意撤油增水或增油撤水。用成品灰油或熬制的灰油在打油满前要搅匀过20目铁筛，并将桶底沉淀的灰油中的土籽章丹收刮干净过筛，用于油满中。过筛的灰油皮子在阳光暴晒及夏季闷热高温天气中受热易自燃，不得随便乱扔，必须随时清除并妥善处理，防止因发热自燃。

2）打油满的底水和盖水，应使用配合比之内的石灰水，先放底水目的是防止桶秧窝干面，后放盖水目的是防止油满表面溢油结皮。并要控制石灰水的温度和稠度防止油满面油分离。打油满要随用随打，特别是夏季要防止油满结皮、长毛、发酵、发霉。

3）灰油有皮头大小和老嫩之分，皮头大（老）的灰油虽不影响地仗质量，但在打油满时费时费力甚至难以打成油满，如用此油满调地仗灰，入不进灰或不易入灰（俗语不吃灰）而影响砖灰的加入量，操作时达不到使用的要求而影响地仗质量。应在打油满前将10%～20%皮头大的和80%～90%皮头适宜的灰油掺合调均匀后再打油满，根据调匀的灰油情况还可适量减少白面的加入量，使油满的黏稠度满足调地仗灰的要求。皮头较小或没有皮头（嫩）的灰油，打成的油满调地仗灰黏结力差、干燥慢，操作时油灰发散、粘铁板、不起棱、掉灰粒等，直接影响到地仗的质量，应退回或回锅熬炼再使用。

2.2.2 地仗油灰调配及配合比

1. 地仗油灰的（油灰和胶溶性灰）配制要求

要求材料房设专职人员对进场材料严格控制，不合格的材料不得进入材料房。严格按各部位的地仗做法进行配比调制，并符合表2-2-2～表2-2-7和古建清真地仗工程材料配比的要求，地仗灰料配制时要根据工程进度随用随调配，用多少调配多少。调配油灰时先将定量的油满和定量的血料倒入容器内搅拌均匀，然后按定量的砖灰级配分别加入，随加随搅拌均匀，无疙瘩灰即可。调配各种轧线灰和细灰应棒些，调配细灰应选用调细灰的血料（细灰料）和有黏稠度的光油。调配各种灰应满足和易性、可塑性和工艺质量的要求。在油料房存放的油灰表面要用湿麻袋片遮盖掩实，做好标识并按标识认真收发。

2. 地仗油灰的调配及使用注意事项

（1）配制地仗灰严禁使用长毛、发酵、发霉、结块的油满，严禁使用和掺用血料渣、硬血料块、血料汤及其他不合格的材料调制油灰。不得使用棒血料（发老的血料）调制油灰，稍棒的血料待回头（夏季将稍棒血料放置一天后泻软再用，春秋多放两天再用）后使用在调制捉缝灰、通灰中，其他灰遍不得使用。调制油灰严禁料大砖灰少。调制细灰应提前与班组协调备好细灰料，调制细灰应棒些、严禁龙（龙即水）大灰软。

（2）用牛羊血或血粉发的血料配制地仗油灰，应按配合比增加油满及光油。

（3）材料房要保持整齐清洁，通风良好，容器具要干净并备有灭火器材等。

（4）操作者未经允许不得进入材料房随意调配材料，作业现场剩余的灰料应按标识及时送回材料房。

（5）调配的材料运放在作业现场时，应做好标识，由使用者负责存放到适当位置避免暴晒、雨淋、坠杂物，油灰表面要盖湿麻袋片并保持湿度。用灰者应按标识随用随平整并随时遮盖掩实，保持灰桶内无杂物、洁净。操作者不得胡掺乱兑。

3. 古建、仿古建木基层面麻布油灰地仗材料配合比（表 2-2-5）

古建木基层面麻布油灰地仗材料配合比 表 2-2-5

序号	材料 类别	油满		血料		砖灰		光油		清水		生桐油		汽油	
		容量	重量	容量	重量	容量	重量	容量	重量	容量	重量	容量	重量	容量	重量
1	汁浆	1	0.88	1	1					8～12	8～12				
2	木质风化水锈操油											1	1	2～4	1.5～3
3	捉缝灰	1	0.88	1	1	1.5	1.3								
4	衬垫灰	1	0.88	1	1	1.5	1.3								
5	通灰	1	0.88	1	1	1.5	1.3								
6	头浆	1	0.88	1.2	1.2										
7	压麻灰	1	0.88	1.2	1.2	2.3	2.0								

续表

序号	材料 类别	油满		血料		砖灰		光油		清水		生桐油		汽油	
		容量	重量	容量	重量	容量	重量	容量	重量	容量	重量	容量	重量	容量	重量
8	二道使麻浆	1	0.88	1.2	1.2										
9	二道压麻灰	1	0.88	1.2	1.2	2.3	2.0								
10	糊布浆	1	0.88	1.2	1.2										
11	压布灰	1	0.88	1.5	1.5	2.3	2.1								
12	轧中灰线	1	0.88	1.5	1.5	2.5	2.3								
13	槛框填槽灰	1	0.88	1.5	1.5	2.3	2.1								
14	中灰	1	0.88	1.8	1.8	3.2	2.9								
15	轧细灰线	1⃞		10	10	40	37.8	2	2	2～3	2～3				
16	细灰	1⃞		10	10	39	36.9	2	2	3～4	3～4				
17	潲生	1	0.88							1.2	1.2				

注：1. 此表以传统二麻一布七灰地仗做法材料配合比安排，表中1⃞是传统原数据的保留，实际油满少。其中第15、16项的油满比例不少于表中数据的10%或加入适量白坯满时，光油的比例数据改为3～4。

2. 凡一布五灰地仗做法均可不执行表中第6、7、8、9项的配合比；一麻五灰地仗做法均可不执行表中第6、7、10、11项的配合比，一麻一布六灰地仗做法均可不执行表中第6、7项的配合比，二麻六灰地仗做法均可不执行表中第10、11项的配合比。

3. 木构件表面有木质风化现象挠净松散木质后操油，应根据木质风化程度调整生桐油的稀稠度。

4. 凡一布四灰或糊布条四道灰地仗做法用中灰压布的配合比需减少血料0.3的配比；压麻灰、压布灰、中灰在强度上为预防龟裂纹隐患，可减少血料0.2的配比。

5. 地仗各种材料体积密度：籽灰855 kg /m^3，中灰和鱼籽灰900kg/m^3，细灰945kg/m^3，血料1000kg/m^3，光油1000kg/m^3，油满874kg/m^3。

4. 古建、仿古建木基层面、混凝土面单披灰油灰地仗材料配合比（表2-2-6）

古建木基层面单披灰油灰地仗材料配合比 **表2-2-6**

序号	材料 类别	油满		血料		砖灰		光油		清水		生桐油		汽油	
		容量	重量	容量	重量	容量	重量	容量	重量	容量	重量	容量	重量	容量	重量
1	汁浆	1	0.88	1	1					20	20				

续表

序号	材料/类别	油满		血料		砖灰		光油		清水		生桐油		汽油	
		容量	重量	容量	重量	容量	重量	容量	重量	容量	重量	容量	重量	容量	重量
2	木质风化水锈操油											1	1	2～4	1.5～3.5
3	混凝土面操油							1	1					3～4	2.5～4
4	捉缝灰	1	0.88	1	1	1.5	1.3								
5	衬垫灰	1	0.88	1	1	1.5	1.3								
6	通 灰	1	0.88	1	1	1.5	1.3								
7	轧中灰线	1	0.88	1.5	1.5	2.5	2.3								
8	槛框填槽灰	1	0.88	1.5	1.5	2.3	2.1								
9	中 灰	1	0.88	1.8	1.8	3.2	2.9								
10	轧细灰线	[1]		10	10	40	37.8	2	2	2～3	2～3				
11	细灰	[1]		10	10	39	36.9	2	2	3～4	3～4				

注：1. 此表以传统四道灰地仗做法材料配合比安排，表中[1]是传统原数据的保留，实际油满少。其中第10、11项的油满比例在上下架大木、门窗和连檐瓦口、椽头及风吹日晒雨淋的部位不少于表中数据的10%或加入适量白坯满时，光油的比例数据改为3～4。

2. 凡三道灰地仗做法的配合比执行表中第8、9、11项的配合比，其三道灰的捉缝灰执行表第8项配合比。凡二道灰地仗做法的配合比执行表中第9、11项的配合比。

3. 凡椽望、斗栱、楣子、花活、窗屉等部位的细灰中均可不加入油满，其光油的比例不宜少于3，肘细灰时所用的细灰不得用使用中剩余的细灰做肘灰用。

4. 四道灰做法支油浆应符合表2-2-5的规定，其中灰可减少血料0.2的配比。

5. 古建清真地仗工程油灰材料参考配合比

（1）麻布地仗油灰配合比

1）汁浆：油满∶牛血料∶清水＝ 1.2 ∶ 1 ∶ 10。

2）捉缝灰：油满∶牛血料∶砖灰＝ 1.2 ∶ 1 ∶ 1.7。

3）通灰：油满∶牛血料∶砖灰＝ 1.2 ∶ 1 ∶ 1.7。

4）头浆：油满∶牛血料 ＝ 1 ∶ 1。

5）压麻灰：油满∶牛血料∶砖灰＝ 1 ∶ 1.2 ∶ 1.8（含填槽灰、压布灰）。

6）中灰线：油满∶牛血料∶砖灰＝ 1 ∶ 1.2 ∶ 2。

7）中灰：油满∶牛血料∶砖灰＝ 1 ∶ 1.5 ∶ 2.5。

8）细灰：油满∶牛血料∶砖灰∶光油∶清水＝ [1]∶ 10 ∶ 39 ∶ 4 ∶适量。

9）潲生：油满∶清水＝ 1 ∶ 1。

（2）四道灰地仗油灰配合比

1）汁浆：油满∶牛血料∶清水＝ 1.2 ∶ 1 ∶ 10。

2）捉缝灰：油满∶牛血料∶砖灰＝ 1.2 ∶ 1 ∶ 1.7。

3）通灰：油满∶牛血料∶砖灰＝ 1.2 ∶ 1 ∶ 1.7。

4）中灰：油满∶牛血料∶砖灰＝ 1 ∶ 1.5 ∶ 2.5。

5）细灰：油满∶牛血料∶砖灰∶光油∶清水＝ [1]∶ 10 ∶ 39 ∶ 4 ∶适量。

（3）三道灰地仗油灰配合比

1）汁浆：油满∶牛血料∶清水＝ 1 ∶ 1 ∶ 10。

2）捉缝灰：油满∶牛血料∶砖灰＝ 1 ∶ 1.2 ∶ 1.8。

3）中灰：油满∶牛血料∶砖灰＝ 1 ∶ 1.5 ∶ 2.5。

4）细灰：油满∶牛血料∶砖灰∶光油∶清水＝ [1]∶ 10 ∶ 39 ∶ 4 ∶适量。

（4）二道灰地仗油灰配合比

1）汁浆：油满∶牛血料∶清水＝ 1 ∶ 1 ∶ 15。

2）捉中灰：油满∶牛血料∶砖灰＝ 1 ∶ 1.5 ∶ 2.5。

3）细灰：油满∶牛血料∶砖灰∶光油∶清水＝ “1” ∶ 10 ∶ 39 ∶ 4 ∶适量。

注：1. [1]是传统原数据的保留，凡细灰配合比中的油满不得少于数据的10%或加入适量白坯满。

2. 木件表面水锈、风化（糟朽）操油配比为生桐油∶汽油＝1 ∶（1.5 ～ 3），操油的浓度［应根据木质水锈及风化（糟朽）程度调整］以干燥后，其表面既不结膜起亮，又要起到增加木质强度为准。

6. 仿古建混凝土面胶溶性地仗材料配合比（表 2-2-7）

仿古建混凝土面胶溶性地仗材料配合比 表 2-2-7

序号	材料 类别	混合胶	众霸－II型界面剂	砖灰级配		水泥	纤维素溶液	乳液	光油	清水
1	涂界面剂		1							0.5
2	捉缝灰	2		籽灰 1	鱼籽 1	3				
3	垫找灰	2		籽灰 1	鱼籽 1	3				
4	通灰	2		鱼籽 2		3				
5	轧中灰线			鱼籽 1.2	中灰 2.5		2.5	1	0.6	
6	中灰			鱼籽 1	中灰 2.5		2.5	1	0.5	

续表

序号	材料 类别	混合胶	众霸－II型界面剂	砖灰级配		水泥	纤维素溶液	乳液	光油	清水
7	轧细灰线			细灰 5			2.5	1	0.5	
8	细灰			细灰 4.8			2.5	1	0.5	

注：1.此表主要适用于仿古建混凝土面众霸胶溶性四道灰地仗做法；三道灰做法则不进行第 4 项配比，第 2、3 项的砖灰级配只选用鱼籽灰配比改为 2。
2.凡外檐地仗施工应使用外用乳胶液调灰。
3.纤维素溶液的浓度为 5%，无纤维素溶液可以混合胶代替，此时均可不加入外用乳胶液，但配合比应经试验（和易性和可塑性）符合施工要求时，方可施工。
4.本表的材料配合比，适应于仿古建混凝土面无血料、灰油、油满的情况下施工。
5.混合胶：众霸 I 型胶粘剂：791 胶 =2 ∶ 1。如 791 胶达不到操作（和易性和可塑性）要求时，可以众霸 II 型代替，配合比均可 1 ∶ 1。
6.表中水泥为普通硅酸盐水泥，强度等级 32.5 级以上。
7.表中第 2、3、4 项砖灰级配的籽灰粒径可根据基层面缺陷情况适当调整。
8.仿古建木基层面的麻布油灰地仗材料配合比应参照表 2-2-5 的配合比。
9.表中第 5、6、7、8 项中的材料配合比不宜于雨施，如施工则采用表 2-2-8 胶溶性灰与传统油灰配套地仗材料配合比第 5、6、7、8、9 项的材料配合比。
10. 如地仗面层施涂耐酸碱涂料时，其第 5、6、7、8 项可用水泥为填充料，第 5、6 项可适量掺入鱼籽砖灰。

7. 仿古建混凝土面胶溶性灰与传统油灰配套单披灰地仗材料配合比见表 2-2-8。

仿古建混凝土面胶溶性灰与传统油灰配套单披灰地仗材料配合比（重量）　　表 2-2-8

序号	材料 类别	混合胶	众霸 II 型界面剂	砖灰级配		水泥	油满	血料	光油	生油	汽油	清水
1	涂界面剂		1									0.5
2	捉缝灰	2		籽灰 1	鱼籽 1	3						
3	衬垫灰	2		籽灰 1	鱼籽 1	3						
4	通灰	2		鱼籽 2		3						
5	操油									1	4	
6	轧中灰线			鱼籽 1	中灰 1.5		1	1.5				
7	中灰			鱼籽 1	中灰 1.3		1	1.8				
8	轧细灰线				细灰 4		0.08	1	0.4			0.3
9	细灰				细灰 3.8		0.07	1	0.4			0.4

注：1. 此表主要适应于仿古建混凝土面胶溶灰与传统油灰配套四道灰地仗做法；三道灰做法则不进行第 4 项配比，凡二道灰地仗做法的配合比见表 2-2-6。
2. 混合胶：众霸 I 型胶粘剂：791 胶 =2 ∶ 1。如 791 胶达不到操作要求时（和易性和可塑性），可以众霸 II 型代替，配合比均可 1 ∶ 1。
3. 表中水泥为普通硅酸盐水泥，强度等级 32.5 以上。
4. 表中第 2、3、4 项砖灰级配的籽灰粒径可根据基层面缺陷情况适当调整。
5. 本表的材料配合比，适应北方地区仿古建混凝土面的施工和近代文物建筑混凝土面的施工。

2.3　古建和仿古建油皮（油漆）材料的基本知识

2.3.1　油皮（油漆）的组成材料及用途

油漆涂料大多是含有或不含有颜料的混合液体，把它涂刷于物体表面，经过物理变化和化学反应形成具有保护、装饰或特殊功能的固体薄膜。

油漆涂料是由多种物质组成的混合液体，主要是由胶粘剂（如光油）、颜料、溶剂（传统不掺溶剂）和辅助材料（如催干剂、增韧剂）等组成。其成分各异，每种物质发挥着各自不同的作用，是油漆涂料组成中不可缺少的成分。油漆涂料的成膜物质是由不挥发部分和挥发部分两大部分组成。油漆涂料施涂于物体表面后，其挥发部分逐渐散去，剩余的不挥发部分留在物体表面上干结成膜。这些不挥发的固体部分叫作油漆涂料的成膜物质。按其成膜物质的作用又可分为主要成膜物质、次要成膜物质和辅助成膜物质。

1. 胶粘剂

胶粘剂是构成油漆涂料的基料，它可以单独成膜，是构成涂膜的主要成膜物质，也可以和次要成膜物质及辅助成膜物质黏结起来成膜。其作用是将油漆涂料中的其他成分粘结在一起，附着在物体表面上干燥结硬，形成坚韧的保护膜。主要成膜物质在油漆的储存期间应相当稳定，不发生明显的物理、化学变化，当涂刷后又能在规定的条件下迅速干结成膜。胶粘剂的基料主要有天然油料、天然树脂或合成树脂。

（1）以油料为主要成膜物质的涂料叫作油，也叫作油脂（性）漆。在古建用于表面保护装饰的称为光油、颜料光油、金胶油等，用于地仗保护的称为灰油，使用量较大；在新建用于表面保护装饰的称清油、铅油（厚漆）、调合漆等，现建筑上基本不用了。用于油漆的油脂主要是植物油，是古建油饰工程最早使用的原料，沿用至今。依照油脂干结成膜的速度可分为干性油、半干性油和不干性油三类。常用的植物油有桐油、苏子油、梓油、亚麻籽油等干性油，豆油、芝麻油、葵花籽油等半干性油，蓖麻油、花生油等不干性油。

油漆中所用的植物油，由于在空气中氧化程度不同，其干性各异。能自行干燥形成一层坚韧薄膜的称干性油；经较长时间能成膜的称半干性油；不能成膜的称不干性油。其中以干性油用量最多。在实际应用中，均按碘值的多少来表示油料的不饱和程度及干燥速度。植物油的碘值一般在 140 以上的（成膜时间在 7 天以内的）称为干性油，在 100 以下的（在正常条件下不能自行干燥的）称为不干性油，介于二者之间的（成膜时间在 7 天以上的）称为半干性油。所谓碘值就是在一定标准条件下 100g 油所能吸收碘的克数。

1）生桐油：俗称生油，是古建油饰工程施工用量最大的原材料，主要用于熬炼灰油、打油满，操油，钻生桐油，熬炼光油、金胶油等用途。生油要用 3 ～ 4 年的桐树籽，桐籽的含油约 35% ～ 45%，通过冷榨方法取得的生桐油，质量上等，属干性油，目测外观清澈透明，为浅棕黄色，鼻闻清香，有干燥慢、耐水、耐碱、耐老化等性能。生桐油用于地仗钻生渗透到灰层后，具有增加表层强度、坚固耐久、防水、防潮、耐候、耐大气腐蚀、延年等作用。生桐油结膜后易起皱，光泽差，不作装饰油用。其折光指数（25℃）1.5165，酸值（不高于）8，碘值（不低于）163，比重 0.9400 ～ 0.9430（15.5℃ /15.5℃），用检测达到二级以上，无混入其他油类的纯生桐油，无杂质及其他异味。钻生前其干燥速度试验符合要求后再使用。冬季施工，生桐油的存放环境温度不得低于 5℃，不得用“睡了”（凝固）的生桐油，应待生桐油“苏醒”（自然融化）后再用。

2）苏子油：又称荏油、荏胡麻。由白苏子（含油约 35% ～ 45%）所得（紫苏子基本用于中药），属干性油。碘值范围为 193 ～ 208，有特殊气味，主要成分是亚麻油酸（酸值不高于 5）的甘油酯，是我国的特产，生的苏子油结膜时容易收缩，必须加热至 190 ～ 200℃，炼制 3 小时，或 300℃炼制 1 ～ 2 小时，方可得到平滑的油膜。主要用于传统光油，大量熬炼光油时，先熬炼苏子坯油，再与生桐油一起熬炼。少量熬炼时，苏子油与生桐油一起熬炼。

3）豆油：又称大豆油。由大豆（含油约 15% ～ 26%）制得，属半干性油，碘值范围为 120 ～ 141，干燥缓慢、涂膜柔韧、保色性好、不耐碱、不防水。豆油中亚麻油酸（酸值不高于 3）的含量少，不易泛黄、最宜用于制造白漆。用豆油改性的醇酸树脂不会变色，如加入等量桐油一起炼制，可改善涂膜干性和耐水性。主要用于配制金胶油，需用粗制豆油，呈黄棕色或红棕色，用豆油需经熬炼成坯，兑入金胶油内起到延缓金胶油干燥时间的作用。

（2）以树脂作为主要成膜物质的叫作漆。常用天然树脂有天然大漆、松香、虫胶等。人工合成的通称油漆，常用有酚醛树脂、醇酸树脂、聚酯树脂、硝酸纤维树脂、丙烯酸树脂等，另外以油与树脂合用作为成膜物质的涂料叫作油基漆（在仿古建油饰工程中大量使用的醇酸调合漆、醇酸磁漆等。其中 T09-3 油基大漆又名 201 透明金漆，在古建传统工艺中曾用于金箔、银箔罩漆）。还可根据用途及溶解度分为水溶性树脂、醇溶性树脂和油溶性树脂。常用天然树脂如下：

1）松香：有脂松香和木松香，质硬而脆，呈浅黄色至深色，由松香制成的油漆，油膜或漆膜硬且光泽好，但脆性太大，在油漆中又易与碱性颜料作用，因此，不能直接采用天然松香，必须将它制成石灰松香、甘油松香，然后再进行应用。甘油松香的抗水比石灰松香好，但油膜或漆膜干后要回黏，膜面不够爽滑。所以用季戊四醇松香制得的油漆膜比甘油松香制得的油漆膜坚硬容易干燥，耐碱、耐水、耐汽油性和耐候性都比较好。如采用顺丁烯二酸松香，它的颜色浅，抗光性强，不易泛黄，光亮持久，硬度大，干后手感好，耐久性比甘油松香好，主要用于熬炼光油。据宋《营造法式》三卷第十四记载，炼桐油内已入松脂。

2）虫胶：虫胶是紫胶虫分泌的一种动物胶（天然树脂）。是一种以虫胶树脂为主的混合物，其品种有红漆片、漂白漆片、黄漆片，俗称漆片。漆片经酒精融化，这一过程为泡漆片，其溶液称虫胶清漆。常用于新木制品封闭隔离（可预防松脂析出和咬色）及木器家具的清色活涂饰，做清色活要求颜色浅时，应选用漂白漆片或颜色偏黄的漆片，涂饰漆片的家具应预防热水杯烫后变白。

2. 颜料

颜料是油漆涂料中的固体部分，也是构成漆膜的组成部分，但它不能离开主要成膜物质（胶粘剂）而单独构成漆膜，所以被称为次要成膜物质。油漆涂料没有次要成膜物质照样可以形成漆膜，但是有了主要成膜物质需要加入颜料方可光艳耐久。颜料的作用能使漆膜具有所需要的颜色，还能使漆膜增加厚度和强度，阻止紫外线穿透，延缓漆膜老化。颜料品种的分类，按原料来源可分为矿物颜料和有机颜料，矿物颜料又可分为天然颜料和合成方法制成的人造颜料，按化学成分又分为有机颜料和无机颜料。按在油漆涂料中的使用性质又分为着色颜料、防锈颜料和体质颜料。颜料在古建和仿古建油饰工程中用途很多，除用于油漆涂料外，还用于各种做法工艺施工过程中，如用颜料筛扫和刷色及粉刷拉线、木装修着色、各种色腻子等，还用有机（染料）着色颜料在清色活工艺中给被涂物着上所需要的透明颜色。

（1）着色颜料

我们使用的着色颜料是颜料中品种最多的一类，其品种如下：

1）常用的无机颜料是有色固体粉末状物质，品种有章丹、朱红、上海银朱、洋绿（鸡牌绿、巴黎绿）、铅粉、钛白粉、群青、铁红、炭黑（黑烟子）、石黄、哈巴粉等。

① 章丹：又名红丹、铅丹，学名为四氧化三铅（Pb_3O_4），密度较大，为 9.1g/cm^3 呈鲜橘红色重质粉末，是铅的氧化物，具有耐碱性，不耐酸，耐腐蚀、耐高温，化学稳定性好，遮盖力强，着色力均好，章丹和黄丹都有很强的碱性。主要用它配制章丹油、熬制灰油。配成的油遮盖力和附着力强，易干燥，在钢铁表面有优良的防锈效果。章丹油的膜暴露在大气中易变白、粉化或变黑，用于清色活作油水粉。因其有毒，操作后要洗手，以防铅中毒。

② 银朱：又名硍朱，俗称朱磦、汞朱。硍朱是鲜红色粉末，学名为硫化汞（HgS），密度很大（7.8～8.1g/cm^3），“合和银珠”和“正尚银珠”，以“正尚银珠”为上

品，为提纯后的三氧化二铁细粉。其色随制造条件不同而变动于橙光红到蓝光红及紫光红之间，色变的原因是其分子颗粒形状不同所致；有较好的化学稳定性，在日光、大气及酸碱类作用下都很稳定。具有相当高的遮盖力和着色力及高度耐酸耐碱性，仅溶于王水，产品一般含硫化汞 98% 以上。有块状和粉状两种，质轻色发红，击碎后擦角尖锐有光亮者为上品。曾是彩画和串油的主要红色颜料，国产银朱有佛山银朱、上海银朱，现常采用上海银朱串油。

③ 氧化铁红：俗称广红土、红土、铁红、铁丹、铁朱、锈红、西红、西粉红、印度红等，学名为三氧化二铁（Fe_2O_3），有天然和人造两种，遮盖力和着色力都很好，密度为 5 ～ 5.25g/cm^3，有良好的耐光、耐高温、耐大气影响和耐污浊气体及耐碱性能，并能抵抗紫外线的侵蚀，粉粒粒径为 0.5 ～ 2μm，耐光性为 7 ～ 8 级。前两者最佳，是天然红土，有色正、不褪色等特点。用途广泛，氧化铁红是代替配制广红土色油的颜料，又是粉刷红墙和清色活的红色原料。铁红色彩有深暗色头的和色头偏黄及色头偏紫暗的不宜使用，由于使用成品颜料光油和油漆涂料较多，一般铁红颜料用量较少。

④ 巴黎绿：又名洋绿，产地德国。在酸碱和硫化物的作用下都不起变化，它具有耐光照、耐高温、耐氧化的特性。因清晚期传统工艺曾多用德国产品鸡牌绿串油和用于匾额筛扫及彩画颜料，见彩图 7-9-1，按当时凡属外来商品为“洋”，故称洋绿，有色彩鲜艳、遮盖力强、耐候性好、不易粉化、不褪色等特点。因鸡牌绿常无货多用巴黎绿代替。巴黎绿特点与鸡牌绿基本相同，但色彩不如鸡牌绿鲜艳，批量的色泽也不稳定，但比一般国产绿色颜料鲜艳。用手试之如捻细砂，用水浸泡沉淀后，水仍澄清而无绿色，水清者为上品；次者体轻、颗粒如粉、色混略呈黄或蓝黑色，说明内含杂质较多为矾类。鸡牌绿、巴黎绿毒性大，在出水、研磨、串油和操作后要洗手，以防中毒。

⑤ 群青：俗称佛青，又名云青、石头青、深蓝、优蓝、洋蓝，是含有多硫化钠而具有特殊结构的硅酸铝。群青的化学成分大致有两种：低硫化和低硅化群青（$Na_7Al_6Si_6S_2O_{24}$）及多硫化和多硅化群青（$NaAl_6Si_6S_4O_{20}$）。群青为一种半透明鲜艳的蓝色颜料，颗粒粒径平均为 0.5 ～ 3μm，密度约为 2.1 ～ 2.35g/cm^3，耐碱、耐光、耐候性好，但遇酸变色，遮盖力和着色力均较差。群青包括人工合成产品和少量天然产品，用于匾额筛扫首选天然产品的群青，以纯度高、比重大、色彩鲜艳为好。此颜料彩画用量较大。

⑥ 铅粉：（天字古塔牌）又名白铅粉、铅白、定儿粉。多产于广东韶州，故名韶粉，俗名胡粉。铅粉为白色粉末，学名为碱性碳酸铅〔$2PbCO_3 \cdot Pb(OH)_2$〕，密度很大（6.4 ～ 6.9g/cm^3），因而遮盖力不高，吸油量小，但能与酸值高的油生成铅皂，提

高油膜的耐粉化、耐光、耐潮性能。铅白不仅适于作室外用漆、防锈漆，更适于配制定粉油、制成糊粉配兑爆打爆贴金胶油和熬炼光油起催干剂及丽色作用等。铅白不溶于水和乙醇，能溶于酸、碱。但与含有硫化氢的空气接触，会逐渐变成黑色的硫化铅，所以配兑油漆时不能与银朱、镉黄、群青等含硫的颜料配兑使用。与桐油等干性油同用时容易泛黄，有毒性，因此不能用于室内油漆。油画作常称其为中国粉，因体重包装采用木箱又称原箱粉，质量好的定粉块粉各半，色白，手捻时发涩，粉不挂手，味酸，也是传统彩画不可缺少的颜料。

⑦ 钛白粉：学名为二氧化钛（TiO_2），是一种遮盖力和着色力最优良的白色颜料，它能耐光、耐热耐碱、耐稀酸、耐大气中有害气体的侵蚀，没有毒性，能溶于硫酸，不溶于水，也不溶于稀酸，是一种惰性物质。商品有两种结晶形状，一种是锐钛型，一种是金红石型，它们属于相同的晶系，但晶格结构不同。金红石型钛白的晶格比锐钛型的致密，晶格比较稳定，耐候性好，不易粉化，适用于室外；因为锐钛型晶格空间比较大，所以不稳定，耐候性不好，容易粉化，仅适用于室内。它们在物理性能上也有明显差别，如锐钛型钛白的密度和硬度都低，耐光性也较差。钛白粉适用于油漆、彩画、粉刷及清色活，采购选用时应注意。

⑧ 炭黑：俗称乌烟、黑烟子。是一种疏松而极细的无定形碳粉末，俗名烟子。是一种遮盖力和着色力最好的黑色颜料，耐晒性、耐候性、耐碱性很好，对化学药品稳定。在油内分散度极好，能吸收各色光谱，所以有高度的黑色。吸油量很大，能吸收催干剂，降低干性。质轻溶于乙醇，炭黑是配制黑烟子油的颜料，但是松烟成品粒子较炭黑粗，在使用时应与松烟区别，否则涂刷后出现油扉子。炭黑是传统彩画不可缺少的颜料；在粉刷及清色活中也是较好的黑色颜料，因密度稍轻使用麻烦，可选用氧化铁黑或墨汁。

⑨ 石黄：又名雄黄、雌黄，为三硫化砷。因成分纯杂不同，色彩随之有深浅不同，古人称发深红而结晶者为雄黄，其色正黄，不甚结晶者为雌黄，《本草纲目》中有雌黄即石黄之载，色彩纯正，细腻，遮盖力强。用于串黄油可兑入微量章丹油和用于清色活配色及彩画。

⑩ 氧化铁棕：又称哈巴粉，它的性能与氧化铁红基本相同，主要用于清色活配色。

2）金属颜料有铜粉（俗称金粉）、铝粉（俗称银粉）。

① 铜粉：俗称金粉，呈金黄色，是由锌铜合金制成的鳞片状粉末。纯铜容易变色，故由不同比例配合的锌铜合金冲碾成不同颜色的金粉：锌铜比例为 15 ∶ 85 的呈淡金色；比例为 25 ∶ 75 的呈浓金色；比例为 30 ∶ 70 的呈绿金色。它色泽鲜艳，遮盖力较强，缺点是与油酸相结合，能使金粉漆在储存或涂刷后容易氧化变色，主要用于室内线条、图案、雕刻饰面。

② 铝粉：俗称银粉，具有银色光泽的金属颜料，有粉状和糊状两种。遮盖力较强，反射光和耐热的性能较好，主要用于室内暖气管道饰面。

3）有机颜料（染料）是一种有机化合物，有块状和粉末状，色彩艳丽，主要用于木装修和家具清色活工艺中，给被涂物着上所需要的颜色，在保存木材自然纹理的基础上，使木材具有艳丽透明的色泽。常用的主要有酸性染料、碱性染料、油溶性染料、分散性染料及醇溶性染料。

① 酸性染料：在酸性或中性介质中进行染色的染料，称酸性染料，能溶解于水，微溶于酒精。它的特点是善于做水色，着色力好，渗透性好，透明度高，色泽鲜明，在清色活工艺中，可用于表面涂层着色，也可用于表面染色，是良好的着色颜料。其品种有酸性橙、酸性大红、酸性紫红（枣红）、酸性嫩黄、酸性棕、弱酸性黑、酸性黑 10B、黑钠粉、黄钠粉。

② 碱性染料：含有氨基能成盐的染料，称碱性染料，也称盐基染料，它能溶解于水及酒精中。其特点是善于做酒色，也做水色，着色力好，渗透性强，透明度高，其缺点是不耐光照，在清色活工艺中是较好的着色颜料。其品种有碱性嫩黄、碱性橙（杏黄渣）、碱性品红、碱性紫（青莲）、碱性艳蓝、碱性棕等。

③ 油溶性染料：能溶于油脂和蜡及有机溶剂而不能溶于水的染料，称为油溶性染料，它具有色彩艳丽、透明度较好等优点，常用在油漆或虫胶清漆中作着色、拼色用，油溶性染料有油溶黄、油溶红、油溶紫、油溶黑等。

（2）防锈颜料

防锈颜料：主要使油漆涂料增加与金属表面的附着力，具有良好的防锈蚀能力，延长物体的使用寿命。化学性品种有章丹粉、锌络黄、锌粉。物理性品种有氧化铁红、铝粉（银粉）。

1）锌络黄：是一种良好的轻金属防锈颜料。锌黄防锈漆主要用于镀锌金属防锈。

2）章丹粉：在钢铁表面使用有良好的防锈效果，章丹和黄丹都有很强的碱性，能和脂肪酸结合成亚麻油酸铅，使漆膜牢固，不透水分，因而增强了红丹的防锈能力。其他性能及用途见着色颜料及辅助材料催干剂。

3）氧化铁红：为物理防锈颜料。是一种化学性质较为稳定的颜料，它借助于颜料颗粒本身的特性，填充涂膜结构的空隙，提高涂膜的致密度，阻止水分的渗入，其他性能及用途见着色颜料。

（3）体质颜料

体质颜料：又称填充料，主要是一些碱土金属盐、硅酸盐等。使油漆涂料的涂膜增加厚度和硬度，还能提高涂膜耐磨性和耐久性能。常用的体质颜料品种有重晶石粉（硫酸钡）、大白粉（碳酸钙）、石膏粉（硫酸钙）、滑石粉（硅酸镁）等。这些体质颜料常用作水溶性涂料（粉刷材料）和腻子。

1）土粉子：土黄色，比大白粉体重。古建主要用于调配血料腻子，干后收缩性小。施工中无土粉子时，可用大白粉代替，但不得使用滑石粉。

2）大白粉、大白块（碳酸钙）：又称老粉，分子式 $CaCO_3$，天然产品称为石粉、白垩（古代最早的粉刷材料）。是天然石灰石的粉末，在体质颜料中密度较轻，颗粒细，易吸湿，属弱碱性，遇酸即溶。常用于粉刷材料和调配胶油腻子，还适用于呛粉，如传统搓刷头道颜料光油干燥后，凡再搓刷颜料光油或罩油前，先呛粉（曾用青粉）再磨砂纸和油地打金胶贴金前先呛粉。

3）石膏粉（硫酸钙）：是一种矿物质，呈白色和灰白色几种，吸水性很大。主要用于调配光油石膏腻子，可兑入微量大白粉使油石膏腻子细腻。还适用于墙面粉刷前拘水石膏嵌补大点的缺棱掉角、坑洼及缝子等缺陷。

4）滑石粉（硅酸镁）：是由天然滑石和透闪石矿的混合物磨细水漂而成。它质软细腻而轻滑，化学稳定性极好。可降低油漆膜的光亮度，防止外用油漆膜的开裂，加强耐磨性。用于调配腻子，干后收缩性大，适用于内墙粉刷做罩面腻子。

3. 辅助材料

溶剂和辅助材料，是油漆涂料组成中不可缺少的成分，这种成分不能构成涂膜，对油漆涂料的成膜过程虽影响很大，却对改善油漆涂料和涂膜的性能起到显著的作用，因此称辅助成膜物质。在油漆涂料中常用的辅助材料有催干剂、增韧剂等，其中以催干剂的用途在古建传统油饰中最为显著广泛。

（1）溶剂

溶剂是一种能够溶解和稀释油漆涂料的挥发性液体，为了改变油料或树脂等成膜物质的黏稠度，使之便于施工。溶剂在漆膜干结成膜后，便全部挥发掉，所以称挥发部分。在油漆涂料施工中，应结合操作工艺的要求使用稀释剂，对于不同油漆涂料的成膜物质，要根据相应成膜物质的油漆涂料，采用相应稀释剂，不能用错。稀释剂用错会造成油漆沉淀、噜嘟，需掺入稀释剂时，其掺入量应适当，如掺入量过多会使涂膜较薄，降低牢固程度，流坠，并掉粉或失去光泽；如掺用过少造成涂刷困难、刷痕明显或造成油漆膜过早失光甚至早期粉化等质量问题。因此，在使用稀释剂时必须引起足够重视。

1）溶剂的组成

溶剂是一些能够挥发的液体混合物，根据溶剂对油漆涂料中的胶粘剂溶解力的强弱作用可分为真溶剂、助溶剂、稀释剂三类。

① 真溶剂：具有溶解油漆涂料中的有机化合物（胶粘剂）能力的溶剂。

② 助溶剂：又叫潜溶剂，该种溶剂本身不能溶解油漆涂料中的有机化合物（胶

粘剂），但在一定限度数量内，与真溶剂配合使用时，它可以帮助真溶剂溶解油料和树脂，也就是说，它对油料和树脂具有潜在的溶解能力。

③ 稀释剂：也有叫冲淡剂的，这种溶剂不能溶解油漆涂料中的有机化合物（胶粘剂），也无助溶作用，但在一定限度数量内可以和真溶剂及助溶剂混合使用，调整油漆黏度，起冲淡和稀释的作用，以利操作和涂膜质量的要求。

以上溶剂分类只是相对的，对于某种溶剂，在一种类型油漆涂料中的作用是真溶剂，而对另一类油漆涂料中也可能只作为稀释剂使用，例如酒精是能溶解虫胶漆（漆片）的真溶剂，但在硝基漆中却是助溶剂或稀释剂；松节油能溶解油料和松香，是溶剂，而对硝酸纤维素就不是溶剂；二甲苯在硝基漆中为稀释剂，而在短油度醇酸漆中则是真溶剂。而对水溶性涂料来说可以溶解于水，因此水就是水溶性涂料的真溶剂。

2）溶剂的选用

传统古建油饰熬配制的油料和搓刷的颜料光油、罩光油、打金胶油不掺稀释剂。即便使用稀释剂，仅限于擦手、清洗工具及木质风化、水锈的操底油。

① 颜料光油（21 世纪初研配制的）、油性防锈漆、酚醛漆（20 世纪 60 年代称万能漆）、长油度醇酸漆的稀释剂，一般采用松香水（200 号汽油），无铅汽油。另外常使用的萜烯溶剂是植物性溶剂，如松节油：对天然树脂和油料的溶解能力大于松香水，小于苯类，挥发速度适中，符合涂刷及干燥的要求。

② 中油度醇酸漆类的稀释剂，采用 X－6 醇酸稀释剂。又如松油：可用于仿古建，其性能挥发慢，溶解能力强，流平性好，用在醇酸漆中，可改进涂刷性，用量不宜多。可作为防结皮剂、防干化剂及去泡剂。

③ 硝基漆类的稀释剂，一般采用香蕉水（也叫信那水），即用 X－1 硝基漆稀释剂。用 X－20 硝基漆稀释剂可洗工具。主要用于牌匾做硝基漆和木装修清色活做硝基清漆。

④ 丙烯酸漆采用 X－5 丙烯酸稀释剂，聚氨酯漆采用 X－10 聚氨酯稀释剂。

⑤ 白酒或酒精和煤油：白酒用于配制黑烟子油；在木装修清色活工艺中常用酒精配制虫胶漆、酒色，不得使用浓度低的酒精，因配酒色颜色不正，涂刷无机颜料的酒色易糊羊毛刷；煤油用于稀释上海银朱便于研磨后配制银朱油和用于磨退工艺（水砂纸打磨可用煤油，软蜡、砂蜡、上光蜡稀释用煤油）。

（2）催干剂

催干剂：有固体和液体两种，又叫干料，液体的叫古干料，主要作用是加速油漆的干燥。是一种能够促使可氧化的漆料加速干燥的物质，对干性油膜的吸氧、聚合作用，能起一种类似催化剂的促进作用。古建传统油饰常用的催干剂为金属氧化物，如二氧化锰（土籽、土籽面）、氧化铅（章丹粉、黄丹粉、密陀僧及铅粉），是最古老的催干剂，而催干的作用各有所不同，直接加入热干性油或松香里，热熔后作为热熔金属皂使用，就起到催干作用。用量应按要求和配合比加入，否则就会产生外干里不干，引起返黏、皱皮，易使漆膜老化。

1）土籽：有豆粒状和块状，豆粒状为黑褐色，块状为褐色。熬光油用粒状，熬灰油用粉末状，是一种含有二氧化锰的矿石，是氧化和聚合作用同时进行的一种催干剂，氧化作用稍强于聚合作用，其表干的活性和透干性都较强，仍需加入其他催干剂配合使用。干后油膜较硬而脆，色深、容易泛黄，不宜使用在白漆中。古建用于熬炼光油、灰油、漆灰地仗、配水色。

2）黄丹粉：成分属氧化铅。为铅催干剂，促使油膜的聚合作用多于氧化作用的催干剂，因催干能力比土籽缓慢，所以熬光油时必须加入土籽帮助氧化，方可达到良好的效果，使油膜表面和内层同时干燥，油膜干后柔韧，可伸缩，耐久性和耐候性好。熬炼光油内加入黄丹粉除起催干作用外，还能使脏物坠底，改变油质颜色，增加美观效果。可串黄油用，清代称金黄油。

3）章丹粉：又名红丹、铅丹，学名为四氧化三铅（Pb_3O_4），密度 9.1g/cm^3，密度较大，为鲜橘红色重质粉末，是一氧化铅和过氧化铅混合而成。在红丹的成分中除含有除含有四氧化三铅外，还含有少量氧化铅，促使油膜的聚合作用多于氧化作用的催干剂，因催干能力比土籽面缓慢，所以熬灰油时必须加入土籽面帮助氧化，方可达到良好的效果，使油膜表面和内层同时干燥，油膜干后柔韧，可伸缩，耐久性和耐候性好。还可用于配制章丹油、防锈漆。

4）古干料：液体催干剂是钴、铅和锰催干剂的混合液体，使用量不得超过漆重量的 0.5%。如冬期、低温或阴雨天施工或油漆储存过久催干性能减退时，补加催干剂的用量不得超过漆重量的 0.7% ～ 1%。否则就会产生外干里不干，引起返黏、皱皮，易使油漆膜老化，多用于调合漆。

各品种的催干剂的作用是：钴催干剂 G-1 能促进氧化反应，使油漆膜表面迅速干燥，催干能力强。锰催干剂 G-2 既能促进氧化，又能促进聚合反应，其作用介于钴和铅之间。铅催干剂 G-3 主要是促进聚合反应，使油漆膜表面和内层同时干燥。其中还有钴锰催干剂 G-4，钴铅催干剂 G-5，铅锰催干剂 G-6，铅锰钴催干剂 G-7。

（3）增韧剂

增韧剂用来增强漆膜的柔韧性，克服其硬而脆的缺点。常用的增韧剂，有植物不干性蓖麻油、天然蜂蜡、石蜡、丁酯等。增韧剂用量不宜过多，过多会使漆膜过软而不宜干燥。一般加于硝基漆和乙烯漆中使用。

2.3.2 油漆的命名及长短油度的划分

1. 油漆的命名

全名：颜色或颜料名称 + 成膜物质名称 + 基本名称。例如：铁红醇酸磁漆（铁红 + 醇酸树脂 + 磁漆）、铁红醇酸调合漆（铁红 + 醇酸树脂 + 调合漆）。

对于某些有专业用途及特性产品，必要时在成膜物质后加以阐明。例如：白硝基外用磁漆，古建油饰专业的颜料光油（朱红油、二朱油等）、罩光油、金胶油。

2. 长短油度的划分

成膜物质是由天然干性油和树脂合成的油漆。

在酯胶、酚醛油基漆中，如树脂：油为 1 ： 2 以下时则为短油度，比例在 1 ：（2 ～ 3）时则为中油度，比例在 1 ： 3 以上时则为长油度。

在醇酸油基漆中，含油量在 50% 以下时为短油度，含油量在 50% ～ 60% 为中油度，含油量在 60% 以上为长油度。室外油饰应使用长油度油漆。

2.3.3 选用油漆应具备的性能要求

清光油和颜料光油及油漆的性能好坏，直接影响装饰效果和使用寿命。因此，古建和仿古建选用或熬配制的光油及颜料光油或选用的油漆应具备以下性能要求：

（1）应有足够的黏结力，能与被涂物紧密黏结，不致脱落。

（2）具有耐候性好，在温度或湿度变化下抗老化不变质， 不致失光粉化。

（3）要有一定的硬度和强度，经得起摩擦，并经久耐用。

（4）具有弹性性能好，不会因被涂物面胀缩而使涂膜开裂。

（5）有一定的稠度和干燥速度，既要容易涂刷符合涂膜厚度要求，还要流平性好且干燥凝固得快。

（6）有一定的遮盖力， 色泽稳定不褪色，不致有化学反应。

传统曾形容清光油的油膜弹性，以搓刷抬轿的杠子经常使用中上下颤动而油皮不裂。

2.3.4 常用油料和油漆及材料的用途

1. 光油

以桐油为主和苏子油熬炼制成，为古建油饰的特制光油。分为净油（纯生桐油熬制的油）、二八油、三七油、四六油等，是根据生桐油中加入苏子油的比例不同而得名，浅棕黄色，清澈透明，皮头大较黏稠（似蜜炼川贝枇杷膏），干燥结膜时间基本同普通油基漆，油膜干透慢干后坚韧，光亮度好，油膜厚有弹性，耐水，保光性和耐候性好。操作方法只能用丝头搓油、油栓刷理，油皮干后表面发黏发涩（比新乒乓球拍胶皮面黏涩），需呛粉后用乏旧砂纸打磨。清光油除用于罩光油外，还用于配制颜料光油和配制金胶油。耐磨性、光亮度不如加入松香的光油好，但油膜弹性稍差。古建使用的清光油与新建的清油截然不同，新建曾用清油（有鱼腥味）做操底油，清油与厚漆配制成铅油，涂刷门窗（其做法有，一铅一调、两铅一调、一铅两调等，例如一道铅油两道调和漆。公私合营前古建前辈油工曾做过此活）。

2. 颜料光油

用光油和颜料以传统方法配制而成，是传统古建自制的油漆，以丝头搓油、油栓顺为主。现已有成品光油和颜料光油出售，但黏稠度（皮头小）小、成膜后比传统油膜薄，干燥快，易打磨，适宜涂刷。传统颜料光油的品种有限，主要是按所加颜料的名称或所配制的颜色命名的，适用于古建、仿古建的油饰工程。常用颜料光油有如下品种。

（1） 章丹油：除用于配制柿红油外，主要用于朱红油、二朱油的头道油，除起底油、封闭、遮盖、防渗和节约面油作用外，主要起衬托面油的色彩作用，使银朱油或二朱油的色调明快、鲜艳。油饰牌楼的霸王杠时，涂饰两遍章丹油后，既起底油作用还可用于铁箍防锈。

（2） 朱红油（银朱油）：以银朱和光油配制而成，串油的银朱颜料颗粒要细，色彩鲜艳，没有杂质。传统用“正尚银珠”或“合和银珠”串油，用佛山银朱串油不多，出水串油的方法与章丹油相同。现多用上海银朱串油，但颜料不用开水浇沏泡，因颜料轻用煤油稀释研磨后串油，方法同广红土油。用于配制二朱油和古建筑的连檐瓦口、斗栱眼、垫栱板、花活地、匾托、霸王杠及御用建筑的盖斗板等油饰部位。

（3） 二朱油：曾以二成银朱油和八成广红土油配制成二朱油，现多用八成银朱油和二成铁红油配制成二朱油，也有用五成银朱油和五成铁红油配制成二朱油等，至今油饰工程施工对二朱油的颜色尚无定制。据清《工程做法则例》中使三麻二布七灰糙油、垫光油、朱红油饰的用料分析，是以银朱 0.4 两、南片红土 0.3 两、红土 0.02 两及光油、香油配制成朱红油饰（参见附录 A），相当于银朱油∶广红土油 =5 ∶ 4。使二麻一布七灰糙油、垫光油、朱红油饰的用料看，是以银朱 0.36 两、南片红土 0.3 两、红土 0.02 两及光油、香油配制成朱红油饰（参见附录 A），相当于银朱油∶广红土油 =5 ∶ 4.5。根据前者做法及颜材料略比后者做法鲜艳，说明朱红油饰（二朱油）做法在御用建筑中有严格等级制的。按现今使用的颜料配二朱油，即银朱油∶铁红油约 =5 ∶（2.5 ～ 3）。总之，根据《工程做法则例》朱红油饰是否有殿座内外檐之分，主殿与配殿之分等，由于缺乏依据有待考证。

（4） 广红土油（红土子油）：传统以南片红土、红土颜料配制广红土油，因广红土基本无货现以氧化铁红颜料配制铁红油，均称广红土油或红土子油，用于仿古建可称铁红油，但色暗发紫头或发黄头的油不宜使用。广红土油耐晒、遮盖力强、不易褪色，色彩稳重，适用于古建、仿古建的油饰。

（5） 柿红油：以红土子油加入适量的章丹油配制而成，比广红土油鲜艳，适用于仿古建的下架油饰。清《工程做法则例》中记载有银朱黄丹油和柿黄油，色彩略有不同，柿黄油以光油、栀子、槐子、南片红土调配而成（参见附录A）。

（6）洋绿油：清早期用大绿油和瓜皮绿油，清晚期曾用鸡牌绿油；有用巴黎绿油与氧化铁绿油合一配成的绿油，现多采用氧化铁绿油；适用于古建、仿古建的飞头、椽肚、窗屉、屏门、梅花柱子、坐凳油饰，绿圆柱子油饰少（如皇家戏楼）。

（7）黑烟子油：适用于小式建筑的筒子门和做黑红镜油饰，黑色面积大时略加少许广红土油。

（8）墨绿油： 以绿油为主加少许黑烟子油调配而成，适用于小式建筑及铺面房的下架油饰。

（9）定粉油：传统以中国粉研细配制定粉油，因以木箱包装，油画作均以原箱粉与光油配制，适用于古建、仿古建的内檐油饰和配色，如瓦灰色，用于黑烟子油的头道油。

（10）米黄油：以中国粉配制的定粉油和黄丹油（金黄油）调配而成。清《工程做法则例》记载以光油、定粉、彩黄、淘丹、青粉调配而成（参见附录A），适用于小式建筑的室内。仿古建的室内使用的米黄油以白油漆为主，加少许中黄油漆调配而成。

（11）紫朱油：以朱红油为主（清中早期加黑油）加佛青油和少许黄丹油调配而成，适用于小式建筑。

（12）香色油：以黄油为主（早期用彩黄加青粉、土子，参见附录A），加定粉白油和少许蓝油调配而成，适用于小式建筑的室内。

（13）羊肝色油：以广红土油为主（铁红油需加少许朱红油），加黑烟子调配而成。清早期为红土烟子光油（用红土加烟子，参见附录A），适用于小式建筑。

（14）荔（栗）色油：以广红土油为主加适量黑烟子油和黄丹油调配而成，适用于小式建筑。

（15）瓦灰油：以定粉油为主加少许黑烟子调配而成，有带蓝头的和黄头的，适用于小式建筑及铺面房。

3. 各品种的清漆性能及用途

（1）酚醛清漆：由甘油松香改性的酚醛树脂为胶粘剂制成，漆膜光泽高、坚韧，耐水、耐碱性很好。该漆适用于室内木装修、木器家具油漆罩面。

（2）醇酸清漆：俗称三宝清漆，由干性油和改性醇酸树脂溶于溶剂中制得。该漆的附着力、光泽度、耐久性、色泽均比酚醛清漆好，不易泛黄。缺点是施工工艺要求高，耐候性较差，日久易产生龟裂，该漆适用于室内木装修油漆罩面。用顺丁烯二酸甘油松香改性醇酸树脂清漆，漆膜色浅而光亮，能显现木纹，漆膜坚硬耐磨，适用于室内木地板油漆罩面。

（3）虫胶清漆：俗称洋干漆、泡立水，用虫胶片（漆片）加入酒精内溶解制成（约 0.3 ∶ 1）。使用方便，干燥快，漆膜坚硬透明光亮，附着力强，具有一定绝缘性，还能根据需要涂刷成不同颜色的透明涂饰。缺点是不耐酸碱，耐水性和耐候性差，日光暴晒后失光，热水浸烫会泛白。该漆适用于室内木装修打底或高级木器家具的出光。古建传统工艺曾经用虫胶清漆做银箔罩漆，呈现金箔饰面。

（4）着色清漆：在清漆中加入有机染料（油溶性染料）而成。干后成有色透明的漆膜，适用于室内木装修和木器家具着色罩光合并使用的清漆。着色的油基清漆（中油度改性酚醛清漆）俗称改良金漆或改良广漆，是用来模仿大漆颜色，可配成红木色着色清漆，适宜涂饰木器家具用。近些年来室内木装修和木器家具着色罩光合并常使用硝基清漆或硝基亚光清漆内加入有机油溶性染料（色精）进行涂饰。

（5）腰果清漆：学名槚如果酚缩醛清漆，型号为 T09-12，是着色透明清漆，有透明棕色、透明枣红色、透明金黄色、透明清漆等。是由腰果壳液中提取（与天然大漆的漆酚相似）的腰果酚，经人工合成，属于催干类型油漆。其漆膜柔韧、坚硬、光亮，具有耐水、耐酸、耐热等优点。有大漆的某些特点，其溶剂为松节油、二甲苯、200 号溶剂汽油。该漆是棕色透明液体，适用于家具、仿古漆器竹器。北京地区用于佛像、佛龛金箔罩漆，腰果清漆的棕色透明色度应有深浅之分，应由浅逐步涂到需要的深度。

（6）亚光清漆：现多使用硝基亚光清漆，适用于室内木装修。其操作程序与清喷漆磨退基本相同，表面坚硬平滑，光洁柔和，质感好。有开孔性和填孔性两种做法，盛行开孔性亚光清漆做法，木纹清晰、显现棕眼（用漆填平棕眼），理平不磨退亚光清漆做法，质感似蛋壳。

（7）硝基清漆：俗称腊克，又名清喷漆，常用的 Q22-1 硝基木器清漆。它是以硝化棉即硝化纤维素为基础加入其他树脂、增塑剂、溶剂等组成。它的干燥是通过溶剂（香蕉水）的挥发，而不包含有复杂的化学变化。该漆具有漆膜坚硬、耐磨，干燥快，经砂磨抛光后，光泽较好，耐久，耐候性较差。缺点是固体含量低，每遍干燥成膜后漆膜较薄，施工烦琐，溶剂有毒易挥发，有碍施工者健康。适用于室内中高级木装修涂饰。目前绿色环保施工中的高级涂饰采用水溶性清漆。

（8）聚酯清漆：是以聚酯树脂为基本黏合剂的一种新型油漆。其特点是漆膜颜色浅、透明度好、丰满光亮，耐磨、耐热、耐寒、耐潮性能良好，具有一定耐弱酸碱、耐溶剂能力，缺点是漆膜较脆。这种漆施工和干燥方法受一定条件限制，操作比较复杂。适用于室内高级木装修和木器涂饰的较理想的清漆。

（9）丙烯酸木器清漆：主要由甲基丙烯酸不饱和聚酯和甲基丙烯酸改性醇酸树脂组成，分为两个组分，按一定比例混合使用。其特点是干燥快、漆膜丰满光亮、颜色浅、透明度好、坚硬耐磨、耐水、耐热、附着力好， 耐久不变色。这种漆施工较硝基清漆方便，但价格高，使用时可用虫胶清漆打底涂层，用醇酸清漆三道为中间层，丙烯酸木器清漆为面漆涂层，效果较好。适用于室内高级木装修和木器涂饰，可用于仿古建贴铜箔罩漆，防氧化变黑，使其光泽耐久。

4. 醇酸磁漆

常用品种有各色醇酸磁漆，需用颜色按用量分有铁红色、绿色、朱红色、中黄色、米黄色、白色、黑色、蓝色等。多选用外用（长油度）醇酸油漆，其特点是耐候性优越，柔韧性、光泽度一般。选用中油度的醇酸油漆，其特点是涂膜有较好的户外耐久性，又具有较高的硬度，较强的光泽度和良好的柔韧性，涂膜也比较美观。适用于仿古建和古建室内木装修油饰。

5. 硝基磁漆

俗称腊克，又名喷漆。它是以硝化棉即硝化纤维素为基础加入其他树脂、增塑剂、溶剂、颜料等组成。它的干燥是通过溶剂（香蕉水）的挥发，而不包含复杂的化学变化。该漆具有干燥迅速、漆膜坚硬耐磨、可抛光、光泽优异、耐水、耐弱酸、耐大气性能好的优点，耐候性较差。由于磨光性较差，做牌匾时需加入硝基清漆，增加漆膜的光泽并提高漆膜的附着力。缺点是固体含量低，每遍干燥成膜后漆膜较薄，施工烦琐，溶剂有毒易挥发，有碍施工者健康。适用于室内中高级木装修涂饰，古建牌匾常用黑硝基漆做磨退，仿大漆效果。

6. 防锈漆（又名底漆）

防锈漆主要有油性防锈漆和树脂防锈漆两类。

（1）油性防锈漆：有红丹油性防锈漆、铁红油性防锈漆、锌灰油性防锈漆等。工作原理是通过防止水分渗入，阻止腐蚀性物质的浸入，起到防锈作用。如果漆膜破损仍会生锈，因此油性底漆仅作一般防腐蚀底漆。其优点是漆膜充分干燥后附着力强，柔韧性好。其缺点是漆膜软、干燥慢。因红丹与铝粉会产生电化学作用，故不能用在铝板和镀锌板上，否则会降低附着力，出现卷皮现象。

（2）树脂防锈漆：有红丹酚醛防锈漆、红丹醇酸防锈漆、锌黄醇酸防锈漆等。其防锈性能较好，干燥快，附着力好，机械强度较高，耐水性也较好。红丹醇酸防锈漆是黑色金属（钢铁）防锈底漆。锌黄醇酸防锈漆只能作为轻金属（铝板和镀锌板）的防锈底漆。树脂防锈漆适于古建地仗以下（铁箍、扒锔子或镀锌箍）使用的防锈底漆。

（3）铁红醇酸底漆：是钢铁物件表面最常用的一种底漆，干燥快，附着力好，能耐挥发性漆（硝基漆、过氯乙烯漆）的溶剂，常作这些漆的底漆使用。由于不含或含防锈颜料不多，防锈能力不强，所以只适用于一般条件下使用，不适于古建地仗以下铁箍防锈。

7. 地板漆

木地板涂饰，要求漆膜、坚硬、耐磨、不易脱落。古建常用的地板漆，有铁红酚醛地板漆，铁红醇酸地板漆，清色活地板用耐磨清漆，另外还可选用甲板漆等。

8. 熟桐油

古建称光油，为一般光油，性能和用途见本书 2.1.2 节。

9. 稀释剂

见本书 2.3.1 节相关内容。

10. 催干剂

见本书 2.3.1 节相关内容。

11. 陀僧（密陀僧）与松香

陀僧为橘黄色土状小片或粉末（中药材），是明清熬光油所下材料之一，后因天然矿产很稀少，长时期熬光油已不下陀僧了。松香用于熬炼罩光油，能提高油膜硬度和耐磨性及光泽，因底层颜料光油的油膜软而面层罩光油的油膜硬，数年后背阴处的面层油膜易出龟裂纹、蚧蛤蟆斑。

12. 其他材料

（1）砂布、砂纸：用于磨腻子、磨油皮。有 1/2 号、1 号、11/2 号。

（2）水砂纸：用于油漆的磨光和磨退工艺。有 200 号、220 号、240 号、260 号、280 号、300 号、320 号、340 号、360 号、380 号、400 号等。

（3）川蜡（硬蜡、石蜡）、黄蜡（蜂蜡、油蜡）、砂蜡、软蜡（上光蜡）地板蜡。

1）川蜡、黄蜡为块状。川蜡硬度高、光泽好而油性偏小，渗透力稍差，因此烫蜡需掺入微量黄蜡。用于平面烫蜡时将蜡刨成薄片待用，用于垂直面烫蜡时将蜡加热熔化成蜡水待用。主要用于古建筑、木装修、牌匾、硬木地板等清色活烫蜡工艺。

2）砂蜡、上光蜡为抛光膏。砂蜡为磨光剂，是用硅藻土、铝红、矿物油、蜡、乳化剂、溶剂、水等混合而成，颜色呈浅灰和浅褐色，主要用于硝基漆、聚酯漆、丙烯酸漆等磨退工艺。上光蜡又称油蜡、蜂蜡，软膏状颜色呈乳白色和黄褐色，乳白色上光蜡一般用于磨退工艺抛光，黄褐色油蜡一般用于木家具、木装修擦软蜡，起防水、防尘、防污物等养护和保护作用。

3）地板蜡，为乳白色，用于木地板或水磨石地面上光养护作用。

（4）木炭：用硬质果木树枝烧成的木炭，传统主要用于楠木古建筑、匾面烫蜡。

2.4 传统油料预加工配制及常用油漆材料的调配

2.4.1 传统油料的预加工配制

1. 熬光油

宋《营造法式》第三卷第十四记载："炼桐油之制：用文武火煎桐油令清。先煤胶令焦，取出不用。次下松脂，搅，候化。又次下研细定粉。粉色黄，滴油于水内，成珠，以手试之，黏指处有丝缕，然后下黄丹，渐次去火，搅，令冷，合金漆用。如施之于彩画之上者，以乱线揩搌用之。"

（1）熬光油用生桐油、苏子油、土籽粒、黄丹粉、定粉材料，做罩光油有另加松香的。熬油前要把土籽、黄丹粉、研细定粉分别入锅焙干。先把苏子油熬沸后，将均匀的土籽粒放置勺内，浸入油中颠翻炸透，倒入锅内，再以微火慢熬，随熬随扬油放烟，试油见水成珠搅动抱棍即为熬成坯油。取净土籽，出锅将烟放尽，直至油凉为止。再熬炼生桐油，开锅后入坯油，随熬随扬油放烟，开锅后下定粉，以微火慢熬，油色发黄时滴油见水成珠，手试拉丝即可出锅，加入黄丹粉，继续扬油放烟，待油冷却即可使用或盖好纸掩待用。此为熬炼二八油、三七油、四六油的方法，以纯桐油熬炼的光油称净光油。

以苏子油煎坯油时， 加热到 190 ～ 200℃，煎 3 小时后可得到平滑的油膜。在熬炼罩光油时可加入 0.5% ～ 0.8% 的松香粉末。在熬制桐油时需加热到 200℃保持半个小时或迅速加热到 260℃聚合后，快速冷却。但容易导致胶化成坨，因此在熬制加热时应严格控制温度和时间，并在每次熬油 50kg 需储备 30kg 以桐油熬制的嫩点的冷坯油，作为熬光油时骤冷用，以免成胶报废。

（2）熬光油材料配合比（重量比）见表 2-4-1。

熬光油材料配合比（重量比） 表 2-4-1

季节	材 料					
	生桐油	土 籽	黄丹粉	密陀僧	研细定粉	老松香粉
春、秋季	100	4	2.5	已不下	0.5	0.5 ～ 0.8
夏 季	100	3	2.5	已不下	0.5	0.5 ～ 0.8
冬 季	100	5	2.5	已不下	0.5	0.5 ～ 0.8

注：1. 清早期熬光油，每 100 斤桐油用土籽 6.25 斤，黄丹 6.25 斤，陀僧 6 两 4 钱（折合 200g），参见附录 A；

2. 加入松香是为了提高罩光油的油膜硬度和耐磨性及光泽，用松香应经试验好后再入，如用干油松香的油膜有回黏感，用四醇松香的油膜硬，耐水性、耐碱性、耐候性都比较好。

（3）熬光油注意事项

1）熬制光油时，应经有关部门批准，应远离建筑物和火源并备有个人安全用具（手套、围裙、护袜）和防火设备（如铁锹、铁板、砂子、潮湿麻袋、灭火器材等），方可熬制。

2）熬光油时用的生桐油、苏子油含水率不大于1%，土籽、黄丹粉、密陀僧、定粉必须是干燥的，以防炸响溅油及涨锅溢油进而导致着火。

3）熬光油时不能为了避免成胶报废而采取多加土籽来降温冷却，使所熬光油涂饰后易出现表干里不干、起皱等质量问题。

2. 颜料串油

传统多用无机矿物颜料串油，根据颜料颗粒粗细、轻重等原因进行分别串油，方法有出水串油、干串油、酒水串油等。原因一，出水串油的颜料如巴黎绿、鸡牌绿、章丹、银硃、黄丹及定粉，因矿物质颜料颗粒粗内含硝和杂质，且有毒。必须通过开水漂洗去除硝和杂质，水研磨箩细，再出水串油。定粉颗粒虽细因质重有黏度成块状，需水研磨箩细，进行出水串油。原因二，干串油的颜料如广红土、佛青，因颗粒细腻与油融合可直接串油。上海银朱虽细腻、质轻飘浮力略差、与水与油难于融合，可用精煤油闷透，或研细，再串油。原因三，酒水串油的颜料如黑烟子，因细腻、质轻飘浮、与水与油难于融合，因此须先用酒闷透再用热水浇沏或直接用加热的酒水闷透，再串油。颜料串油应达到使用质量要求，其方法如下。

（1）洋绿、章丹、银珠出水串油

洋绿、章丹、银珠等，串油前需分别先用开水多次浇沏，直至水面无泡沫，使盐、碱、硝等杂质除净。再用小磨研细，待其颜料沉淀后将浮水倒出。出水串油时，在一处逐次加浓度光油，用木棒搅沘，当颜料与油融合一起时，水被逐步分离挤出，用毛巾将水吸净，陆续加油搅沘使水出净，再根据虚实串油，待油适度盖好掩纸，在日光下晾晒出净油内水分后待用。

（2）干串广红油及用途

将广红土颜料放入锅内焙炒，使潮气出净，再将炒干的广红土过箩倒入缸盆内，加入适量光油搅拌均匀，用牛皮纸掩头盖好，放在阳光下暴晒，使其颜料颗粒沉淀时间越长越好，不得随用随配。油层分净、实、粗三种油，分别按上、中、下三层使用在不同部位和不同的工序上。上层的净油为“油漂”，做末道油出亮用，中层的油实做下架头、二道油用，下层的油微粗多用于上架檐头。

（3）黑烟子酒水串油

将烟子轻轻倒入箩内，盖纸放进盆中，用干刷子轻揉，使烟子落在盆内，筛后去箩。用高丽纸盖好，在高丽纸上倒白酒或温白酒，使白酒逐渐渗透烟子，再用开水浇沏，闷透烟子为止，揭纸渐渐倒出浮水。在一处逐次加浓度光油，用木棒搅泚，当烟子与油黏合一起时，水被逐步挤出，用毛巾将水吸净，再陆续加油使水出净，然后根据虚实串油，待油适度后盖好掩纸，在日光下晾晒出净油内水分后待用。

2.4.2 常用油漆色料润粉浆灰腻子的调配

古建和仿古建油漆工程，施工现场为了满足设计、文物、甲方和操作工艺的需要，往往要对油漆的颜色、油色、水色、酒色和润粉、腻子等进行调配。这是一项复杂细致的技术性很强的工作，直接关系到材料的节约和成活质量。

1. 调配油漆颜色的要点

（1）自然界的颜色是由红、黄、蓝颜色组合成的，称为三原色。两种原色混合叫复色，另一个原色则为这个复色的补色，会使颜色变暗发土，需注意。三原色互相混合因配比的变化，可配成更多的不同色彩。如红多于黄，而黄又多于蓝，配成的颜色不是黑色而是羊肝色，相反少于时则是橄榄绿色。

（2）调配色时，古建一般是凭经验掌握，为了调配出的颜色色正，常用颜色的“色头”术语形容，所谓色头是指调配出的颜色有微量的色泽差别，例如古建常用的绿油有偏黄头的或偏蓝头的，铁红油有偏黄头的或偏紫头的等，那么微量的色泽差别，其数量究竟是多少，应以色正为宜。

（3）调配色应掌握“油要浅、浆要深”，“浅色要色稳、深色要色艳”，“有余而不多、先浅而后深、少加而次多”的操作要点。

（4）调配色，应在天气较好、光线充足的条件下进行。

（5）所用的油漆涂料种类、型号、厂家必须相同。不了解其成分、性能之前不能调配。原则上同一品种和型号才能调配。

（6）配色时，一般使用的为红、黄、蓝、白、黑基本颜色。按照各种色漆的配比依次序入量，再依次将次色、副色调入主色，搅拌均匀，次序不得相反，经对比并符合样（色）板和设计要求后，还应掌握稀释剂等的加入量。由于多种颜料密度不同，成品色漆或调成的色漆，常常出现“浮色”弊病。因此，在调色时，一般应添加入微量（1‰）的硅油溶液加以调整，以免出现“浮色”。

（7）在油饰工程施工中所用的干颜料，不但要颜色鲜艳，而且要经久耐用。

2. 虫胶清漆的配兑

传统配兑虫胶清漆称泡漆片，将漆片加入酒精内 12 小时溶解后即可调配成。虫胶清漆的配合比约是漆片∶酒精 =1 ∶ 3，可用于节疤封闭，俗称点漆片，防止做浅色油漆节疤处咬黄。做清色活时，可根据工艺的不同需要确定配合比，如用于虫胶清漆打底和涂层封闭的可配成漆片∶酒精 =1 ∶ （4 ～ 5）；如用于找刮色腻子、拼修色的可配成漆片：酒精 =1 ：（5 ～ 6）。涂饰虫胶清漆，当气温高、干燥时，酒精可适量多加些。当气温低或湿度大时，通过少加酒精提高虫胶清漆浓度，可避免饰面泛白。因此，虫胶清漆的配合比应根据实际情况调整。配兑虫胶清漆，不得将酒精倒入漆片中以免结块，不得在黑色金属容器内调配和存放，以防与酒精发生化学反应成锈红色。虫胶清漆应随配随用，不得存放时间过长，因漆片中有机酸与酒精发生作用生成酯，时间过长会使漆膜发黏、干燥慢。

3. 银粉漆和金粉漆的配兑

先将银粉膏或铜粉和稀释剂放在容器内，搅拌均匀成糊状，再加入清漆搅拌均匀，即成银粉漆或金粉漆。配兑时切记，其清漆加入量应适当，清漆多一点发暗，清漆少一点掉粉，不可忽视。调好的金粉漆和银粉漆以不透底为宜，最好当天配兑当天用完，以防变黑影响美观。

（1）配兑银粉漆：具有银色光泽，散热快，遮盖力较强，反射光和耐热的性能较好，适合喷涂和刷涂，主要用于室内暖气管道饰面。配兑方法同上，配合比约是银粉膏：稀释剂：清漆 =3.5 ： 4.5 ： 2。

（2）配兑金粉漆：具有金色光泽，色泽鲜艳，遮盖力较强，缺点是金粉漆在储存或涂刷后容易氧化变色，适合刷涂，主要用于室内线条、图案、雕刻饰面。配兑方法和配合比同银粉漆。

4. 油色、水色、酒色的配兑

（1）配兑油色：油色是介于混色油漆与清漆之间的一种油漆名称，不是色清漆（腰果清漆），而是刷油色后既能显出（模糊）木纹，又能使木材底色的颜色一致，常用于旧清漆活翻新和新木材色杂的清漆活及透木纹的（擦油色）清色活。调配油色时，根据颜色组合的主次，先把主色调合漆加入少量汽油搅拌均匀，再把次色调合漆逐渐加入搅拌均匀，最后点缀加入副色调合漆直至调配成需要的颜色。配油色常用红、黄、黑调合漆约 15% ～ 20%，松香水约 50% ～ 70%，光油约 10% ～ 15%。配油色不宜用煤油，刷油色干燥后不宜打磨，待涂刷醇酸清漆后再轻磨。

（2）配兑水色因用材料和工艺的不同有 3 种配色方法

1）常用石性颜料配兑水色：有大白粉、地板黄、红土子、墨汁、栗色粉等，配兑方法：先把 15% ～ 25% 的颜料，浸泡在 60% ～ 75% 的开水里至溶解，搅匀兑入微量墨汁，调配成需要的颜色，再加入 10% 的水胶或过滤的血料水，即可使用。水色加水胶或血料水是为了增加附着力，浅色水色不宜加血料水，深色水色加入血料水既增加附着力也提色，使颜色美观。

2）配兑水色常用酸性染料：有黄钠粉、黑钠粉、酸性橙、酸性大红、酸性嫩黄、酸性棕等。调配方法：先将 15% ～ 25% 的染料，浸泡在 75% ～ 85% 的开水里，再放在火炉上煮一下至溶解，酌情适量加入墨汁，水和染料的配比一般要看木质及显现木纹的情况而定。选用染料特点见本书 2.3.1 节。

3）清早期水色的用料：楠木色用水胶∶槐子∶土籽面 =0.06 ∶ 0.10 ∶ 0.20；花梨色用水胶∶苏木∶黑矾 =0.06 ∶ 1.50 ∶ 0.01。

染料水色其特点是容易调配，使用方便，干燥快，色泽艳丽，透明度高，但不耐晒、易褪色，酸性染料又好于碱性染料。如在涂刷中出现发笑（斑斑点点的花脸状）时，可刷肥皂水消除。

（3）配兑酒色常用碱性染料：有碱性嫩黄、碱性橙（杏黄渣）、碱性品红、碱性紫（青莲）、碱性棕等。调配方法：是将碱性染料溶解于酒精中或稀薄的虫胶清漆中，充分搅拌均匀即为酒色。用石性颜料配酒色多使用在浅色清色活工艺中作修色用。木材面涂刷酒色，既显露木纹又起着色作用，使其色泽一致。其特点比水色干燥快，还起封闭作用。由于染料的颜色渗透性强，涂刷时需要有熟练的技术，所调配的酒色（因无固定配方）须淡些，避免涂刷色泽深于样（色）板，不能修复。涂刷酒色多用于硝基清漆或硝基亚光清漆透明工艺中着色。

5. 润粉的配兑

因用材料和工艺的不同，分配兑水粉和油粉两种方法，润粉的作用是既能填平棕眼，同时上好底色，木纹清晰，适于中高级透明涂饰，在润粉后还需涂面色、拼色、修色，润粉仅是整个着色过程的基础。润粉又称打粉子、擦粉子等。配兑水粉和油粉的配比应酌情掌握，依据样（色）板的颜色为准。

（1）配兑水粉：用大白粉、石性颜料、水、水胶调配而成。如本木色：约用大白粉 60%，立德粉 1%，地板黄 0.3%，水 34%，水胶 5%。如柚木本色：约用大白粉 60%，铁红 1.6%，地板黄 1.6%，水 31%，酌情适量加入墨汁，水胶 5%。调配水粉时，先将大白粉和水放在容器内，搅拌均匀成糊状，根据样板的颜色要求，加入泡好的石性颜料或其他颜色及水胶调匀，水粉的稀稠度根据木材的棕眼大小定，棕眼大水粉稠些，棕眼细小水粉稀些，棕眼细小也有用素水粉（不加水胶）的，易造成半棕眼和木纹不清楚，水粉调配好后经样板试验合格再润粉。水粉干燥快，易引起木材膨胀起木筋，比油粉清晰度高，但透明度不如油粉好。

（2）配兑油粉：用大白粉、石性颜料、光油、松香水调配而成。如本木色：约用大白粉 64%，立德粉 1.5%，地板黄 0.3%，松香水 22%，光油 7%，煤油 5%。如柚木本色：约用大白粉 65%，铁红 1.5%，地板黄 1.5%，松香水 20%，酌情适量加入铁黑或黑调合漆，光油 7%，煤油 5%。配兑油粉时，先将大白粉和松香水放在容器内，搅拌均匀成糊状，根据样板的颜色要求，加入松香水泡好的石性颜料或其他颜色及光油、煤油调匀，油粉的稀稠度同水粉，但油性不能大，否则粉料不易进入棕眼内。油粉的特点是比水粉干燥慢、成本高，但比水粉透明度高，既能避免木材膨胀又有保护性能。

6. 浆灰和常用腻子的调配及材料配合比

在古建、仿古建油饰工程施工中，被涂物表面如有不平、光洁度差、细缝隙、蜂窝、麻面、划痕、孔眼等细微缺陷，需要用腻子找、刮弥补，使其表面平整、光滑。由于油漆涂料的品种和施工工艺不同，浆灰和腻子的使用应根据被涂物的材质和底面漆的性质来决定，应配套使用，在使用中宜薄不宜厚。

（1）调配浆灰

用细灰、血料组成，传统对调配浆灰的材料要求较高，其浆灰粉末极细，是将细砖灰粉末与水混合过淋沉淀、晾干的方法泡制成淋浆灰，俗称浆灰，与新发制的鲜血料调配成浆灰。传统使用浆灰，是因比血料腻子附着力强，质地坚硬、塑性好，不易塌落，能弥补生油地的扫道子（划痕）、蜂窝、麻面等细微缺陷的不足，为地仗与血料腻子之间的过渡层。传统主要用于下架和匾额及彩画部位的找补浆灰，现油漆的各部位均用（凡地仗的表面预先刮过浆灰，搓刷颜料光油或涂饰油漆及贴金后的部位，使其平整度、光泽度、细腻度有明显效果）。调配浆灰是将细灰（100 目箩）倒入血料内搅拌均匀即可使用，血料应以调配细灰的血料（行话细灰料）调配浆灰，不行龙。

（2）调配血料腻子

用土粉子、血料和清水组成，先将血料加水搅拌均匀，再加入土粉子搅拌均匀即可使用，无土粉子时可用大白粉代替使用。该腻子附着力和润滑性好，不易塌落，容易找刮和打磨。主要用于生油地（涂刷油漆前的物体表面），用于外檐墙面时，调配血料腻子要加入适量光油。调配帚活的血料腻子，干燥后以不掉粉为宜，强度不足时可加入血料或适量光油，不得用剩余的腻子做代用品，材料配合比见表 2-4-2。调配血料腻子，不得使用滑石粉。

（3）调配油石膏腻子（俗称折油石膏腻子）

用石膏粉、光油、色调合漆和清水组成，先将石膏粉加光油、色调合漆调匀，逐步加入清水和微量大白粉或石膏粉折至上劲时，迅速加入清水折成挑丝不倒即可使用。该腻子质地坚韧牢固，耐候性和可塑性良好，干燥慢，易于找刮和打磨。主要适用于头道油漆干后或操过底油的涂层找、刮缺陷；该腻子加色用于一般新旧清漆活和木地板的清混色油漆的找、刮缺陷；油石膏腻子用于钢铁件防锈底漆时，在该腻子中再加入白铅油及铁红醇酸底漆调匀（不用加调合漆进行找、刮缺陷），该腻子用于黑色金属做底腻子，干燥慢、附着力强、耐热性能好；自制喷漆底腻子主要用于铁箍低于木材面 5 ～ 10mm 时，除锈、涂刷醇酸铁红底漆后，捉缝灰前可嵌刮 1 ～ 2 遍 3 ～ 5mm 厚度的底腻子做垫找缺陷，起耐热功能。

（4）调配胶油腻子

用大白粉、血料、色调合漆组成，其配合比约为大白粉：血料：颜料光油或色调合漆 =1.5 ：1 ：0.3。将大白粉加入血料及色调合漆调匀即可使用，用血料时加入适量清水。该腻子附着力和润滑性好，容易打磨。该腻子适用于头道油漆后，表面平光度稍差时的找、刮。表面平光度略好时也可选用大白油腻子复找，调配方法是用大白粉加颜料光油或色调合漆及适量清水即可。不得使用滑石粉调制的胶油腻子。

（5）原子灰腻子

为成品两组分腻子，干燥快和附着力强，耐磨性和耐水性好，但成本高，可用于仿古建醇酸油漆的找、刮腻子。

（6）漆片腻子

用大白粉、虫胶清漆、少许颜料组成，该腻子干燥快和附着力好。因用量很少应随用随调，以无锈足刀补找孔眼腻子时可高点，不易刮，易于打磨。主要用于中高级透明涂饰。

浆灰、血料腻子、油石膏腻子材料配合比见表 2-4-2。

油漆工程的浆灰、血料腻子、油石膏腻子材料重量配合比　　表 2-4-2

类别＼材料	血料	细灰	土粉子	光油	调合漆	石膏粉	清水
浆灰	1	1					
血料腻子	1		1.5				0.3
油石膏腻子				6	1	10	6

2.5　饰金常用材料和金胶油的配制

2.5.1　饰金常用材料及用途

1. 库金箔

明代称“薄金”，清早中期称“红金”，晚清至今称“库金”，又称“库金箔”，颜色发红，金的成色最好，含金量为 98% 又称九八库金箔，库金箔是与 2% 的银和其他稀有材料经锤制而成的。由于含金量高，色泽为纯金色，因而品质稳定、耐晒、耐风化，不受气候环境影响，色泽经久不变、辉煌延年；其中颜色发黄的称“黄金”（似苏大赤），金的成色稍差；清《工程做法则例》中红黄两色金均指“红金”“黄金”。在古建常采用库金箔饰金，规格 93.3mm×93.3mm/ 张和 50mm×50mm/ 张，厚度只有 0.13μm 左右，光照不得有砂眼。金箔计量按 10 张为一贴，10 贴为 1 把，5 把为 1 包，两包为 1 具共 1000 张。

2. 赤金箔

颜色浅发青白头称赤金箔（似田赤金），又称七四赤金箔，金的成色较差，含金量为 74%，每万张耗金量为 110g，耗银量为 28 ～ 30g，和其他稀有材料经锤制而成的。亮度同库金箔，但延年程度远不如库金箔，多用于两色金。外檐用容易受气候环境影响，光泽逐渐发暗，甚至发黑。贴赤金箔后，需在表面罩光油或涂透明清漆加以防护。规格每张 83.3mm×83.3mm。赤金箔计量同库金箔。

3. 铜箔

比金箔厚，近些年来代替金箔用于建筑物。由于易氧化变黑，需在表面涂透明涂料加以防护，故不适应环境湿度大的地方。规格为正方形，有 100mm×100mm，120mm×120mm，140mm ×140mm 等。铜箔不宜使用在文物建筑上。

4. 银箔

是以白银和其他稀有材料经锤制而成的，规格同赤金箔大小，亮度和延年程度都远不如金箔，主要用于银箔罩漆（一是防氧化，二是仿金色的一种需求），过去适用于佛像、佛龛和铺面房（轿子铺、药铺、香蜡铺等）的室内装饰器物，此做法不适应建筑物装修。明清的漆工将银箔常用在器物上。

5. 光油

特制加工的有黏稠度的光油，经试验不易起皱纹的光油，见本书 2.3.4 节。

6. 金胶油

以特制加工的有黏稠度的光油为主要材料，加入适量豆油坯或糊粉即为金胶油，根据使用要求，分隔夜金胶油和爆打爆贴的金胶油，不论配兑隔夜的金胶油还是配兑爆打爆贴的金胶油，均应在建筑物贴金的部位处进行样板验证，要控制好贴金前后时间，否则影响贴金质量。隔夜金胶油适用于 5 ～ 8 月份贴金工程，爆打爆贴的金胶油适用于当年 9 月份至次年 4 月份贴金工程。好的隔夜金胶油在 24 小时后脱滑干燥，从 17 小时后（下午 1 时至次日早 6 时）开始贴金，7 小时内拢瓤子吸金，金面饱满光亮足。好的爆打爆贴的金胶油一般要求在 10 小时后脱滑，从 5 小时后（早 8 时至下午 1 时）开始贴金，5 小时内光亮不花为好，因此使用油金胶在四季中应充分利用夏季的特点，该季节的金胶油结膜后，以手指背触感觉有黏指感，不粘油，似油膜回黏，既不过劲，也不脱滑，还拢瓤子吸金，贴金后金面饱满光亮足，不易产生绽口和金花。切不可将金胶油内掺入大量成品油漆作为金胶油使用，否则易造成贴金后的多种通病。传统做法中，为了打金胶防止落刷掺入了微量的黄或红颜料光油，20 世纪 60 年代以来掺入了微量的黄或红调合漆、酚醛漆、醇酸调合漆、醇酸磁漆。用特制的光油加微量腰果清漆作金胶油，适应干燥气候贴金。

7. 豆油

详见本书2.3.1节。

8. 糊粉

将定粉（中国铅粉）放入锅内炒，以温火焙炒后即成糊粉。糊粉用于配兑爆打爆贴金胶油，起到增强黏度、稠度和催干等（定粉在净光油内起丽色）作用。

9. 棉花

贴金时，将柔软蓬松的新棉花作团用于帚金，既能帚掉飞金，还能弥补贴金面细微亏金，使贴金面光亮一致、整齐。

10. 白芨、鸡蛋清

白芨属于药材，中药店有售，新鲜的白芨黏性大。调制垩金以白芨、鸡蛋清为黏合剂，用于拨金或描金工艺中，不宜使用陈旧的白芨，因其黏性太小，不能起黏合作用。

11. 黄丹油、红或黄调合漆或酚醛漆、醇酸调合漆、醇酸磁漆

用于码黄胶和作为金胶油岔色防漏刷。

12. 青粉或大白粉及大白块

用于油地打金胶油前呛粉，防止不贴金的油膜吸金。大白块用于贴金时压金箔、呛汗手。

13. 毛竹板

用于打样板试验金胶油。

14. 罩光油、丙烯酸清漆、醇酸清漆

用于赤金箔、铜箔透明防护。丙烯酸清漆透明度好、金色正。

15. 腰果清漆（槚如果酚缩醛清漆）

为着色清漆，透明度有深浅之分，具有大漆的某些特点，北京地区多用于佛像、佛龛做金箔罩漆。腰果清漆的性能见本书2.3.4节。

2.5.2 金胶油的配制

配制金胶油：所谓“金胶油”，清《工程做法则例》称为“贴金油”，顾名思义，即是贴金、扫金专用的以油代胶的胶粘剂。好的金胶油，因每次桐油质量的不同和熬制火候及添加料等细微差别，加兑的金胶油性质也不尽相同，尽管同一金胶油，因使用的季节、气候及地区等不同，金胶油也会有所差异。因此，配制金胶油需经熬制、配制、试验等细致的工作，以特制加工的有黏稠度的光油为主要材料，加入适量豆油坯或糊粉即为金胶油。根据使用要求，分隔夜金胶油和爆打爆贴的金胶油，在饰金（贴金、扫金）工程中应用隔夜金胶油质量最佳，爆打爆贴金胶油不易控制

饰金质量。

1. 煎坯熬制与配制隔夜金胶油

（1）煎熬豆油坯

将粗制食用豆油（呈黄棕色或红棕色）放入小铁锅内，用小火煎熬，约 2 小时左右耗之有黏稠度“皮头大”时，即为“豆油坯”，凉后待用。在煎坯时，应随时扬油放烟，试油，滴油于水内成珠以手试丝长时出锅。它是配制隔夜金胶油的辅料，起延长金胶油干燥时间的作用。

（2）配制隔夜金胶油

以特制的光油与豆油坯配制隔夜金胶油有三种方法：其一是将熬制过的光油放入小铁锅内，用小火熬煎耗之有黏稠度，冷却后待用，或趁热直接加入 10% 的豆油坯，搅匀融合后，冷却，做样板试验符合要求待用。其二是将冷却的光油过火加热（小火），加入 10% 的豆油坯，继续加热搅匀融合后，冷却，做样板试验符合要求待用。其三是用冷却的光油或有黏稠度不起皱纹的好光油和 10% 的豆油坯搅匀，做样板试验符合要求待用。由于冷却的光油和豆油坯黏稠不易搅匀，所以前两者容易与豆油坯融合，有利于改善油的干性。总之配制隔夜金胶油，其豆油坯的加入量应根据环境温度、干湿度和使用要求（金胶油膜的回黏延续时间）及贴金部位，认真做好样板试验，根据干燥时间长短，再作光油和豆油坯的增减。即使用同样的隔夜金胶油，由于不同温度不同湿度情况下金胶油膜的回黏效果也不相同。因此，加兑隔夜金胶油应因时因地。贴金和扫金的质量优劣好坏，主要取决于金胶油的配制。

2. 焙制糊粉与配制爆打爆贴金胶油

（1）焙制糊粉

先将洁净的粉状定粉（中国铅粉）放入锅内，以温火焙干炒之发黄微有红头后即成糊粉。

（2）配制爆打爆贴金胶油

以特制的光油与糊粉配制爆打爆贴金胶油有三种方法，其一是将适量糊粉加入过火加热的光油内搅匀融合后，冷却，做样板试验符合要求待用。其二是将冷却的光油过火加热（小火），直接加入洁净的粉状定粉，继续加热搅匀融合后，冷却，做样板试验符合要求待用。其三是用冷却的光油或有黏稠度不起皱纹的好光油和糊粉搅匀，做样板试验符合要求待用。由于冷却的光油和糊粉不易搅匀融合，所以前两者容易与糊粉融合，有利于催干性。糊粉的加入量约 1.5%，但应根据实际情况而定，也可用腰果清漆代糊粉，而且贴金亮度好。贴金一般不宜选用爆打爆贴的方法贴金，如活少量小，特殊要求时，环境可选择湿度 60% 左右贴金效果好些。

2.6 常用大漆及材料

1. 大漆

又名天然漆、国漆、土漆、生漆。大漆是天然树脂漆的一种，是从漆树身上割取出来的乳白色汁液，经过初步加工滤去杂质称原漆，又称为生漆，经多次过滤再经日晒脱去水分的漆，并经特殊精制而成的纯生漆叫作棉漆，又叫精制生漆；用生漆或棉漆加入10%～30%坯油的为夹生漆，加入40%以上的坯油时就称为广漆；生漆经过熬炼后，再加适量坯油和少量未经熬炼过的生漆的称熟漆，或者叫推光漆等；还可以加入颜料（如瓷粉、石墨等），配制成各种颜色的鲜艳、光彩夺目的色漆，其变化和用途无穷无尽。大漆具有漆膜坚硬、耐久性、耐磨性、耐化学腐蚀、耐热、耐水、耐潮绝缘防渗性能良好的特点。

2. 推光漆

该漆(T09-9黑油性大漆)是由生漆、亚麻仁油与氢氧化铁以(100 ： 5)～(20 ： 4)的比例混合，并经加工处理而配成。漆膜耐磨、耐水、耐碱等性能均好，主要用于工艺美术漆器、高级木器家具、牌匾及实验台的表面涂饰。

3. 黑推光漆

该漆（T09-8黑精制大漆）是将生漆与氢氧化铁加工处理而制成的，漆膜坚硬、耐久性、保光性、遮盖力、附着力均好，并且具有较好的耐磨性，漆膜经推光后黑而有光，可用于工艺漆器，如漆器屏风的装饰，以及用于高级木器制品、牌匾等。

4. 广漆、赛霞漆、金漆、笼罩漆、透纹漆

（T09-1油性大漆）属于清漆类。该类漆的组成是将生漆与油料（如熟桐油和亚麻仁油）加工处理而成。其配比是生漆：油料=（30～70）：（70～30）进行配制。该漆具有耐水、耐温、耐光和干燥快（6小时即可干燥）的特性。主要用于木器家具、工艺漆器、房屋内部表面的涂饰等。

5. 透明201金漆

（T09-3油基大漆）该漆未加入颜料之前属于清漆类。是由生漆和亚麻仁油及顺丁烯二酸酐树脂混合，并加入着色剂和有机溶剂加工配制而成。漆膜光亮、能透视出底部的本色及木纹，附着力强、耐水、耐久、耐候、耐烫性能均好，漆膜干燥较快(表干为4小时，实干为24小时)。可用于木器家具、室内陈设物及工艺漆器的贴金、罩光等，也可根据需要调入颜料配制成色漆。

6. 其他材料

桐油、光油、灰油、砖灰、瓷粉、血料、生猪血、黄丹粉、土籽面、夏布、线麻、生石膏粉、熟石膏粉、松香水（200 号汽油）、豆油、精煤油、酒精、黑烟子、酸性大红、酸性品红、黑纳粉等。

2.7 粉刷常用材料和自制浆料及腻子的调配

2.7.1 粉刷常用材料

古建和仿古建常用材料有大白块、大白粉、生石膏粉、地板黄、广红土、氧化铁红（色头应同广红土色）、墨汁、32.5 级以上普通硅酸盐水泥、血料、白面、生石灰块、土粉子、熟桐油、纤维素、众霸II型界面剂、众霸I型胶粘剂、791 胶、青灰、滑石粉、防水腻子、砂布、砂纸等。

2.7.2 粉刷自制浆料的配制

配制色浆和水性涂料应掌握多种颜料密度和各种颜色的色素组合，正确区分主色与次色及配料时各色掺加的次序。配料时要掌握“油要浅、浆要深”,“有余而不多、先浅而后深、少加而次多”等要领。

刷浆常用胶料：古代宫廷、府第常用江米白矾，一般庙宇红墙多用血料，普通住宅多用菜胶（海产龙须菜），皮胶或火碱胶至今乳胶。包金土浆与红土浆 = 包金土与红土：江米：白矾 =100 ： 12.14 ： 4.4。

1. 面胶大白浆的配制

先将泡好的大白适量加水搅拌成糊状过 80 目细箩后；再将淀粉或面粉适量加水搅拌无疙瘩过 80 目细箩，在搅拌时适量滴入火碱水，逐渐变稠呈浅黄时，继续用力急速搅拌，搅之稠度不变时，陆续加水继续急速搅拌至所需稠度为宜。然后将面胶适量加入素大白浆中，搅拌均匀符合遮盖力和干后不掉粉及涂刷要求即可。配比约为大白：淀粉：火碱水：水＝ 25 ： 1 ： 0.3 ：适量。现多用白涂料代替。

2. 包金土色浆（即为深米色浆）的配制

先将适量矿物质颜料（地板黄无红头时加微量广红土）加水溶解后，过 80 目细箩兑入过滤好的素大白浆中至颜色符合要求，加入适量面胶搅拌均匀，符合遮盖力和干后不掉粉及涂刷要求即可。凡用水性涂料配兑包金土色时，不宜用较白的水性涂料，用普通白涂料即可，以防包金土的色头不准达不到传统要求。

3. 喇嘛黄浆的配制

喇嘛黄浆调配方法同包金土色浆，但加入微量石黄比包金土色浆深，喇嘛黄浆的颜色近似僧衣颜色。主要用于喇嘛庙宇和南方庙宇。

4. 石灰油浆（传统适宜外白墙）的配制

先将块石灰、适量光油、微量大盐同时放入大铁桶内，逐渐加入清水以淹没块石灰即可，待油和水烧融后，再加清水经搅拌符合喷刷要求和遮盖力及干后不掉粉，过 80 目细箩即可。配比约为块石灰：光油：大盐：水＝4 ：0.5 ：0.2 ：适量。现多用白外墙涂料代替。

5. 外墙色浆的配制

（1）红土浆（传统适宜外墙）

先将广红土加适量水溶解后，兑入血料和微量大盐（也有加胶的）搅拌均匀，过 60 目细箩符合遮盖力和干后不掉粉及涂刷要求即可，后多用骨胶水或乳胶配兑氧化铁红调配成红土浆。配比约为广红土：血料：大盐：水＝5 ：1 ：0.2 ：适量。现多用外墙涂料所代替，但色泽应与广红土色泽相符。

（2）红土油浆（传统多适宜宫墙）

在配制石灰油浆的同时加入广红土，附着力差时加血料水，配制方法同石灰油浆，配比约为广红土：块石灰：光油：大盐：水＝5 ：1 ：0.6 ：0.2 ：适量。现多用外墙涂料代替，但色泽应与广红土色泽相符。

（3）青灰浆（传统适宜砖墙冰盘沿、墙裙）

配制方法同红土浆,配比约为青灰：块石灰：骨胶：大盐：水＝2：4：0.3：0.1：适量。但骨胶需先加水泡胀，再加水熬成胶水待用。现多用砖灰色外墙涂料代替。

6. 成品涂料包金土色的配制

用普通白涂料调配包金土色涂料时，先将适量地板黄或微量广红土加水溶解后，过 80 目细箩兑入过滤好的白涂料中搅拌均匀，符合颜色（涂料色艳而尖，文物需加黑压艳去尖头）、遮盖力和涂刷要求即可。

2.7.3 常用自制腻子的调配及用途

1. 血料腻子

调配内檐传统抹灰墙面的血料腻子见表 2-4-2 的配合比。外檐传统抹灰墙面应适量加入光油增加强度和耐水性，均可选用成品防水腻子。

2. 水石膏

用生石膏粉加入清水，在未凝固前用于嵌缝、嵌凹坑。缝隙和凹坑大时在水石膏内适量加入乳胶。一般用于室内外抹灰面嵌找。抹灰面强度低时不宜使用水石膏。

3. 大白腻子

用龙须菜胶冻或纤维素溶液加入大白粉或滑石粉调配而成，均可适量加入乳胶提高强度。无其他腻子应用成品防水腻子。一般用于室内粉刷。

4. 水泥腻子

水泥腻子配合比见表2-7-1。一般用于仿古建混凝土面的外墙涂饰工程，但使用的涂料应具备防酸防碱的性能。

外墙混凝土面、水泥砂浆抹灰面水泥腻子配合比 表2-7-1

序号	材料 类别	众霸Ⅰ型胶粘剂	众霸Ⅱ型界面剂	791胶	鱼籽砖灰	32.5级水泥	清水
1	涂界面剂		1				2
2	嵌找腻子	1		0.5	适量	2～3	
3	垫找腻子	1		0.5	适量	2～3	
4	满刮腻子	1		0.5		2～4	

第3章 地仗施工工艺

“油灰地仗”大多含有或不含有麻布的油灰层，俗称“生油地”，是古建油作、彩画作对木基层面与油皮之间的油灰层的专称。具有附着力强和防腐、防虫蛀、防裂、耐久等性能。建筑物有了这层牢固坚韧的油灰壳，既能使木骨与外界周围的有害物质隔绝，保护构件免受风雨、水汽、日晒等各种有害因素的侵蚀，又能使粗糙的物体表面满足油饰彩画前对外观形状及平直圆衬地的要求；同时，对延长古建筑使用寿命起到重要作用。本章中有关操作技术要领的内容见本书第14章，有关混线技术的内容见本书第10章。

3.1 地仗的常规做法及确定方法

3.1.1 地仗工程分类

地仗工程按材料性质分净满地仗（为清早、中期地仗工艺做法）、油灰地仗（为清晚期沿用至今的传统地仗工艺做法）、胶溶性地仗（为适应仿古建混凝土面的工艺做法）；按工艺做法分麻布地仗、单披灰地仗、胶溶性灰与传统油灰配套单披灰地仗、胶溶性单披灰地仗、修补地仗。

3.1.2 地仗工程的常规做法及适用范围

1. 麻布地仗

传统针对大木构件衬地的油灰层中既有麻层又有布层的地仗或只有麻层和只有布层的地仗均称为麻布地仗。

（1）常做传统麻布地仗：二麻一布七灰地仗、二麻六灰地仗、一麻一布六灰地仗、一麻五灰地仗、一布五灰地仗、一布四灰地仗、四道灰肩角节点糊布条地仗、三道灰肩角节点糊布条地仗。

（2）适用范围：传统麻布地仗主要适用于木基层面积大的构件及山花的雕刻绶带部位。如上下架大木构件、栈板墙、罗汉墙、挂落板、围脊板、各类大门、博缝、隔扇、槛窗、匾额、支条、天花板、巡杖扶手栏杆和望柱及横抹间柱、花栏杆的巡杖扶手和望柱、什锦窗的贴脸及边框、筒子门、木楼梯等部位。

2. 单披灰地仗

传统主要针对大木，而大木分麻布地仗与单披灰地仗两大类工艺做法。只用油灰衬地的称单披灰地仗，这类做法明代地仗较薄，清代至今基本由四道灰完成，所以传统单披灰均指大木做四道灰而言，如连檐瓦口、椽头、椽望、斗栱、花活等部位在做法上不称单披灰。现在、人们常将所有不使麻、不糊布的地仗，均称单披灰。设计和技术交底中不能出现连檐瓦口、椽头、斗栱、椽望等做单披灰地仗（即为莫糊做法），交底中允许出现砍单披灰的词语。

（1）常做传统单披灰地仗：四道灰地仗、三道灰地仗、二道灰地仗。

（2）适用范围：传统单披灰地仗既适用于木基层面、混凝土面等大面积的部位还适用于小面积的部位，如常做单披灰地仗的部位有连檐瓦口、椽头、椽望、斗栱、菱花屉、花活、荷叶净瓶、花板、绦环板、牙子、棂条花格、仔屉棂条、花栏杆棂条、美人靠等部位；近些年来基本不做单披灰地仗的部位有上下架大木构件（除混凝土面构件）、隔扇、槛窗、支条、天花板、巡杖扶手栏杆、什锦窗贴脸及边框。

3. 胶溶性单披灰地仗

近些年来，在继承和不断发扬传统技术的同时，为适应仿古建筑的混凝土、抹灰表面的地仗施工，采用传统操作方法、运用新材料取得的成功经验，形成了新型材料胶溶性单披灰地仗工艺和做法。根据主要材料胶粘剂的名称命名，分为乳液胶溶性单披灰地仗、血料胶溶性单披灰地仗、众霸胶溶性单披灰地仗、胶溶性灰与传统油灰配套单披灰地仗，现施工多采用胶溶性灰与传统油灰配套单披灰地仗工艺和做法。

（1）常做胶溶性单披灰地仗有：四道灰地仗、三道灰地仗、二道灰地仗。

（2）适用范围：胶溶性单披灰地仗主要适用于仿古建筑的混凝土面较大面积的部位和小面积的部位，如上下架大木、连檐瓦口、椽头、椽望、斗栱等部位。

4. 修补（找补）地仗

根据不同部位地仗做法的不同以及损坏程度的不同，而采取不同的地仗修补（找补）施工做法。如何确定修补（找补）地仗，是一项复杂的工作，要认真负责地对待。

（1）修补（找补）地仗有：二麻六灰地仗、一麻一布六灰地仗、一麻五灰地仗、一布五灰地仗、一布四灰地仗、四道灰地仗、三道灰地仗、二道灰地仗、道半灰地仗等。

（2）适用范围：同传统麻布地仗、传统单披灰地仗、胶溶性单披灰地仗的适用范围，一般山花、博缝板、下架柱子、槛框、隔扇、踏板、坐凳、各类大门、牌匾额等油活部位的地仗修补较多。

3.1.3 地仗的组成

地仗工艺基本是以一麻五灰工艺原理变通的，根据不同的部位和需要，进行增减麻布或增减灰遍而基层处理随之有变，形成不同的地仗工艺。一麻五灰操作工艺的主要工序顺序为：

斩砍见木、撕缝、下竹钉、支油浆、捉缝灰、通灰、使麻、磨麻、压麻灰、中灰、细灰、磨细灰、钻生桐油，即为传统的“十三太保”。

1. 传统麻布地仗的麻布灰层组成

（1）二麻一布七灰地仗：基层处理、捉缝灰、通灰、使麻及磨麻、压麻灰、使二道麻及磨麻、压麻灰、糊布及磨布、压布灰、中灰、细灰、磨细钻生桐油。

（2）二麻六灰地仗：基层处理、捉缝灰、通灰、使麻及磨麻、压麻灰、使二道麻及磨麻、压麻灰、中灰、细灰、磨细钻生桐油。

（3）一麻一布六灰地仗：基层处理、捉缝灰、通灰、使麻及磨麻、压麻灰、糊布及磨布、压布灰、中灰、细灰、磨细钻生桐油。

（4）一麻五灰地仗：基层处理、捉缝灰、通灰、使麻及磨麻、压麻灰、中灰、细灰、磨细钻生桐油。

（5）一布五灰地仗：基层处理、捉缝灰、通灰、糊布及磨布、压布灰、中灰、细灰、磨细钻生桐油。

（6）一布四灰地仗：基层处理、捉缝灰、通灰、糊布及磨布、鱼籽中灰压布、细灰、磨细钻生桐油。

（7）四道灰糊布条地仗：基层处理、捉缝灰、通灰、糊布条及磨布、鱼籽中灰（含压布条）、细灰、磨细钻生桐油。

（8）三道灰糊布条地仗：基层处理、捉缝灰、糊布条及磨布、中灰（含压布条）、细灰、磨细钻生桐油。

2. 传统单披灰地仗灰层组成

（1）四道灰地仗：基层处理、捉缝灰、通灰、中灰、细灰、磨细钻生桐油。

（2）三道灰地仗：基层处理、捉缝灰、中灰、细灰、磨细钻生桐油。

（3）二道灰地仗：基层处理、捉中灰、满细灰、磨细钻生桐油。

（4）道半灰地仗：基层处理、捉中灰、找细灰、磨细操生桐油。

3. 胶溶性单披灰地仗灰层组成

胶溶性单披灰地仗灰层组成同传统单披灰地仗灰层组成。

4. 地仗的隐蔽验收项目

根据以上地仗的组成项目均可作为地仗工程的隐蔽验收项目。

注：基层处理的做法详见各种地仗施工工艺。

3.1.4 常规确定地仗做法的方法

一般根据建筑物各部位油饰彩画的老化程度和旧地仗破损、脱落、翘皮、裂缝、龟裂等程度及木基层风化（老化或糟朽）程度等具体情况进行周全考虑，确定做法首先考虑：其一，根据现状对木基层处理［如根据木基层风化（糟朽）程度，判断是否需操油以及操什么油好］提出要求，其二，根据纹饰和线型损伤程度提出恢复要求；其三，根据建筑物各部位实际［含基层（旧地仗）处理后的表面缺陷］情况要达到的质量要求确定地仗做法；其四，受使用方经济原因确定做法，地区原因确定做法，建设方特殊需要确定做法，依据文物要求确定做法等。现仅按常规确定地仗做法供参考如下。

1. 传统麻布地仗的做法

根据传统麻布地仗的适用范围，一般选择一麻五灰地仗做法较多，但根据下架柱子、槛框、板门类和山花博缝及绶带、罗汉墙、挂落板等部位受风吹雨打、日晒等损坏程度的具体情况可选择一麻一布六灰地仗做法，花活的雀替大边可随上架大木地仗做法。栈板墙、包镶柱子、大门一般可选择二麻一布七灰地仗或一麻一布六灰地仗做法。在仿古建筑中如有混凝土构件与木构件交接安装时，其木构件可选择一麻五灰地仗做法。大式隔扇、槛窗、巡杖扶手栏杆、花栏杆、支条、天花板一般选择一麻五灰地仗做法。小式隔扇、槛窗、支条、巡杖扶手栏杆、花栏杆一般做一布五灰地仗或一布四灰地仗，或边抹做四道灰肩角、节点糊布条地仗做法，或连檐宽大做四道灰节点、翼角处糊布条地仗做法；但旧木裙板、绦环板做一布五灰地仗或新木一布四灰地仗。凡混凝土构件缺陷大者并露有掺加料者或表面有不规则的炸纹（细龟裂纹）应做一布五灰或一布四灰地仗做法。支条宜选择四道灰节点捉麻或糊布条地仗做法。

2. 传统单披灰地仗的做法

根据传统单披灰地仗适用范围，混凝土面缺陷大者选择四、五道灰地仗做法，上下架大木构件可选择四道灰地仗做法，易出现裂缝；连檐瓦口、椽头受风吹雨打，常选择四道灰地仗做法；椽望、斗栱、心屉、楣子、菱花、花活等部位多做三道灰地仗做法，新花牙子、菱花、楣子棂条、雕刻等可选择二道灰地仗做法。但文物工程经多次修缮，容易误定地仗做法，基层处理后表面凹凸不平、线路面目全非、纹饰缺损不清，根据质量要求需作地仗做法变更，如椽望的椽径大些的三道灰地仗做法难以达到表面基本圆平，可改做四道灰地仗。又如菱花、棂条、花活等做三道灰地仗难以恢复线路纹饰原状，或改做四道灰地仗或用工乘系数。

3. 胶溶性单披灰地仗的做法

根据胶溶性单披灰地仗适用范围，一般混凝土面上下架构件缺陷大者选择四、五道灰地仗做法，混凝土面上下架构件缺陷小者和混凝土面连檐瓦口、椽头、椽望、斗栱等部位多选择三道灰地仗做法，混凝土面基本无缺陷时可选择二道灰地仗做法。凡混凝土构件缺陷大者或露有掺加料者或表面有不规则的炸纹（细龟裂纹）应采用一布五灰或一布四灰地仗做法，则选择胶溶性灰与传统油灰配套地仗施工工艺。凡混凝土面上下架构件缺陷小者选择三道灰地仗做法时，其地仗表面宜做无光泽的油漆涂料，如做有光亮的油漆其表面易出现不平的水波纹缺陷。

4. 修补（找补）地仗的做法

根据修补（找补）地仗适用范围，一般以建筑物各部位的原地仗做法及损坏的程度确定做法，如原麻布地仗层尚好局部开裂、翘裂、损坏或麻上灰局部龟裂和普遍龟裂或细灰层局部龟裂和普遍龟裂，一般选择将局部开裂、翘裂等损坏处除净旧地仗，做修补一麻五灰地仗做法；麻上灰局部龟裂和普遍龟裂选择掂砍至压麻灰做一布四灰地仗做法时，但应注意灰层强度虽好而原构件木质风化疏散不宜保留灰层（因通过掂砍易将麻层以下灰层震脱层）。如原单披灰地仗局部开裂、翘裂、脱落等缺陷，选择局部除净旧地仗做修补二、三、四道灰地仗做法。总之，要根据具体情况选定，常规修补（找补）地仗的某一种地仗做法。

另外，旧彩画做照（修）旧还新的基层做法参考，一般根据旧彩画表面地仗尚好时确定此做法。基层可采取以下做法：其一，根据原旧地仗局部缺陷按百分比确定以上几种地仗做法；其二，旧彩画大面基层处理的做法，一是旧彩画打磨、清扫、操生油一道，二是旧彩画打磨、清扫、操生油一道，满浆灰一道、操生油一道，三是旧彩画打磨、铲除松散翘裂粉条、清扫、操生油一道、满细灰操生油各一道等做法。

3.2　地仗施工常用工机具及用途

古建油作有一句老话“只会干活，不会拾掇材料，就不算真把式”。其实目前操作技术，工具是构成生产力的主要因素之一，自古就有“工欲善其事，必先利其器”之说。我们匠人常说“要做好活，三分在手艺，七分在家伙”，这虽是一种技术自谦的表白，同时也说明了工具的重要性，没有工具就无法进行干活（生产）。有了工具（家伙）是否会拾掇、是否适用，也直接影响着质量好坏、效率的高低。地仗施工常用工具见彩图 3-2-1。

（1）斧子：应使用专用的小斧子，用于砍活旧地仗清除，新木构件剁斧迹等。

（2）挠子：应使用专用的挠子（形状类似古代的曲头斤），根据木构件和花活选用大小，用于旧地仗清除挠活。

（3）铁板：用于地仗施工中刮灰、拣灰等。以钢板裁成，常用五种规格和一种拣线角铁板，有 3 寸 ×6 寸、2.5 寸 ×5 寸、2 寸 ×4 寸、1.5 寸 ×3 寸、1 寸 ×2.5 寸和 2 寸 ×2 寸。现规格多样，做什么活用什么规格的铁板，灰层要求平整的不能用有弹性的铁板，花活雕刻、堆字、线活、填地等每道灰需选用两块不同规格的铁板或斜铁板。要求所用铁板四边直顺、四角方正，见彩图 3-2-1。

（4）皮子：用于地仗施工中搽灰、复灰、收灰。清代用牛皮制作皮子，现用熟橡胶制作皮子。皮子大者一般为 3 寸 ×4 寸，基本以手大小为准，厚度一般为 3 ～ 5mm。皮子分大、中、小数种规格，又分软硬皮子，在活上分细灰皮子和粗灰皮子，还分细灰皮子、搽灰皮子、中灰皮子，要求根据具体工序不同部位使用不同的皮子，皮子的皮口直顺厚薄一致。

（5）板子：用于地仗施工中过板子。以柏木板制成，板子一般分大、中、小三种规格，有三尺、二尺四、一尺八、一尺二或一尺等，板子宽度四寸，板子尾部厚六分，口尾厚五分，板（坡）口处不足一分（2.5 ～ 3mm）。由于木质板子刮灰时易磨损，因此，要求板子的板口在使用中随时检查直顺度。现多用松木板子更易磨损，使用前在生桐油内浸泡多日，干后再使用。

（6）麻轧子：用于使麻工序的砸干轧、水翻轧、整理活。根据使用部位以柏木、枣木树杈制成大小麻轧子，见彩图 3-2-1。

（7）轧子：用于地仗施工中轧线。轧子为轧各种线形的模具，轧子框线轧子、云盘线轧子、套环线轧子、皮条线轧子、两柱香轧子、井口线轧子、梅花线轧子、平口线轧子等。轧子用竹板、镀锌白铁、马口铁（厚度 0.5 ～ 1mm）制成，竹轧子一般轧有弧度的线形最佳，铁片轧子一般轧直顺的线形最佳。框线正反轧子见彩图 10-5-3 和彩图 10-5-4。

（8）铲刀：用于地仗施工时撕缝、楦缝、除铲、磨灰，修活等，见彩图 3-2-1。

（9）剪子、铁剪子：用于地仗施工糊布剪布边和布条、剪纸掩子，铁剪子用于制作轧子剪铁片剪轧坯。

（10）鸭嘴钳子、钳子、扒搂子：鸭嘴钳子用于地仗施工制作轧子，见彩图 3-2-1。钳子、扒搂子用于起钉子。

（11）灰扒、铁锹：用于地仗施工中打油满、调粗、中、细灰。

（12）长短木尺棍：用于地仗施工，大木捉缝灰后衬垫灰前的检测及轧线；尺棍最长者以抱框高度或间次面阔为准，最短者为 70 cm，特殊线路以需要定长度。

（13）粗细箩、筛子：用于地仗施工中砖灰、灰油、熟桐油过滤、过筛等。

（14）砂布、砂纸：用于地仗施工中除锈、磨布、小部位磨细灰；有 1 号、1½ 号、2 号。

（15）粗细金刚石：用于地仗施工中（传统用石片、缸瓦片、琉璃瓦片划拉灰，磨麻，磨细灰断斑后再用无砂粒的细城砖块穿直找平磨圆）磨活。粗金刚石磨粗灰、磨麻，细金刚石磨细灰，要求磨活的粗细金刚石块两大面平整，不少于一个侧面棱角方正、整齐、直顺、平整。

（16）糊刷、大小刷子、生丝：用于地仗施工中使麻开头浆、潲生，花活帚细灰，钻生桐油等；生丝在传统中用于钻生、搓光油。

（17）粗布、麻袋片：用于地仗施工中磨粗、中灰后抽掸活，将麻袋片蘸水再甩掉水珠盖油灰。

（18）半截大桶、把桶、水桶、油勺、小油桶、粗碗：用于地仗施工中打油满、调油灰，盛油满、盛血料、盛油灰、盛灰油、盛水、盛砖灰，钻生桐油等。粗碗用于地仗施工中盛灰、拣灰。

（19）扼尺：在地仗施工中临时用毛竹砍制成，形状似小铲，代替铁板、皮子不易操作的部位，用于燕窝、翼角处、玲珑透雕扼灰。

（20）大小笤帚：用于地仗施工中磨粗中灰后清扫灰尘及杂物。

（21）抽油器：用于地仗施工中抽生桐油。

（22）砂轮机、油石、角磨机：用于地仗施工中磨斧子、挠子、铲刀，磨修皮子、铁板；角磨机用于混凝土构件除垢和钢铁件除锈及不规矩处的角磨修整。角磨机还用于旧木构件砍活代替挠子除垢时不损伤木骨，清除旧油皮时不易损伤地仗，有利于文物建筑保护。

（23）调灰机：用于地仗施工中打油满、调灰。

（24）80～100 ㎝长的细竹竿、席子：用于地仗施工中梳理线麻时弹麻，席子用于堆放线麻、缝制灰囤盛砖灰。

3.3 地仗工程施工条件与技术要求

（1）地仗工程施工时，屋面瓦面工程、地面工程、抹灰工程、木装修等土建工程湿作业已完工后并具备一定的强度，室内环境比较干燥再进行地仗工程施工。

（2）地仗工程施工前应对木基层面、仿古建混凝土基层面认真进行工种交接验收；基层表面不得有轮裂、松动、翘裂、脱层、缺损等缺陷；基层强度、圆平直、方正度、雕刻纹饰规则度等应符合相应质量标准合格的规定。

（3）凡古建、仿古建当年的土建工程，屋顶（面）的木基层（望板）未做防潮、防水，而直接做苫背（护板灰、泥背和灰背）时，其檐头的望板、连檐瓦口、椽头部位不宜地仗、油皮（油漆）工程施工，应待次年再进行地仗、油皮（油漆）工程施工；如当年进行地仗、油皮（油漆）工程施工，易造成连檐瓦口、望板腐烂，地仗发霉变质、油漆造成地仗灰附着力差、裂缝、鼓包、翘皮、脱落等缺陷，新木构件含水率高同样会出现此类缺陷。

（4）地仗施工前应提前搭设好脚手架及防护栏，并以不妨碍油饰彩画操作为准，操作前应经有关安全部门检查鉴定验收合格后，方可进行施工。施工中脚手板不得乱动，上步架操作人员手持工具应随时保管好并注意探头板，垂直作业下步架应错开操作并戴好安全帽。使用机械要有专人保管，由电工接好电源，并做好防尘和自我保护工作。

（5）板门、博缝板砍活前，应提前拆卸木质（含金属钉）门钉、梅花钉并保存好，以便地仗钻生后安装。上架博缝与博脊交接处，应事先做好防水漏雨（先钉好铁皮条或油毡条）工作后，再进行地仗施工。

（6）凡铜铁饰件和加固铁件在砍活前，应提前将铜铁饰件（面页）拆卸完毕，应完整无损，按原位记录清楚，妥善保管以便按原位恢复，方可砍活；地仗施工前，应提前将松动的和高于木材面的铁箍、铆钉等加固铁件恢复（低于木材面 5 ～ 10 mm）原位，方可地仗施工。

（7）天花板砍活前，需拆卸时要认真核查编号，砍活后需整修加固时，与相关工种遗留问题及时进行妥善处理，地仗施工全过程不得损毁号码。天花板麻布地仗施工应轻拿轻放，防止碰撞，地仗施工和存放应注意通风良好。

（8）内外檐同时地仗施工前应将固定的门窗扇安装完毕。搭设脚手架前，需将活动开启的隔扇、槛窗、板门等另行搭设脚手架并固定，以不妨碍操作为准；要通风良好、防雨淋，以便安全操作和防止局部地仗因操作困难容易遗留质量缺陷；需拆卸时要认真检查门窗扇之间分缝尺寸并做记录和编号，地仗施工全过程不得损毁号码，以便完活安装准确、符合使用功能方面的要求。

（9）砍活前应对各种线型及线口的规格尺寸做好普查记录，并制作成轧子妥善保存，以便按规制恢复。如上架大木彩画为明式时，下架斩砍见木前应将木作槛框线型（明式眼珠子线）保留，并制成轧子以便恢复，不得起轧清式混线线型。

（10）地仗工程施工时的环境、温度要求如下：

1）施工环境温度不宜低于 5℃，相对湿度不宜大于 65%。

2）当室外连续 5 天平均气温稳定低于 5℃时，即转入冬期施工。冬期施工应在采暖保温条件下进行，温度应保持均衡，同时应设专人负责开关门窗（如保暖门窗帘）以利通风排除湿气。冬季未采取保温措施禁止实施地仗工程。当次年初春连续 7 天不出现 0℃以下温度时，即转入常温施工。

3）雨期施工应制定雨期施工方案，方可进行地仗工程施工。地仗施工过程中应做好防溅雨、防雨冲、防雨淋及防泥浆、颜料沾污的措施，并保持操作环境通风、干燥；阴雨季节相对湿度大于 70% 两天以上不宜地仗施工、连阴雨天气时不得地仗施工，预防地仗灰、麻布遇湿咬黄霉变。

4）施工过程中应注意气候变化，当室外遇有大风、大雨情况时，不能地仗施工。

5）在露天的环境进行地仗施工，应避开暴晒的时间段或湿热暴晒的时间段施工。

（11）地仗工程施工前，基层表面必须干燥。木基层面施工传统油灰地仗时含水率不宜大于12%；混凝土、抹灰面基层施工传统油灰地仗时含水率不宜大于8%；混凝土、抹灰面基层施工胶溶性地仗时，表面含水率不宜大于10%；金属面基层做地仗时表面不能有湿气和不干性油污。

（12）地仗施工前，由工长对各部位的木构件进行普查，如有构件残缺糟朽部分或小木件松动按原状修配整齐，地仗施工时以恢复原状和统一外观质量要求。如有个别木构件变形较大，修配达不到恢复原状，在地仗施工过程中，以最佳效果恢复，但不得影响相邻木件的原状。

（13）内外檐地仗施工，砍活、撕缝、下竹钉应内外同步作业，方可进行地仗施工。防止内外不同步互相锤击、振动影响地仗质量。地仗施工中，应随时将活动的门扇窗扇固定好，防止地仗被碰撞，防止碰伤棱角、线口，防止损坏门窗扇。

（14）地仗施工出现更换或新制作安装的窗屉的菱花或棂条，如在冬期前不进行地仗施工，待次年再进行地仗施工，应进行防变形保护，将其窗屉及菱花或棂条涂刷操油一道，操油配比为生桐油∶汽油 =1 ∶（3 ～ 4），其表面不得结膜起亮。

（15）檐头部位地仗施工而上架大木保留旧彩画部位时，应先做好封闭保护后，再进行檐头部位的连檐瓦口、椽头、椽望的地仗施工；檐头部位旧地仗清除时应以铲挠为主，不得用斧子斩砍，旧地仗不易铲挠掉时，可用锋利的小斧子轻轻颠碎旧油灰皮再挠净，局部可用角磨机清除旧地仗。椫窜角不得用钉子向望板锤击，以防将泥灰背和瓦面震动松散而漏雨。

（16）地仗施工中，凡相邻部位地仗等级做法不同时，应先进行材料配比油水大（强度高）的工序，待等级做法高的工序逐步进行到（其材料配比强度逐层减缓到）与等级做法低的头道工序（材料配比的强度相同）时，再进行等级做法低的头道工序。材料配比不得用反用错。范例：柱枋做一麻五灰地仗，相邻部位雀替做三道灰地仗，先进行柱枋的地仗工序，在捉缝灰时，应将连接雀替的缝隙和大（金）边捉好。在柱枋使麻时其麻须应搭粘在雀替的大（金）边上，待柱枋压麻灰后可进行雀替部位的捉缝灰工序。檐头部位范例：参考连檐瓦口、椽头做四道灰地仗与椽望做三道灰地仗的工序搭接。

（17）地仗工程施工时，必须待前遍灰层干燥后，方可进行下遍工序。通灰层出现龟裂纹时，应用同性质的油灰以铁板刮平，干燥后，方可进行使麻或糊布工序。连檐、椽头通灰如出现龟裂纹应挠掉重新通灰。压麻灰层出现细微龟裂纹较多时，可进行糊布处理。中灰、细灰遍出现龟裂纹较多时，应挠掉后重新中灰、细灰。

（18）地仗施工中遇特殊原因临时需停工时，单披灰地仗不宜临时停工，麻布地仗应在捉缝灰或通灰工序后停工，不得搁置在麻遍或布遍及其以上工序上。使麻糊布工序前应完成与麻布拉接相邻部位的灰遍及打磨，使麻工序不得使用铁板将麻刮成活，使麻糊布工序后，不得搁置4天以上，环境温度20℃以上相对湿度60%，在第3天内磨麻，磨麻后应风吹晾干1～2天再进行压麻灰工序。麻布以上灰遍干燥后应及时进行下遍工序，以防前遍灰层晾晒时间过长易产生裂变，易影响附着力而造成空鼓、脱层质量缺陷。

（19）地仗工程下架槛框起轧混线时，混线的规格尺寸应根据建筑物的等级、比例（规格尺寸与柱高、面阔和建筑物的比例要协调）、彩画等级相匹配。起轧混线及规格尺寸在无文物、设计要求时，应符合传统规则，见本书10.1节及表3-4-2。

（20）制作白铁轧子时，要依据线型的规格尺寸选用马口铁或镀锌白铁的厚度，以防止轧线时线型走样变形。如八字基础线和平口线及混线轧子的铁皮厚度的选用为：规格尺寸20～24 mm（分线）不宜小于 0.5mm厚度；25～34 mm（分线）不得小于 0.5mm厚度；35～40 mm（分线）不得小于0.75mm厚度，41mm（分线）以上应使用1mm厚度。梅花线以柱径200mm以内时使用0.5mm厚度；柱径200～300mm时应使用0.75mm厚度；柱径300mm以上时应使用1mm厚度。皮条线和月牙轧子（泥鳅背）使用0.75～1mm厚度，云盘线和绦环线要使用竹板制作的轧子。

（21）地仗施工中，凡坐斗枋、霸王拳的上面和斗栱的掏里露明的间次应不少于一遍细灰和磨细灰及钻生桐油。

（22）地仗施工的细灰工序、磨细灰工序，要避开刮风或阳光暴晒的时间段，以防灰层出现激炸纹、龟裂纹和横裂纹；细灰后不得搁置2天以上，磨细灰和钻生桐油应在半天内完成，不得晾放时间过长，避免细灰或钻生后出现龟裂纹缺陷，否则会影响质量及使用寿命；地仗钻生后要防止表面污染、磕碰、撞击。

（23）地仗钻生桐油干燥后，不宜搁置时间过久，尽早磨生，晾生后确定不出现顶生缺陷，尽快将易暴晒的部位搓刷1～2遍颜料光油（仿古建刷油漆1～2遍），减少环境（温、湿和有害介质）对地仗的老化、破坏，避免暴晒（高温）时间过久出现龟裂纹和横裂纹而影响质量和使用寿命。

（24）地仗工程的做法、油水比和所用的材料品种、质量、规格、配合比、原材料、熬制材料、自制加工材料的计量、调配工艺及储存时间必须符合设计要求和文物工程的有关规定以及传统工艺的要求。原材料、成品材料应有材料的产品质量合格证书、性能检测报告。

（25）木基层面地仗施工严禁使用非传统性质的地仗灰。

（26）油料房应设在土地面上。如设在砖、石地面时，应先进行遮挡保护后再进行码放材料和调配，以防造成对砖、石地面的污染。材料的调配应由材料房专人负责，应严格按配合比统一配制，不得减斤减量，并随时了解施工现场用料情况，以便备料。

油料房要严禁火源，且通风要良好。操作者未经允许不得胡掺乱兑。

（27）调配的材料（各种油灰和头浆）运放在作业现场时，应存放在便于打灰取浆的位置，应防暴晒、防雨淋、防掉杂物，需盖油灰的麻袋片和盖头浆的牛皮纸掩子要保持湿度。用灰者应随用随平整并随时遮盖掩实，保持灰桶内无杂物、洁净。操作者不得胡掺乱兑。

（28）地仗施工中，应随时做到活完料净场地清（灰遍如有落地灰以便收回再用）。

3.4 麻布地仗施工工艺

3.4.1 麻布地仗施工主要工序

麻布地仗施工主要工序见表 3-4-1。

木基层面麻布地仗施工工序　　表 3-4-1

起线阶段	主要工序（名称）		顺序号	工艺流程（内容名称）	工程做法						
					两麻一布七灰	两麻六灰	一麻五灰	一麻一布六灰	一布五灰	一布四灰	糊布条四道灰
砍修八字基础线	基层处理	斩砍见木	1	旧地仗清除、砍修线口，新木构件除铲、剁斧迹、砍线口	+	+	+	+	+	+	+
		撕缝	2	撕缝	+	+	+	+	+	+	+
		下竹钉	3	下竹钉、楦缝（木件修整）、铁件除锈、刷防锈漆	+	+	+	+	+	+	+
		支油浆	4	相邻土建的成品保护工作，木件表面水锈、糟朽操油	+	+	+	+	+	+	+
			5	清扫、支油浆	+	+	+	+	+	+	+
捉裹掐轧基础线	捉缝灰		6	横掖竖划、补缺棱掉角、衬平　裹灰线口、找规矩	+	+	+	+	+	+	+
			7	局部磨粗灰清扫湿布掸净、衬垫灰	+	+	+	+	+	+	+
	通灰		8	磨粗灰、清扫、湿布掸净	+	+	+	+	+	+	+
			9	通灰、（过板子）、拣灰	+	+	+	+	+	+	+
	使麻		10	磨粗灰、清扫、湿布掸净	+	+	+	+	+	+	+
			11	开头浆、粘麻、砸干轧、潲生、水翻轧、整理活	+	+	+	+			
	磨麻		12	磨麻、清扫掸净	+	+	+	+			

续表

起线阶段	主要工序（名称）	顺序号	工艺流程（内容名称）	工程做法						
				两麻一布七灰	两麻六灰	一麻五灰	一麻一布六灰	一布五灰	一布四灰	糊布条四道灰
捉裹掐轧基础线	压麻灰	13	压麻灰、(过板子)、拣灰	+	+	+	+			
	使二道麻	14	磨压麻灰、清扫、湿布掸净	+	+	+	+			
		15	开头浆、粘麻、砸干轧、潲生、水翻轧、整理活	+	+					
	磨麻	16	磨麻、清扫掸净	+	+					
	压麻灰	17	压麻灰、(过板子)、拣灰	+	+					
	糊布	18	磨压麻灰、清扫、湿布掸净	+	+					
		19	开头浆、糊布、整理活	+			+	+	+	+
	压布灰	20	磨布、清扫掸净	+			+	+	+	+
		21	压布灰、(过板子)、拣灰	+			+	+		
轧中灰线胎	中灰	22	磨压布灰、清扫、湿布掸净	+			+	+		
		23	抹鱼籽中灰、轧线、拣灰	+	+	+	+	+		
		24	磨线路、湿布掸净、刮填槽灰	+	+	+	+	+		
		25	磨填槽灰、湿布掸净、刮中灰	+	+	+	+	+	+	+
轧修细灰定型线	细灰	26	磨中灰、清扫、湿布掸净	+	+	+	+	+	+	+
		27	找细灰、轧细灰线、溜细灰、细灰填槽	+	+	+	+	+	+	+
	磨细灰	28	磨细灰、磨线路	+	+	+	+	+	+	+
	钻生桐油	29	钻生桐油、擦浮油	+	+	+	+	+	+	+
		30	修线角、找补钻生桐油	+	+	+	+	+	+	+
		31	闷水起纸、清理	+	+	+	+	+	+	+

注：1. 表中“+”号表示应进行的工序。

2. 本表均以下架大木槛框麻布地仗起线所进行的工艺流程设计，上架大木或不轧线的部位应依据实际情况进行相应的工艺流程。

3. 支条、天花板、隔扇、槛窗、栏杆、垫栱板等木装修不进行第3项的下竹钉。

4. 一布四灰地仗做法和糊布条四道灰做法进行轧线时，可参照一布五灰做法的工序。

5. 一布四灰做法和一布五灰做法糊布时，木件糊布顺木纹允许布幅与布幅有对接缝和搭槎。

6. 压麻灰或压布灰干燥后，如出现龟裂纹允许糊棉质豆包布作为质量处理，防止龟裂纹通病渗出。

3.4.2 木基层处理（砍活阶段）

1. 斩砍见木

（1）旧地仗清除、砍修线口

1）在砍活时要掌握“横砍、竖挠”的操作技术要领。旧地仗清除首先用专用锋利的小斧子按木件横着（垂直）木纹由下至上，从左至右的顺序砍，以横排木架逐步按木件将旧油灰皮全部砍掉，砍时用力不得忽大忽小，斧子与构件夹角基本成40°～45°，以斧刃触木为度，斧距约20mm左右，不得将斧刃顺木纹砍；挠活时以横排木架由上至下，从左至右的顺序，用专用锋利的挠子顺（竖）着构件木纹挠，将砍活所遗留的旧油灰皮、灰垢、灰迹挠干净。不易挠掉的灰垢和灰迹刷水闷透湿挠干净，但刷水不得过量，必要时可采取顺木茬斜挠，并将灰迹（污垢）挠至见新木茬，平光面应留有斧迹，无木毛、木茬，挠活不得横着（垂直）木纹挠；楠木构件挠活时，应随凹就凸掏着挠净灰垢见新木即可，不得超平找圆挠，以不伤木骨为宜；旧木疖疤应砍深3～5mm。应掌握“砍净挠白，不伤木骨”的质量要求；挠活时采用角磨机代替挠子除垢，以不损伤木骨，有利于文物建筑保护为主，大木构件光滑平整处应剁斧迹。

2）水锈、木质风化（糟朽）基层处理：木件表面及木筋内凡有水锈、糟朽的木质部位（如博缝山花、挂落板、柱根等部位）。应将水锈、糟朽的木质挠净见新木茬，对于木筋与木筋之间缝隙内的水锈和木筋深处的水锈用铲刀和挠子尖剔挠净。对于有的木件有木质风化现象应将松散的木渣及木毛挠净，以挠子轻挠不掉木渣、木毛为宜。凡水锈的部位有木质糟朽严重处须进行剔凿挖补时，应通知有关技术人员处理。

3）旧雕刻花活基层处理：旧灰皮清除可采取干挠法或湿挠法，用精小的锋利的工具进行挠、剔、刻、刮，不得损伤纹饰的原形状。对于旧雕刻花活（如玲珑雕花的挂落板）表层的水锈严重、木质风化，利用蒸汽压力锅炉的热气枪（高压蒸汽清洗法）清除陈腐水锈，对木质风化很有效，干净且不损伤纹饰和木骨。

4）砍修线口：槛框原混线的线口尺寸及镘口不符合文物要求及传统规则时，应进行砍修。遇有不宜砍修时，应待轧八字基础线时纠正，但易造成工料浪费和龟裂通病。需砍修线口时，其八字基础线的线口宽度尺寸及镘口应按地仗工艺的要求进行砍修线口，砍修八字基础线的线口尺寸及镘口同“砍线口”工艺的要求，其线形的形状详见本书第10章的彩图10-4-1～彩图10-4-3和彩图10-5-2。

（2）新木构件除铲、剁斧迹、砍线口

1）清理除铲：将新木件表面浮尘、污痕、泥浆、泥点、灰渣、杂物、泥水雨水的锈迹等污垢打磨清理除铲干净，并将木件表面的标皮、沥青、起翘铲除干净，如有翘茬用钉子钉牢固，不得留有影响地仗灰附着力差的痕迹。

2）剁斧迹：新木构件、板门、槛框、踏板、坐凳面等表面剁斧迹，用专用锋利的小斧子横着（垂直）或稍斜木件木纹由下至上、从左至右掂砍剁出基本均匀的、深度基本一致的斧迹，剁斧迹时斧子与构件夹角基本成 40° ～ 45° 角。剁斧迹用力要均匀，斧迹间距约 10 ～ 18mm，木筋粗硬时约 20 ～ 25mm，深度约 2 ～ 3mm，剁斧迹用力不得忽大忽小，斧刃不得顺木纹剁，不得漏剁斧迹，见彩图 3-4-1、彩图 3-4-2。凡有木节疤 20mm（直径）以上者，应砍深 3 ～ 5mm，木节疤的树脂（松油子）用铲刀或挠子清除干净，并进行点漆片，用毛笔蘸虫胶清漆点刷于节疤处，点漆片即虫胶清漆配比为漆片：酒精 =0.3 ：1。

3）砍线口：槛框凡起混线时，进行砍线口，依据古建槛框混线线路规格的要求和设计要求的线路规格尺寸。砍线口，先确定八字基础线的线口宽度，其尺寸为混线规格的 1.3 倍，线口的正视面（大面）宽度，其尺寸为混线规格的 1.2 倍，线口的侧视面（小面或进深）宽度，尺寸为混线规格的 1/2，槛框交接处的线角应方正、交圈。砍线口的方法和线形的形状详见本书第 10 章和彩图 10-4-1 ～彩图 10-4-3 及 10-5-2。

4）对于新木基层面涂饰过防火涂料时，应引起重视，必须将防火涂料挠干净。否则地仗灰层不易附着牢固，则产生翘皮脱落现象。

2. 撕缝

撕缝要将砍挠过的木构件缝隙内遗留的旧油灰或松动木条及缝口处的灰迹清除干净，主要对新旧木构件 2mm 以上宽度的自然裂缝，用专用锋利的铲刀或挠子将缝隙两侧的硬棱按撇捺撕，撕出的缝口成 V 字形，俗称两撇刀成倒八字形缝口，所撕缝口以扩大原缝隙宽度的 1 ～ 1.5 倍宽为宜，撕缝深度不少于 3 ～ 5mm。通常要求撕缝，大缝大撕，小缝小撕，应撕全撕到，不得遗漏。撕缝见彩图 3-4-1，大缝隙撕得偏小见彩图 3-4-2。撕缝是为了捉缝灰易嵌入缝内，使之饱满，达到生根作用，避免蒙头灰产生的裂缝。

3. 下竹钉

（1）下竹钉的目的和制作及下法

1）下竹钉其目的是新旧木构件受四季气候的变化影响，木材各向收缩率不一（径向收缩率为 3% ～ 6%，弦向收缩率为 6% ～ 12%，纵向收缩率为 0.1%），导致木材的扭曲、开裂或原缝隙的涨缩变化，因此防止缝隙的收缩必须下竹钉，竹钉是起支撑作用的，可防止缝灰挤出，避免地仗及油饰彩画表面出现线条状凸埂或裂缝。

2）竹钉与扒锔子制作。竹钉用毛竹制成，分单钉、靠背钉、公母钉，先用锯将干燥的毛竹，其毛竹的厚度不少于 7 ～ 10mm，锯成 25 ～ 40mm 长短不等的竹筒，再用锋利的小斧子将竹筒劈成 3 ～ 12mm 宽度不等的小竹棍，然后将小竹棍一头砍削成宝剑头形，竹钉厚度不少于 7mm，竹钉形状见图例 3-4-1。制作扒锔子要用 10 号～ 12 号钢丝，扒锔子的长度为 20 ～ 25mm，其宽窄度基本为缝隙宽度的 3 倍，制作扒锔子方法如缝隙宽度为 10mm，用钳子掐断铅丝的总长度约 70 ～ 75mm，再用钳子窝成“Π”型即可。

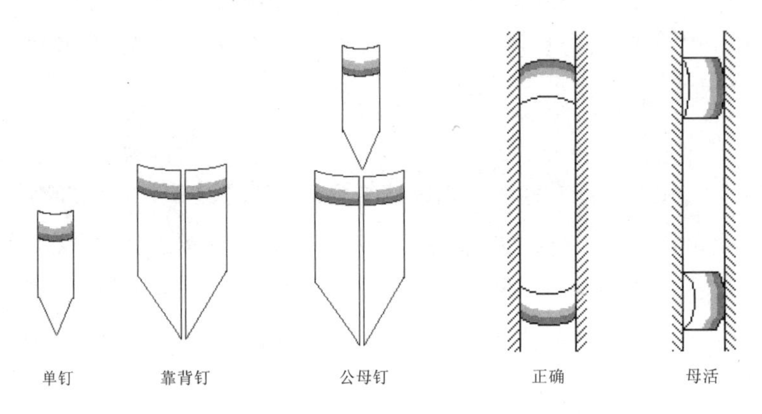

图 3-4-1　竹钉形状与嵌入缝内形状

3）下竹钉。凡上下架大木（柱、梁、枋、檩、槛、框等）的新木件 3mm 以上宽度的裂缝应下竹钉。旧木件的竹钉松动或丢失，应重下或补下竹钉。在下竹钉前，首先要根据缝隙宽窄度和深度选择适当的竹钉长短和宽度，将选择的竹钉按 150 mm 间距插入缝隙中，允许偏差 ±20mm，然后用小斧子由缝隙两头的竹钉向中间的竹钉同时下击。不要击下一个竹钉后，再击下另一个竹钉，以防缝中间的竹钉松动。一尺左右长的缝隙竹钉不少于 3 个，并列缝隙竹钉应错位，基本成梅花形。缝隙宽于单钉宽度时应下靠背钉，缝隙宽于靠背钉则下公母钉，所下竹钉的劈茬面要与缝隙的木质面接触并要严实牢固，其竹钉帽要与木材面平整或低。下竹钉不得硬撑硬下，不得下母活竹钉（指竹钉的光面与缝隙的木质面接触），不得漏下竹钉，不得有松动的竹钉。遇梅花柱子、槛框、踏板等构件宽、厚度小于 200mm×100mm 以下的矩形构件下竹钉时，要先下扒锔子后再下竹钉，下扒锔子要按竹钉的间距下，在两个扒锔子中间下竹钉，不得硬撑硬下，竹钉长度选用 25mm 左右的，所下扒锔子要剔槽卧平，不得高于木件表面。下竹钉见彩图 3-4-1，大缝隙的个别竹钉间距偏大见彩图 3-4-2，下竹钉与扒锔子嵌入缝内形状见图 3-4-1 及彩图 3-4-3。

（2）楦缝与修整

1）楦缝主要楦构件的裂缝和连接缝，用锋利的小斧子和锋利的铲刀及备齐的干竹扁或干木条，将竹钉与竹钉之间 10mm 以上宽度的缝隙楦干竹扁或干木条，见彩图 3-4-1，大缝隙的竹钉之间落（音 là）楦木条见彩图 3-4-2，有翘茬者应钉牢固。楦缝应楦实、牢固、平整，不得高于木材表面。如板类和槅扇、槛窗、垫栱板、支条、天花板、坐凳、栏杆等木装修部位有裂缝，不宜下竹钉，以防撑裂。新木面应下（楦）

干竹扁，旧木面楦干木条。

2）凡仿古建新木构件或古建更换的新木构件含水率偏高者，在楦缝时应楦干竹扁。

3）对于木构件和木装修如有松动、残缺、拔榫、大劈裂翘茬、大裂缝及花活纹饰残缺等部分的遗留问题，告知工程技术人员（如工长）通知木作按原状修整配齐、成型，粘钉牢固。

4）对于隔扇、槛窗，遇固定的扇活或活扇改死扇的扇活修整楦缝时，其槛框与隔扇或槛窗之间的空隙缝和死扇活之间的空隙缝楦缝，木条应低于装饰线楼5～10mm，要形成凹槽，以突出槛框和扇活的装饰线的轮廓效果为宜。

（3）铁件除锈、刷防锈漆

1）如有松动的高于木材面的预埋加固铁件（如铁箍、扒锔子、铆钉等），由工程技术人员（如工长）通知相关人员，对预埋铁件加固落实恢复原位，达到箍紧钉牢，帽钉应以低于木材面5mm为宜。

2）预埋铁件加固落实恢复原位后，先将加固铁件表面的旧灰垢、锈蚀物用钢丝刷子和1½号砂布打磨或用角磨机进行除锈、除污垢，应清除干净。涂刷两道红丹酚醛防锈漆或红丹醇酸防锈漆，凡镀锌金属件应涂刷一道锌黄防锈漆，要求涂刷的防锈漆膜均匀饱满，不得遗漏。涂刷防锈漆后最好在10天内进行地仗施工，如地仗前涂刷的防锈漆出现锈斑，应打磨除净旧涂膜重新补刷防锈漆。所用的防锈漆应严格按金属面配套使用。

4. 地仗灰施操前的准备工作

（1）先将砍挠下来的旧灰皮及污垢、木屑等杂物及时清理干净。

（2）操油、支油浆前，凡与地仗施工面相邻处的土建成品部位进行保护。主要对砖墙腿子、砖坎墙、砖石墙心、抱鼓石、柱顶石等砖石活进行糊纸保护，砖坎墙糊纸参见彩图3-4-30～彩图3-4-32，糊纸的糨糊应用普通面粉打的糨糊，可掺入微量的5%浓度的羧甲基纤维素溶液，糨糊稀稠要适度，不得使用化学成分的糨糊和乳胶液，使用的糨糊既要糊得牢固还要活完易清除。粘糊的纸条宽度不少于150mm，廊步的砖石墙心应满糊纸。台明、踏步、砖石地面等刷有黏性的黄土泥浆或用塑料布进行保护，施工中如有脱落的纸或泥巴，应及时补粘纸或补刷泥浆或补盖塑料布（有条件时铺垫编织布）进行保护，否则清除不掉，会防污染土建成品，易造成永久性缺陷。

（3）木材面凡有水锈、糟朽处和木质风化（糟朽）松散现象的部位及薄板材（如走马板）需操油一道。操油前先用挠子将水锈处和风化（糟朽）松散的木件挠至不掉木屑、残渣为宜，随后将表面浮尘、杂物等清扫干净。进行操油，操油配比见表

2-2-5，配兑操油时应搅拌均匀，涂刷中随时搅拌。涂刷时要刷严、刷到，刷均匀，不得漏刷，不得采用喷涂法，但玲珑透雕操油允许喷涂法。关于操油的浓度应根据旧木质现状而调整配比，以涂刷后干燥的表面不结膜无光泽，并增加木质强度为宜。操油的作用是增强地仗灰的附着力，防止因木质强度低而地仗灰强度高造成地仗翘皮、脱层。并防止薄板材因吸收地仗灰的水分，待灰层和板材干燥后，造成薄板材卷翘使地仗不平等缺陷。

5. 支油浆

支油浆前应由上至下，从左至右将木件表面的浮尘杂物清扫干净，汁浆比例见表 2-2-5。支油浆用糊刷或刷子由上至下，从左至右顺木件纹理满刷一遍，缝内要刷到，表面涂刷要均匀，要支严刷到，不得有遗漏、起亮、翘皮等缺陷，见彩图 3-4-1、彩图 3-4-2；除异型构件外，不得使用机器喷涂支油浆。木材面支油浆或操油干燥后，便于捉缝灰或通灰与木骨的衔接，并使油灰与木骨附着牢固，防止脱层。

3.4.3 捉缝灰

1. 捉缝灰

待支油浆干燥后，用小笤帚由上至下，从左至右将木件表面清扫干净。油灰配比见表 2-2-5。捉缝灰是单人或多人独立操作的工序，以使用铁板捉灰为主，根据木件大小选用适当尺寸的铁板，但四口要直无锈斑，用拇指、食指、中指拿铁板操作，并随时携带铲刀和干木条、木片及碎干木。捉缝灰通常先捉上架大木后捉下架大木，如有博缝、山花结带在此时间段专派人员捉，最后专派人员捉隔扇槛窗以及巡杖扶手栏杆等。捉缝灰从左至右横排进行，遇竖由下至上捉，遇横从左至右捉，捉好一个部件再捉另一部件，捉好一步架再捉另一步架直至捉完。捉缝灰工序主要掌握“掖、找、垫”的操作口诀，其技术内容如下：

（1）捉缝隙时，遇缝捉灰时要掌握“横掖竖划”的操作技术要领。要竖拿铁板横着（垂直）木缝将油灰掖入缝隙，再用铁板角顺缝来回划掖油灰，应掖实捉饱满，随之竖着铁板顺缝将油灰刮平成整铁板灰，使灰缝严实、饱满、到位并收净野灰、飞翅，不得捉蒙头灰，不捉鸡毛灰。捉柱框缝隙应代捉死槅扇与木件连接的缝，捉缝隙 10mm 以上和缺陷处，先掖满油灰随之楦入长短宽窄适宜的干木条或碎干木片（作用是省灰、干燥快、牢固），再竖着铁板顺缝填油灰刮平成整铁板灰，收净野灰、飞翅。

（2）捉缝灰时除捉缝隙外还要补缺、衬平、借圆、找直、裹灰线口、缺棱掉角找规矩。

1）捉大木，应将木件的檩背子、梁枋合楞、柱头、柱窝枋（抱）肩、柱根等处要横拿铁板裹灰补缺、垫找、衬平、借圆、找直、找规矩，随之贴刮整齐成整铁板灰；柱头的两侧柱窝和抱肩处捉裹灰应规矩。檩枋秧、柱秧、柱边、边棱、框边等要竖拿铁板补缺、贴齐、掐直、找规矩，随之刮整齐成整铁板灰；装饰构件的博缝头、山花结带、老角梁头、柁头、道僧帽、崩棱鼓、霸王拳、角云头、将出头、三岔头、挂落板的如意头、滴珠板的如意头等，要竖拿铁板补缺、贴齐、找规矩、要随形不走样（捉山花结带不但要随形还应有层次感，要阴阳分明），随之刮整齐成整铁板灰，残缺部分按原状初步捉找成形；一般平圆面缺陷处以铁板捉刮成滚籽灰或靠骨灰，斧痕、木筋深而多时要刮平。局部衬灰厚度应根据木件表面的缺陷实际情况掌握，要以灰薄干燥快为宜，进行衬平、借圆、找直。例如捉博缝、柱窝抱肩、柱根等处灰时，遇有缺陷稍大处用铁板捉灰后，并将干木片或干木条随之楦入油灰内钉牢（作用是既促干又省灰还牢固，地仗后检查无空鼓声音），再刮平直圆、随形。遇木件的铁箍处用铁板捉灰要横铁板顺铁箍借圆、刮实、刮平，铁箍槽深者衬垫灰应分次借平，刮灰宽度约为铁箍宽的两倍，便于捉麻拉接。捉灰不捉鸡毛灰，严禁连捉带扫荡。捉好一处随时收净周边野灰、飞翅，再捉另一处，直至捉完。捉檩、垫、枋大木灰时见彩图 3-4-4 ～彩图 3-4-7。

2）裹合楞，传统在捉上架大木的同时用铁板对梁枋的合楞（滚棱）处，有缝先捉缝随之填灰横铁板裹刮合楞成形，并补缺、找垫、借圆、找直、找规矩。20 世纪 70 年代后捉灰逐步只对滚棱缺陷处进行初步补缺、找垫、借圆、找直、找规矩。干燥后，以专人按梁枋的滚棱大小制作轧子，轧合楞时，搽灰、让灰要均匀，轧时要找好角度一气贯通，要直顺、规矩，随时拣净两侧野灰、飞翅。制作轧子的铁片应根据单体建筑木件的滚棱大小选择厚度，其厚度一般不宜小于 0.75mm，严禁使用薄铁片制作轧子，以防轧子变形而造成增加通灰的厚度。一种轧合楞的轧子不得万能使用，因同一大式建筑的上下额枋以及梁枋的滚棱均有大小区别，否则，造成合楞不规矩或增加通灰的厚度。凡新木件轧合楞均可与捉缝灰同步进行。轧下枋子、抱头梁、穿插枋的合楞时，见彩图 3-4-4 ～彩图 3-4-6。

3）裹灰线口，传统以专人捉裹，用铁板按线形的规则对八字基础线口、平口线口、梅花线口进行捉裹掐成形，并补缺、借圆（梅花线口）、找直、找规矩，随时拣净两侧野灰、飞翅；20 世纪 70 年代后以专人逐步只对原八字基础线砍修的线口和新砍的线口及不规矩的八字线口不宜砍修者（为避免麻层以上灰层过厚），以及平口线、梅花线的缺陷处，先进行初步补缺、借圆（梅花线口）、找直、找规矩，干燥后，待衬垫灰时以专人穿磨后，按其八字基础线、平口线、梅花线制作轧子轧规矩成形。对于新活以木作刨成的八字基础线、平口线和梅花线，轧线时均可与捉下架大木同步进行；轧八字基础线的线口尺寸同砍线口尺寸，线形见彩图 10-5-2 和八字基础线与混线及轧线工具的图形，轧八字基础线的方法及要求见本书第 10 章，新旧木件轧八字基础线参见彩图 3-4-7。轧平口线的尺寸按木作起线要求（看面与进深约为槛框面宽和厚度的 10% ～ 15%)，轧梅花线的基础线线肚大小应适宜并匀称、直顺。

（3）捉扇活时，新旧隔扇、槛窗及门窗边抹的肩角、节点缝处，竖拿铁板除捉缝隙外还要将边抹的缺陷进行补缺找齐、衬平、借圆、裹掐规矩并捉成整铁板灰。凡活扇改死扇之间的空隙缝不得捉平应捉成凹形露出线棱。旧隔扇、槛窗及门扇的樘子心（裙板）和海棠盒（绦环板）的缝隙掖严捉实并将云盘线、绦环线捉找补缺、裹掐找规矩，心地用铁板初步捉衬。遇隔扇的边抹窄者用铁板除捉缝外其两柱香按木胎线补缺、裹掐规矩，新隔扇、槛窗及门扇的樘子心（裙板）和海棠盒（绦环板）的缝隙用铁板掖严捉实，心地和缺陷捉找刮平，随时拣净野灰、飞翅，棱秧角干净利落。凡边抹的皮条线和泥鳅背待通灰时轧好。

2. 衬垫灰

捉缝灰干燥后，凡需衬垫灰处用缸瓦片金刚石或打磨平整、光洁，有野灰、余灰、残存灰及飞翅用铲刀铲掉，并扫净浮灰粉尘后，湿布掸净。

（1）捉缝灰打磨后，派专人用 700 ～ 1000mm 长的靠尺板，检查木构件表面不平、不直、不圆、残损处及微有卷翘洼心（如博缝板、围脊板、栈板墙等）处或捉灰未成形（如山花结带、霸王拳、角云头等）处等缺陷进行衬垫，油灰配比同捉缝灰。应用皮子、灰板和铁板分次衬平、找直、借圆、补齐、基本成型，随时拣净周边野灰、飞翅。分次衬垫灰应在捉缝灰工序中完成，如缺陷稍大均可在通灰后再分次垫找，为使灰层干燥快每次衬垫灰层的厚度宜薄不宜厚，在衬垫时根据局部缺陷选用籽灰粒径并适量掺入油灰内。

（2）凡木件的局部缺陷在楦活、捉缝灰、衬垫灰时，要达到随木件原形的要求，如有变形的木件以最佳效果恢复原状，但不能影响木件整体外观形状，更不能影响相邻木件外观的形状。

（3）捉缝灰时凡轧过八字基础线、平口线的槛框和梅花线的柱子以及井口线的支条其灰线口干燥后，槛框、梅花柱子、支条有心槽亏灰者，为预防通灰过厚应先进行填槽衬垫基本平整，随时拣净野灰、飞翅；如有不规矩的八字基础线口，或遇不宜砍修的八字基础者，为避免麻层以上灰层过厚，应以专人靠尺棍轧混线的八字基础线，线口尺寸同砍线口尺寸，待线的灰线口干燥后，槛框心槽严重亏灰时，应进行分次填槽衬垫基本平整，不得一次垫灰太厚。

（4）凡梁、枋、柁轧合楞后如有心槽亏灰者，为预防通灰过厚应先进行填槽衬垫基本平整，随时拣净野灰、飞翅。

（5）对于旧隔扇、槛窗及门扇的樘子心（裙板）的云盘线心地和海棠盒（绦环板）的绦环线心地，用铁板将心地填灰刮平，随时拣净野灰、飞翅，秧角干净利落；凡新隔扇、槛窗及门扇的云盘线、绦环线，可先用毛竹轧子轧好。所轧的云盘线、绦环线应注意风路均称一致和线肚高为线底宽的43%。

3.4.4 通灰（扫荡灰）

（1）磨粗灰（划拉灰），捉缝灰、衬垫灰干燥（用铲刀尖或大钉子进行普遍扎检灰层确实干透）后，磨灰者要随手带铲刀，用缸瓦片或金刚石由上至下、从左至右进行通磨一遍，将飞翅、浮籽等打磨掉，有野灰、余灰、残存灰及飞翅等影响通灰质量的缺陷用铲刀铲修整齐，下不去金刚石（打磨不能到位）处用铲刀铲掉野灰、浮籽，打磨后用由上而下将表面浮灰粉尘清扫干净，再用湿布掸子逐步掸净灰尘，不得遗漏。通灰时，不得随磨随通灰。

（2）为防止通灰后铁箍处（博缝板、挂檐板等对接缝）拉麻不能准确辨认位置，在衬垫灰干燥后，提前将铁箍处使麻，麻丝长度为铁箍宽度约两倍，将粘麻浆按麻丝长度刷于铁箍处的灰层表面，将麻丝顺木纹围绕铁箍与垂直粘麻，再顺麻丝挤浆轧实，干后磨麻出绒再通灰。铁箍处使麻，即称捉麻见彩图3-4-8。如博缝板、挂檐板的对接缝，均可钉拉细铜丝网时，并应与衬垫灰同时进行。

（3）通灰是三人配合操作的工序，有搽灰者、过板者、拣灰者各一人，殿座的木件较大时搽灰者需两人（一人抹灰一人覆灰），通灰前，木件表面的浮尘要事先清扫干净。油灰配比见表2-2-5。通灰顺序是先上架后下架，由上而下，由右至左横排步架进行，通完一步架再通另一步架，通灰工序要掌握“竖扫荡”和“右板子”及“俊粗灰”的操作技术要点。通灰见彩图3-4-9。

1）搽灰：搽灰者用搽灰皮子抹灰，应根据灰板长度（与过板者配合酌情而定）抹一板或两板为宜，搽灰要分两次先抹灰后覆灰，并掌握抹竖时要先横后竖，抹横时要先竖后横，抹严造实，覆灰要均匀的操作方法。搽灰时左手紧握把桶要随皮子移动，不能皮子随把桶移动，右手拿皮子扤灰扣腕反拽灰，翻腕正抹灰来回通造严实、再覆灰要均匀，不得厚薄不一致。搽灰中切不可在把桶口反鐾皮子，否则在使用时皮子在手上打滑，易拈破手指。风大时和阳光暴晒部位搽灰面积不宜过大。

2）过板：过板者携带板子不少于两块，使用板子的板口厚度应控制在2.5～3mm要直顺，凡平面木件要顺着木纹过板，平面木件宽度窄于大铁板长度时用铁板通灰。大式建筑上架大木通灰，由攒角先通压斗枋至上行条，再通道僧帽一直到攒角代崩棱鼓、宝瓶及角梁。到头，由攒角先通坐斗枋和大额枋及垫板，再通柱头一直到攒角代霸王拳和角柱头。到头，由攒角先通小额枋和柱头一直到角柱头通灰完成；小式建筑上架大木先通柁头和柱头随之通垫板至上行条，代将出头或代角云和角梁。到头或返回，再通柱头和枋子代将出头；上架大木通灰过板时，手持灰板过上行条处要上下将灰让均匀，端平板子由压斗枋或垫板过到秧停板，左右稍错板口，由下向上一板刮成，要秧直面平圆。坐斗枋和大额枋、垫板、小额枋等平面木件通灰过板时，手持灰板由左向右将灰让均匀，垂直灰板顺着木纹由右向左一板刮平；下架大木通灰时，凡按传统捉裹灰线口的抱框，其金柱和抱框过板的板子，应垂直由左向右将灰让均匀，再由右裹切线口（或框口）向左刮到右柱秧稍停板，上下微错板口切直柱秧，再裹刮柱子到左柱秧稍停板，上下微错板口切直柱秧，刮到左线口（或框口）裹切成活；凡轧过八字基础线、平口线的抱框，此时宜先过柱子再过抱框。柱子过板子时，保持板子垂直使用，用左手持板子，由左向右将灰让均匀，板子换右手由右向左刮灰，一板成活。抱框过板应上下将灰让均匀，端平板子由下向上一板刮平。枋子、抱头梁、穿插枋及上中下槛过板由左向右将灰让均匀，由右向左一板刮平；圆（檐）柱过板的竖板口接头应放在阴面，不能有喇叭口、漏板缺陷。过板的要领是手持灰板要稳、劲始终、倒脚步（架子上倒脚步要准）要稳、右手倒左手不停板。过板中木件缺陷处要稍松（稍松劲）板衬平、找直、借圆，要求凡新木件过板灰层厚度以滚籽灰为度，凡旧木构件过板灰层厚度基本以滚籽灰为宜，表面要光洁应衬平、借圆，秧（阴）角、棱（阳）角掐直顺、整齐，不得出现漏板和喇叭口及籽粒粗糙、龟裂、划痕、脱层等缺陷。

3）拣灰：拣灰者要横使铁板，将板口与板口之间的接头、野灰飘浮刮平，有划痕、漏板要填灰刮平，板子不易刮到之处以铁板找刮平，拣净野灰、飞翅。拣粗灰不得拣高，要掌握“粗拣低”的技术要点。

4）凡上下架大木通灰不能同步完成时，上架大木柱头处的通灰，应先通到下额枋或下枋子下皮（底面）一铁板长度，以便搭接。

（4）新旧隔扇、槛窗通灰分三步骤进行，在每步程序干燥后，应用金刚石打磨平整，无残存灰及飞翅并清扫干净，再用湿布掸净。油灰配比见表 2-2-5。

第一步，轧泥鳅背或皮条线（包含使麻做法的支条通灰轧八字基础线）的通灰时，先轧（竖）大边、后轧（横）抹头的基础线，轧线前用小皮子抹灰要来回通造严实，覆灰要均匀。轧线应横平、竖直、饱满，拣灰不得拣高。湿拣或干拣线角处要交圈方正，不走线型，要拣净线路两侧的野灰、飞翅。轧线时不宜用马口铁轧子抹灰造灰，以防轧子磨损快、易变形。

第二步，用毛竹挖修成云盘线和绦环线轧子轧基础线，轧线前用小皮子抹灰要来回通造严实，覆灰要均匀，轧线时轧直线要直，轧弧线要流畅，线路宽窄一致，肩角和风路要均称，线肚高为线底宽的 43%，拣净野灰、飞翅；新隔扇、门扇的槿子心（裙板）和海棠盒（绦环板）的心地通灰应刮平整，拣净野灰、飞翅。

第三步，用铁板将边抹的五分、口、碰头、门肘应刮平，裹圆，秧角、棱角整齐，拣净野灰、飞翅。

3.4.5 使麻

（1）磨粗灰（划拉灰）：通灰干燥后，在使麻、糊布工序之前，通灰表面有龟裂时，用铁板刮通灰将龟裂刮平。干燥后，磨灰者要随手带铲刀，磨通灰用缸瓦片或金刚石由上至下、从左至右进行通磨一遍，将飞翅、浮籽打磨掉，有野灰、余灰、残存灰用铲刀铲修整齐，下不去金刚石处用铲刀铲掉的野灰、浮籽。打磨后，用小笤帚由上至下、从左至右将表面浮灰、粉尘清扫干净，随后再用湿布掸子逐步掸净灰尘，打磨、清扫、掸活不得遗漏，不得随磨随使麻。

（2）使麻是多人配合操作的工序，分六个步骤进行，即开头浆、粘麻、砸干轧、潲生、水翻轧、整理活。使麻的人员多少一般根据木构件、木装修部位的不同和施工面大小确定：分当人员组合一般为 5 人、7 人、9 人、11 人、13 人，如大式建筑七开间者及以上施工面的其人力分配按 13 人一当，进行流水配合作业，即开头浆一人、粘麻一人、砸干轧四人、潲生一人、水翻轧四人、整理活两人。使麻前要事先准备好符合使麻要求的成铺的线麻，放在使麻的地点。头浆（使麻浆）和潲生配比见表 2-2-5。开头浆前，要将木件通灰表面的浮尘事先清扫干净。使麻顺序是先上架大木后下架大木，最后隔扇槛窗，从上而下、由左至右横排步架进行，使麻完成一步架再进行另一步架直至使麻完成。使麻工序操作不宜戴手套，操作前可将双手打肥皂晾干再操作。使麻的麻轧子后尾要打眼拴绳，操作时套在手腕上以防坠落伤人。使麻应按粘麻的要求和部位的前后顺序进行，达到使麻的质量要求。不得使完节点缝的麻干燥后再使大面的麻，应粘完部分节点缝的麻， 再粘大面的麻，或将粘完部分节点缝的麻经整理后，待曝干时粘大面的麻。对于柱、枋、上槛与框使麻见彩图 12-1-4，上架大木使麻见彩图 3-4-10 和彩图 3-4-11。廊步大木多秧角多接点使麻见彩图 3-4-12。对于柱子与抱框、风槛、踏板使麻见彩图 12-1-3 和彩图 3-4-13 ～彩图 3-4-18。山花博缝绶带使麻见彩图 3-4-19，下架柱子罗汉墙使麻见彩图 3-4-20。

1）开头浆：开浆者掌握要点是少开先拉当，选秧多节点（大式由角梁、宝瓶、崩棱鼓至大面到头返回，由金刚圈和柱头至大面。小式由柁头和柱头至大面等），浆匀浸麻面，便轧实整理，然后开大面。开头浆时，一手紧握把桶随糊刷或大刷子移动，一手拿糊刷或大刷子开头浆，正兜反甩通长轻顺要均匀，开浆者要与粘麻者配合，并依据粘麻速度开浆，不宜多开，以防多余的浆封皮干结，气候干燥和刮风时更不能多开，以防浆面封皮不粘麻，要预测在下班时使麻基本能完成到完整部位。

2）粘麻：粘麻者在开好头浆的位置粘麻，要按木件的木纹横粘麻丝，其麻丝应与木件的木丝纹理交叉垂直，麻丝与构件的节点缝（如连接缝、拼接缝、交接缝、肩角对接缝）交叉垂直，粘麻的麻丝不得顺木纹和顺缝粘，角梁头、檩头、柁头等断面均宜交叉粘或粘乱麻。粘麻要拉秧、拉节点、拉拼接、拉连接木件，木件粘麻的麻须（尾）要搭粘在不使麻的连接部位（如隔扇的边抹、雀替的大边、楣子的大边、正心拱的五分等）的缝灰上其长度不少于 20mm。木件粘麻的麻丝要搭粘在不粘麻的连接木件的相应性质的粗灰上，其长度不少于 50mm。粘麻过程中应掌握前后次序，凡粘麻拉节点缝的麻须不得露在明面，粘麻数量以定额为标准。粘麻掌握粘竖木件时，右手拿麻整边纵折，向左甩麻尾，左手随之将麻尾按住，右手放松纵折，薄厚抻匀，亏补打找，麻顺均匀。粘横木件时右手拿麻，由上向下甩麻尾并按件宽折回，左手随之将麻尾的折边按住，两手松开折薄厚抻匀，亏补打找，麻顺均匀。仿古建的木件使麻其麻丝与混凝土构件的连接缝拉接长度不得少于 50mm。

① 上架大木粘麻时，按大式建筑和小式建筑的部位分步骤进行粘麻。

A. 大式粘麻按九个步骤进行：步骤一，由攒角处粘麻，先粘上行条与崩棱鼓的拉秧麻，再横粘上行条与压斗枋的麻应裹底面，参见彩图 3-4-10（但粘麻过多，砸干轧者未紧随粘麻者）。步骤二，道僧帽（挑尖梁头）粘麻，先粘与上行条和压斗枋的拉秧麻，再粘前脸裹棱后随之围底面粘两帮，参见彩图 3-4-10。步骤三，仔角梁和老角梁粘麻，角梁头裹棱粘，角梁横粘应三面（仰头底和两帮）围裹粘麻，粘到崩棱鼓（搭角檩头）和宝瓶，应围裹粘麻。步骤四，坐斗枋和角柱头及霸王拳粘麻，先横粘坐斗枋应裹棱。再粘角柱头时，先粘大额枋抱肩与角柱头和霸王拳的拉秧麻以及角柱头与霸王拳底面的拉秧麻，再粘霸王拳前脸应裹棱，最后围霸王拳底面粘两帮。步骤五，坐斗枋和大额枋及垫板粘麻，先横粘坐斗枋的麻，再横粘大额枋应裹合楞，最后横粘垫板拉秧。步骤六，柱头处粘麻，先横粘坐斗枋拉柱头上面和大额枋的秧，再横粘柱头拉大额枋抱肩和垫板。步骤七，由角柱头粘麻，先粘将出头的拉秧麻，再横粘角柱头拉小额枋抱肩，最后粘将出头应围裹粘麻。步骤八，小额枋粘麻，应横粘麻裹合楞裹仰头底面。步骤九，柱头处粘麻，先粘将出头的拉秧麻，随之横粘柱头拉小额枋包肩，再粘将出头应围裹粘麻，然后横粘小额枋的麻裹合楞裹仰头底面。遇有雀替大边应拉秧或遇上槛应拉秧。

B. 小式粘麻按六个步骤进行：步骤一，由柁头处粘麻，粘柁帮与上行条及垫板的拉秧麻。步骤二，粘柁底与柱头的拉秧麻。步骤三，柁头粘麻，先粘柁面应裹棱，再围裹柁帮、柁底粘麻。步骤四，上行条与垫板粘麻应横粘麻。步骤五，柱头处粘麻，应横粘柱头拉下枋子抱肩，如有将出头先粘拉秧麻。待柱子粘麻时再围裹将出头。步骤六，下枋子粘麻应横粘裹底面。遇有雀替大边应拉秧或遇上槛应拉秧。廊步的柱子粘麻时，遇抱头梁和穿插枋应拉抱肩，见彩图 3-4-12，待粘完中槛的麻，随之横粘抱头梁，再横粘穿插枋的麻。大木使麻凡大面积先使多秧角处多接点处的麻时，见彩图 3-4-12，应当天使完大面的麻以便于衔接，不宜次日再使大面的麻。

C. 凡上下架大木使麻不能同步完成时，上架大木柱头处使麻，应使到下额枋或下枋子下皮不少于 50mm 处；如小式建筑上下架大木使麻同步完成时，遇下枋子和上槛连接的间次，粘麻时下枋子与上槛应同步横粘麻，柱子和下枋子及上槛与抱框使麻，见彩图 12-1-4。

② 下架大木粘麻时，按部位粘麻分六个步骤进行。步骤一，由左上角柱头处粘麻，先横粘柱子拉上槛，随之横粘上槛时上拉枋秧下拉短抱框，再横粘上槛应上拉枋秧下裹槛（线口）口拉秧，然后横粘上槛应上拉枋秧下拉横陂间框。步骤二，横粘柱子与短抱框应裹框（线口）口拉秧，再横粘横陂间框应裹框（线口）口或拉秧。步骤三，横粘柱子拉中槛，随之横粘中槛上拉短抱框下拉包框，再横粘中槛应上下裹槛（线口）口拉秧，然后横粘中槛应上拉横陂间框下裹槛（线口）口拉秧（槅扇开启的间次裹槛口）。步骤四，横粘柱子与抱框应裹框（线口）口拉秧（槅扇开启的间次裹框口）。步骤五，横粘柱子与抱框拉风槛拉踏板，随之横粘风槛上拉抱框下拉踏板，再横粘风槛与踏板应裹槛（线口）口拉秧和裹踏板的口。步骤六，踏板以下横粘柱子应拉下槛，随之横粘下槛拉抱框，最后横粘下槛应围裹粘麻；下架大木粘麻的麻丝应裹槛、框的口和搭在横披窗边抹的缝灰上。

③ 隔扇粘麻时，按部位粘麻分四个步骤进行。步骤一，横粘大边外侧应裹口，内侧上拉抹头，下拉秧。步骤二，横粘抹头麻上下拉秧。步骤三，横粘绦环线的麻和横粘云盘线的麻。步骤四，最后横木丝粘心地的麻。隔扇边抹粘麻的麻要搭在仔屉边抹的缝灰上，死隔扇大边粘麻要搭过秧（缝灰）处。隔扇粘麻的麻丝长度，要分别按边抹、云盘线、绦环线、心地的尺寸截麻，粘边抹的麻丝长度要让出裹五分拉秧的尺寸。

3）砸干轧：粘麻者粘好一小段麻，砸干轧者紧随粘麻者在粘好的麻上，用麻轧子砸横木件的麻时，横着麻丝由右向左先顺秧砸，参见彩图 3-4-11。上架的上行条和垫板随粘麻随砸干轧后顺边砸，再砸大面。砸竖木件的麻时，横着麻丝由下向上顺秧砸，秧和边砸好，最后横着麻丝砸大面，逐次砸实以挤出底浆为度。砸干轧切忌先砸大面后砸秧角处，否则易出抽筋、崩秧缺陷。遇边口、墙身、柱根等用手拢着麻须往里砸，随砸随拢不要窝边砸。砸干轧时遇有麻披、麻秸、麻梗、麻疙瘩等杂物要择出。刮风时应紧跟粘麻者，快速砸秧砸边棱砸中间，防止被风将麻刮走。

4）潲生：潲生者紧随砸干轧后面，在有干麻处进行潲生并做好配合操作（指那忙帮哪，如干麻处少可帮粘麻，可帮水翻轧等），潲生配比为油满：清水 =1 ：1.2。潲生者用糊刷或刷子蘸生顺干麻丝刷在砸干轧未浸透麻层的干麻上，并戳实以不露干麻为宜，使之洇湿闷软浸透干麻与底浆结合，便于水翻轧整理活。潲生切不可过大，否则不利于轧实轧平，如底浆薄潲生大（多）麻层干缩后易囊麻、脱层。不宜用头浆澥生，不利于浸透干麻与底浆结合。不得用头浆加水代替澥生使用，否则，使其降低麻层黏结度，同时降低干燥后的麻层强度。

5）水翻轧：水翻轧者在水翻轧时，应掌握“横翻竖轧”的操作技术要点。水翻轧者用麻轧子尖或麻针横着麻丝拨动将麻翻虚，检查有干麻、干麻包随时补浆浸透，并将麻绺和薄厚不均匀的麻丝拨均匀，有麻薄、漏籽处要补浆补麻再轧实；随后用麻轧子将翻虚的麻，从秧角着手轧实后，顺着麻丝来回擀轧至大面，挤净余浆逐步轧实、轧平。有轧不倒的麻披、麻梗用麻针挑起抻出。局部囊麻层和秧角窝浆处可补干麻或用干麻蘸出余浆再进行擀轧挤净，防止麻层干缩后不平易灰厚、易顺麻丝裂纹和秧角崩秧及空鼓。严禁不翻麻而用铁板将麻刮平。

6）整理活：在水翻轧后，整理活者用麻压子再次逐步复轧（擀轧）过程中，进一步检查、整理麻层中的缺陷，秧角线棱有浮翘麻要整理轧实，有囊麻层处、秧角有窝浆处要整理挤净轧实轧平，有露籽、脱截处要抻补找平轧实，有麻疙瘩、麻梗、麻缕要整理轧平，有抽筋麻要抻起落实再轧实，麻层要密实、平整、黏结牢固，麻层厚度不少于 1.5 ～ 2mm。隔扇槛窗的麻层厚度不得少于 1mm。凡使麻的麻丝应距离瓦砖石 20 ～ 30mm，特别是柱根处的线麻要拨离开柱顶石 20 ～ 30mm，防止下雨线麻吸水造成地仗脱落。麻层整理好后如有多余的浆要用麻头擦净。严禁将麻层表面涂刷头浆，干后不利于磨麻，易造成压麻灰层附着力差。麻层不得有麻疙瘩、抽筋麻、干麻、露籽、干麻包、空鼓、崩秧、窝浆、囊麻等缺陷。

3.4.6 磨麻

使麻后不易放置时间过长，否则磨麻既不易磨破麻浆、又不易磨出麻绒，见彩图 3-4-21。一般使麻后放置 1 ～ 2 天即可磨麻，7、8 月份阴雨时，可放置 2 ～ 3 天麻层干了再磨，不得湿磨麻。也就是说麻层九成干时磨麻易出麻绒，见彩图 3-4-22。磨麻先上后下，由左至右横排步架进行，磨麻应掌握“短磨麻”的操作技术要点，磨麻时用刚瓦片或金刚石平直的棱横着麻丝磨，磨寸麻，要把浆皮磨破以不磨断表面麻丝为宜，应断斑、出绒，不得遗漏，长磨麻不易断斑不出浮绒。有抽筋麻用铲刀割断，不可用手拽。遇有空鼓、崩秧处，用铲刀割断挑开处理干净补浆补麻。磨麻不得磨断麻丝。压麻灰前由上至下将浮绒、浮尘清扫干净，磨麻后需风吹晾一两天再进行下道工序，不得随磨麻随压麻灰。

3.4.7 糊布

（1）糊布是多人配合操作的工序，即开头浆、糊布、整理活。糊布的人员一般分当为 3 人或 5 人配合操作。如施工面大其人力分配按 5 人一当，即开头浆 1 人、糊布 2 人、整理活 2 人。糊布要用夏布，头浆（糊布浆）配比见表 2-2-5。开头浆前，要将木件通灰或压麻灰表面的浮尘事先清扫干净。糊布顺序是先上架大木后下架大木，由上至下、从左至右横排步架进行，完成一步架再进行另一步架。糊布不宜戴手套，操作前可将双手打肥皂晾干。门扇边抹节点糊布条大小槛子满糊布见彩图 3-4-23。

1）开头浆：开浆者由左上方向右开浆，一手紧握把桶要随糊刷或大刷子移动，一手拿糊刷扛头浆，正兜反甩通长轻顺要均匀。开浆者要按糊布的要求开浆，与糊布者配合开多少糊多少，要依据糊布速度开浆不要多开，以防多余的浆干结，气候干燥和刮风时更不能多开，以防浆面封皮不粘布整理不平。

2）糊布：糊布者应先将夏布的布幅两侧折边剪掉成毛边，再根据布幅宽度按木件长短宽窄裁剪，糊布时将布粘糊在头浆上，并要放正位置，糊布应拉结构的连接缝、交接缝、拉秧角缝、拉拼接缝、肩角节点缝（含溜布条做法），棱角、线口应裹布糊，上架大木糊布时，先小件后大件（先柁头柱头后糊檩垫枋）。下架大木糊布应裹槛框口和拉横披窗及拉死隔扇的边抹秧。明圆柱应缠绕糊布；隔扇糊布时，先糊边框布再糊抹头布，应裹口和拉死仔屉秧及小槛子和大槛子的秧，再糊小槛子和大槛子布时，线路和心地一起糊，线路的肩角拐弯死角等处有死折时，用锋利的铲刀将死折拉开再压实。无线路的裙板应满糊布裹五分。凡木件糊布顺木纹不得有布幅与布幅的对接缝和搭槎见 3-4-1 表注，棱角、秧角、线口处不得有对接缝和搭接缝，栏杆的扶手和上抹抱裹的对接缝不得放在明显处，木件糊布要搭粘在与不糊布的连接木件相应性质的粗灰上，其宽度不少于 30mm。仿古建木件糊布与混凝土构件的连接缝拉接宽度不得少于 30mm。严禁使用棉质豆包布代替夏布，因棉质豆包布拉结性能差。

3）整理活：整理活者要紧随糊布者用硬皮子将底浆挤净刮平，布面粘糊密实平整，对接严紧不搭槎，不皱折、不翘边、不露籽灰（宽度不大于 3mm）、不露白（布面无浆迹）、不空鼓，秧角严实，不得有窝浆、崩秧、干布、死折、空鼓等缺陷。布面整理好后多余的浆要擦净，严禁将布面涂刷头浆，干后不利于磨布，易造成布上灰层附着力差。

（2）磨布：糊布后一般需放置两天即可磨布，布层不干不得磨布，干后不得放置时间过长，布层九成干时磨布易磨破浆皮。磨布先上后下，由左至右横排步架进行，用缸瓦片或金刚石把浆皮磨破断斑，不得磨破布层或遗漏，有空鼓、崩秧处，用铲刀挑割开处理清净补浆补布。糊布干后不易放置时间过长，否则磨不破浆皮不断斑，易造成布上灰层附着力差。磨布后要先上后下，由左至右横排步架将表面的浮绒、浮尘进行清扫干净。磨布后需风吹晾一两天再进行下道工序。

3.4.8 压麻灰（含压布灰）

（1）压麻灰或压布灰是三人配合操作的工序，有搽灰者、过板者、拣灰者，各一人。木件较大时搽灰者需两人。压麻灰前，木件表面的浮绒、浮尘要事先清扫干净。压麻灰与压布灰砖灰级配参考表2-2-3。油灰配比见表2-2-5，压麻灰的顺序是先上架后下架，由上而下、由左至右横排步架进行。操作时，掌握“横压麻”和“右板子”及“俊粗灰”的操作技术要点。凡调制或使用轧线灰要稍棒些。

1）搽灰：搽灰者用皮子抹灰，依据灰板长度（与过板者配合酌情而定）抹一板或两板为宜，抹灰要分两次先造灰后覆灰，并掌握抹横时先竖后横，抹竖时先横后竖。搽灰时一手紧握把桶要随皮子移动，不能皮子随把桶移动，一手拿皮子抿灰扣腕反拽灰，翻腕正抹灰不宜长，否则麻绒不粘灰打卷成落地灰，再来回干造灰使灰与麻绒充分糅合一起后，随之通造严实，覆灰要均匀，不得厚薄不一致。风大时和阳光暴晒部位搽灰面积不宜过多。

2）过板：过板者携带板子不少于两块，使用板子的板口厚度应控制在2.5～3mm，要直顺。过板时要与通灰的板口位置错开，要避免位置重叠，要横着木件顺着麻丝滚籽刮灰厚度。过板的要领是手要稳、劲始终、倒脚步（架子上倒脚步要准），换手不停板。

① 上架大木压麻灰与压布灰过板，大式由攒角压斗枋至上行条，再压道僧帽到攒角代崩棱鼓、宝瓶及角梁。返回，由攒角先压坐斗枋和大额枋及垫板，再压柱头到攒角代霸王拳和角柱头。返回，由攒角先压小额枋和柱头到角柱头完成；小式由柁头和柱头开始压，先压枋子随之压垫板至上行条，代将出头头或代角云和角梁；檩、垫、枋过板时，要上下将灰让均匀，手持灰板平稳的由枋子（小额枋）的仰面（反手）向上一板刮平，裹直合楞，再由垫板刮到檩（大额枋）秧停板，左右微错板口向檩（大额枋要裹直合楞）上一板刮平圆。

② 下架大木压麻灰与压布灰过板，由角金柱和抱框开始压，再压上槛间柱随之压中槛代包头梁和穿插枋。到头返回，过下层时，再由角金柱和抱框开始压，再压风槛时，由踏板至风槛，最后压下槛；金柱和抱框过板时，板子应垂直由左向右将灰让均匀，再由右裹切线口（或框口）向左刮到右柱秧稍停板，上下微错板口切直柱秧，再裹刮柱子到左柱秧稍停板，上下微错板口切直柱秧，刮到左线口（或框口）裹切成活，参见彩图3-4-24；圆（檐）柱过板的竖板口接头应放在阴面，过板要平、直、圆，不得有喇叭口、漏板缺陷。

3）拣灰：拣灰者要横使铁板，将板口与板口之间的接头、野灰飘浮刮平，有划痕、漏板要填灰刮平，板子不能刮到之处以铁板刮平，并拣净野灰、飞翅。拣灰要掌握“粗拣低”的操作技术要点。表面要光洁平、圆、直，秧角和棱角直顺、整齐，不得有脱层、空鼓、龟裂纹等缺陷。

（2）隔扇压麻灰或压布灰分两步骤岔开进行操作：

第一步先用小铁板顺着麻丝压樘子心（裙板）云盘线的地和海棠盒（绦环板）

绦环线的地，将心地中填灰刮平，拣净野灰、飞翅。再用大铁板顺着麻丝将大边和抹头滚籽裹刮圆平，线角处交圈方正，秧角、棱角整齐干净利落，线型不走样。隔扇边抹轧压麻灰线后“干拣线角”参见彩图 3-4-25 。

第二步先用毛竹挖修成的云盘线和绦环线轧子，轧基础线，直线要直顺，曲线要流畅，线路饱满宽窄一致，肩角和风路要匀称，拣净野灰、飞翅。

3.4.9 中灰（按下架应分三个步骤进行）

（1）磨粗灰（划拉灰），压麻灰或压布灰干燥后，表面如有龟裂缺陷处，应处理掉不留隐患，再以同性质的油灰用铁板来回补刮平圆。干燥后，磨灰者要随手带铲刀，用金刚石或缸瓦片由上至下、从左至右进行通磨一遍，将飞翅、浮籽打磨掉，有野灰、余灰、残存灰用铲刀铲修整齐，下不去金刚石处用铲刀铲掉野灰、浮籽。在打磨过程中遇有哗啦（虚响）的声音，用铲刀将干麻包挖开，处理干净补灰。打磨应平整、光洁，秧角和棱角穿磨直顺、整齐，打磨后由上而下将表面浮灰、粉尘清扫干净，随后再用湿布掸子掸净，不得遗漏。各种线口处由轧线者细致穿磨，防止下道工序有影响轧线的缺陷。

（2）中灰既有独立作业又有三人配合操作的工序，在中灰前，木件表面的浮尘要事先清扫干净，轧中灰线时的油灰配比见表 2-2-5，调轧线灰应棒些。中灰的顺序是先上架后下架，由上而下，由左至右横排步架进行，中完一步架再中另一步架，柱子中灰工序要掌握“连根倒”的技术要点。

1）上架大木中灰分两步骤岔开同时进行操作：中圆木件用硬中灰皮子由上至下、从左至右进行，先攒刮上行条的中灰，应来回造严再克骨收圆收净，接头处的灰层不宜重复，后攒刮柱头中灰，不得有皮柳，不得长灰，灰层厚度以鱼籽灰粒径为准，收净野灰、飞翅；平面木件横着使用铁板直刮，要一去一回克骨刮平，拣净野灰、飞翅。秧角、棱角整齐干净利落。合楞处可根据缺陷过中灰轧子或用硬皮子攒刮中灰。

2）下架大木中灰（起线）分三个步骤岔开进行操作：

第一步：轧鱼籽中灰线的部位要提前制作轧子，轧混线的鱼籽中灰线（粗灰）轧子的线口宽度要小于细灰线轧子 1 ～ 2mm，混线、平口线正、反轧子对口要一致。轧线（混线、平口线、井口线、梅花线）干后填槽。轧线时以搽灰者、轧线者、拣灰者三人操作完成。轧混线（鱼籽中灰线）的操作方法见轧细灰线，要求中灰线与压麻灰（压布灰）黏结牢固。搽灰用皮子抹灰，应抹严造实，覆灰要薄厚均匀，用轧子将灰让均匀，靠尺棍要长于轧线的长度，试轧找准镘口位置，固定尺棍稳住手腕一气轧成，轧鱼籽中灰框线胎要基本三停三平，线肚许低不能高，镘口要准确（即正视面宽度为线口宽度的 90%），平口线、井口线应符合木作规制，梅花线肚大小要均称一致。轧线的表面饱满光洁、直顺、整齐、不显接头，不得有错位、断裂纹、线角倾斜等缺陷。拣灰用铁板随时拣净线路两侧的野灰、飞翅，湿拣或干拣线角应交圈方正、随线形，线脚处规矩，要粗拣低不能拣高，不得碰伤线膀。如踏板、下槛起混线应按普查记录或设计要求。

第二步：槛框、支条、梅花柱子经轧线胎干燥后（不得有横裂纹，如有应挠掉重轧），磨去飞翅。轧线胎的中间不平者需进行填槽灰和刮口。填槽灰的油灰配比见表 2-2-5，填槽灰厚度 1mm 以上时应调整砖灰级配的粒径，不能籽小灰厚，防止出龟裂纹。槛框、梅花柱子填槽时，用皮子抹灰抹严造实，覆灰要根据轧线胎的线膀高低掌握厚度，应薄厚均匀，再用灰板将灰让匀一板刮平，支条填槽灰用铁板抹严刮实再填灰刮平。填槽灰的两侧野灰、飞翅应随时拣净，表面要平整、秧角直顺，不得有空鼓、脱层、龟裂纹等。填槽干燥后，将其表面和线路，用金刚石块穿磨平整，扫净浮灰，湿布掸净。

第三步：中灰前要将表面浮尘扫净，用湿布掸净。中灰时，油灰配比见表 2-2-5，平面构件横着使用铁板刮中灰，由下往上直刮应一去一回刮严刮实并克骨刮平，拣净野灰、飞翅，秧角、棱角整齐干净利落。圆构件用硬（中灰）皮子攒刮中灰，应来回抹严造实再克骨收圆，表面无明显接头，圆柱（含金柱）用硬皮子由下往上连根倒攒刮中灰，收净野灰、飞翅。攒刮中灰不得长灰，其接头要错开细灰的预留接头，灰层厚度以中灰粒径为准。不得有野灰、空鼓、脱层、龟裂纹等缺陷。

3）隔扇中灰分四步骤岔开进行操作：轧皮条线或轧有线胎的两炷香和裙板的云盘线时，油灰配比见表 2-2-5。泥鳅背上起轧两炷香线胎时，应用鱼籽中灰轧线。对于面阔宽大的隔扇、槛窗边、抹，均可先轧泥鳅背，待细灰工序时再轧两炷香，但两炷香易收缩、易裂，应在调细灰时加入微量中灰面。

第一步隔扇槛窗边、抹需轧皮条线，两炷香时，应提前制作轧子，粗灰（中灰）轧子的线口宽度要小于细灰线轧子 1mm。轧线时先轧竖大边、后轧横抹头，以搽灰、轧线、拣灰三人完成，搽灰用皮子抹灰，应抹严造实，覆灰要薄厚均匀；轧两炷香时靠尺棍要长于轧线的长度，用轧子将灰让均匀后试轧找准位置，固定尺棍稳住手腕一气轧成，要横平、竖直、光洁饱满；拣灰用铁板随时拣净野灰、飞翅，湿拣或干拣线角处要交圈方正、随线形，要粗拣低不能拣高。线胎与压麻灰（压布灰）黏结牢固，不显接头，不得有错位、断条、断裂纹、线角倾斜等缺陷，不得碰伤线膀。

凡隔扇、槛窗为平面边、抹其两侧有卧角线时，先轧卧角中灰线，干后磨光清扫干净，再横着使用铁板直刮平面的中灰，要一去一回克骨刮平，拣净野灰、飞翅，棱角整齐，干净利落。

第二步用铁板中樘子心（裙板）云盘线地和海棠盒（绦环板）绦环线地，将心地和五分克骨刮平，用小铁板拣净野灰、飞翅，棱角、秧角整齐、干净利落。

第三步事先用毛竹挖修成云盘线和绦环线轧子，轧中灰线胎，直线要直顺，曲线要流畅，线路饱满宽窄一致，肩角和风路要匀称，用小铁板拣净线路两侧的野灰、飞翅。

第四步隔扇槛窗边、抹轧皮条线，两炷香干燥后，用金刚石通磨后清扫干净，用大铁板克骨裹刮两炷香两侧的泥鳅背及大边的口或皮条线大边的口，拣净野灰、飞翅，棱角、秧角整齐、干净利落。

3.4.10 细灰

1. 磨中灰

中灰干燥后，表面如有龟裂纹缺陷处，应挠掉重新刮中灰或糊豆包布干后再刮中灰。磨中灰者要随手带铲刀，用缸瓦片或金刚石（见工具要求）块由上至下、从左至右透磨一遍，接头处穿磨平整、秧角和棱角穿磨直顺、整齐，无野灰、余灰、残存灰。凡属线路、线口、线角等处由轧线者细致穿磨平整，并修整规矩整齐，不得有影响轧细灰线的缺陷。磨完后和细灰前由上至下、从左至右逐步将表面浮灰、粉尘清扫干净，传统用糊刷支水浆一遍（作用是增加细灰的附着力）或用湿布掸子将进行细灰的部位逐步掸净灰尘，不得遗漏。

2. 细灰

细灰既有独立操作又有配合操作的工序，在细灰前，木件表面有浮尘要由上而下、从左至右清扫干净，再按顺序用湿布掸子掸净灰尘，不得遗漏。细灰配比参照表 2-2-5，轧细灰线的细灰要稍棒些。细灰顺序是先上架后下架，由上而下，由左至右横排步架进行，细完一步架再细另一步架。

细灰选择“头天清日细、来日阴磨钻”，细灰的部位面积不宜细得过多，应根据天气情况细多少磨多少，准备细的细灰控制在半日内或一日内磨细钻生完成，再细为宜，细灰不得晾晒时间过长。细灰时段最好选择阴天或多云天，细灰时要避开阳光暴晒或刮风的时段，否则在操作时容易出现“皴”或“舔”的现象，一般在接头处易皴或舔使灰面粗糙不平，特别是用铁板细灰或拣灰的接头处灰面似舌舔的不平现象。虽然细灰遍（工序）不求灰层表面外观质量、允许“丑细灰”，既不影响磨细灰后达到磨修成型，又能平、直、圆的质量要求即可。细灰工序要掌握“细灰两头跑”和“细拣高”的技术要点。

3. 上架大木细灰分四步骤岔开进行操作

第一步找细灰：用铁板进行找细灰，由上而下、从左至右裹贴檩背子和裹细檩头边棱及贴檩秧，裹细柱头边棱和柱窝及裹细枋子、梁、额枋抱肩，贴细博缝、角梁、压斗枋、坐斗枋等边棱。对于柁头、坐斗枋、挑尖梁头、角梁、将出头等棱角可不找细灰，允许用轧子轧棱角，干后细大面。凡矩形小木件（如霸王拳、将出头等）掌握“隔一面细一面”的操作技术要点。找细灰薄厚要均匀控制在 1 ～ 2mm，不能有龟裂纹。山花绶带细灰、博缝边棱找细灰见彩图 3-4-26，上架大木找细灰、合楞轧细灰见彩图 3-4-27 ～彩图 3-4-29。上下架大木不能同步完成时，柱头处以小额枋或下枋子下皮要裹贴一整铁板。

第二步轧合楞（滚楞）、棱角：以搽灰、轧线、拣灰三人操作完成，搽灰用皮子抹合楞灰、抹严抹实、复灰饱满均匀，用轧子将灰让均匀，再稳住手腕轧合楞一气轧成，拣灰用铁板拣净两侧余灰。所轧合楞要随木件滚楞大小直顺规矩，细灰薄厚要均匀控制在 1 ～ 2mm。凡枋类构件和抱头梁、穿插枋、柁头帮合楞轧细灰见彩图 3-4-27 ～彩图 3-4-29。

第三步溜细灰：用细灰皮子溜上桁条细灰时，根据开间大小通常分两皮子活、三皮子活等。如开间的上桁条溜细灰留一个接头时，为两皮子活。溜细灰先溜左边的细灰，后溜右边的细灰，其接头应放在偏中。如开间 4m 以上的上桁条溜细灰留两个接头时，为三皮子活，采取“细灰两头跑”的操作技术要点，其一先溜中间的细灰曝干后，再溜两头的细灰，其二先溜两头的细灰曝干后溜中间的细灰。上桁条和柱头溜细灰时从左插手，通长一去一回将细灰抹严抹实，不许拽灰、代响，覆灰均匀让滋润再收灰成活，细灰薄厚均匀控制在 1 ～ 2mm，不能有蜂窝麻面、砂眼、扫道（划痕）。不得有空鼓、脱层、裂纹、龟裂纹等缺陷。

第四步填刮细灰：凡平面木件大于大铁板时用灰板细灰，以抹灰、过板、拣灰三人配合操作完成。抹灰由上至下、由左至右，用皮子通长一去一回抹灰，抹严抹实，覆灰均匀，不许拽灰、代响。板子过额枋或下枋子时，左右坡着板口将灰让滋润均匀后，由右向左垂直戳起板口，用力均匀一板刮平，过板中不能松劲停顿。拣灰用铁板飘浮轻抿板口接头，有扫道、砂眼补灰轻抿，要细拣高不能拣低，并将合楞、柱秧等处野灰、飞翅拣净。凡平面木件小于大铁板时用铁板细灰，由左插手，由右向左来回将细灰抹严刮实后，在填灰覆匀让滋润后，由左向右刮细平整，将野灰、飞翅拣净，细灰应与中灰结合牢固，细灰薄厚均匀（1 ～ 2mm），不能有蜂窝麻面、砂眼、扫道（划痕），不得有龟裂纹、空鼓、脱层、裂纹等缺陷。

4. 下架大木细灰分四步骤岔开进行操作

即找、轧、溜、填，找细灰和轧细灰线同步进行，其灰干后，再前后分别进行溜细灰，填细灰。

第一步：轧细灰线要提前制作轧子、再轧线（混线、平口线、井口线、梅花线）干后，填槽。轧线时以搽灰、轧线、拣灰三人完成。轧混线操作方法如下：

（1）抹灰者根据轧线使用的轧子种类，采用不同的操作方法。采用铁片轧子时，应从左框上至下用小皮子开始抹灰，再由左上至右转圈抹下来。采用竹轧子时，应由左框下至上抹灰，再从左上至右转圈抹下来。用小皮子抹灰，要抹严抹实，覆灰饱满均匀。要与轧线者配合抹灰，细灰抹多少要轧多少，不可多抹。

（2）轧线者要带灰碗、清水桶，以右手持铁片轧子，由左框上起手，将轧子的内线膀膀臂卡住框口，坡着轧子让灰，让灰均匀后靠尺棍，轧子在尺棍的上端和下端找准镘口后，固定尺棍。由上戳起轧子稳住手腕向下拉轧子一气轧成，再由上槛或腰槛向右转圈至右框轧下来；使用传统竹轧子轧线时，应由左框下起手，将轧子大牙卡住框口，坡着轧子让灰，从左框下戳起轧子稳住手腕向上提轧子一气轧成，再由上槛或腰槛向右转圈至右框轧下来。槛框轧线的线路镘口应一致，交圈方正。

（3）拣灰者用铁板将轧过线路两侧的野灰和飞翅刮净，不能碰伤线膀肩角；然后拣线角，分“湿拣”和“干拣”。湿拣线角用小铁板，在未干的槛框两条线路交接处，填灰飘浮刮平线角的外线帮，再用小铁板顺着线路由外线膀以45°角向里线膀斜顿拣角，然后顺着线路由里线膀以45°角向外线膀斜顿拣角，线角处要随线路的线形。干拣线角是在所有线路轧完干燥后，进行拣线角，方法同湿拣，要细拣高不能拣低，确保修线角成形。下架槛框轧细灰线干后“干拣线角”参见彩图3-4-30。

（4）所轧细灰线质量要求：所轧细灰线（混线规格尺寸参照表3-4-2），表面饱满光洁，直顺，线角交圈方正。曲线自然流畅，肩角匀称。隔扇的云盘线、绦环线、两炷香的线肚高为线底宽的45%；混线要求“三停三平”、正视面宽度为线口宽度的90%；梅花线、两炷香的线肚大小适宜匀称一致，平口线为槛框宽度、厚度的1/10；皮条线总宽度为四份，两侧窝角线尺寸之合与凹槽尺寸相等，两个凸平面尺寸为皮条线总宽度的1/2，各等分宽窄和线高一致，凹槽尺寸为凸平面尺寸的一份、允许微窄；线路无明显接头，无错位、露籽、断裂纹、龟裂纹等缺陷。

第二步找细灰：由上而下，从左至右用铁板进行贴柱秧、角柱边、八字墙柱边、裹柱根、细坐凳面和踏板棱等，找细灰薄厚要均匀控制在1～2mm，不能有龟裂纹。找细灰参见彩图3-4-31和彩图3-4-32。

第三步溜细灰：两人配合分段操作，一人抹灰，一人收灰。溜圆柱子细灰采取“细灰两头跑”的操作技术要领，先溜膝盖以上至手抬高处细灰，待此段细灰曝干时，分别溜柱子的上段（上步架子）细灰和柱根处（膝盖以下）的细灰。

（1）抹灰者用搽灰皮子由圆柱里面插手（看前皮口收灰），由左至右抹灰，要上过顶、下过膝、上下打围脖，通长一去一回将细灰用力抹严抹实，覆灰均匀，不许拽灰、代响。

（2）收灰者紧随抹灰者后面，由左至右用细灰皮子，将灰让滋润均匀。竖收灰腕子稳、蹲膝、坐腰看前皮口要直和后皮柳的直顺度。溜细灰的接头与中灰接头位置要错开，大面要整皮子活，竖接头或半皮子活不能放在檐柱明显处，金柱要放在柱秧处，溜细灰薄厚要均匀控制在1～2mm，所溜细灰应与中灰结合牢固，不宜有明显蜂窝麻面、砂眼、扫道，表面不得有龟裂纹，不得有空鼓、脱层、裂纹等缺陷。

第四步细灰填槽：

（1）凡平面木件等宽度宽于大铁板长度时用灰板细灰，以抹灰、过板、拣灰三人配合操作。下架槛框轧细灰线干燥后待细槛框面参见彩图 3-4-33。

1）抹灰者由上至下、由左至右，用皮子通长一去一回将细灰抹严抹实，覆灰均匀，不许拽灰、代响。

2）过板者过抱框时，上下坡着板口将灰让滋润均匀后，由下向上平着戳起板口，用力均匀一板刮成，过板中不能松劲停顿。

3）拣灰者应掌握“细拣高”的操作技术要领，用铁板飘浮轻抿板口接头，有扫道、砂眼补灰轻抿，并将线路、柱秧等处野灰、飞翅拣净。

（2）凡平面踏板、上槛、腰槛、风槛等宽度窄于大铁板长度时用铁板细灰，由左插手，由右向左来回将细灰抹严刮实，再填灰让滋润均匀后，由左向右细刮平整，将野灰、飞翅拣净。用铁板细平面木件时，允许用皮子抹灰铁板细刮平整。细灰应与中灰结合牢固，表面平整，细灰薄厚均匀（1 ～ 2mm），不宜有明显蜂窝麻面、砂眼、扫道，大面及明显处不能有龟裂纹，不得有空鼓、脱层、裂纹等缺陷。

5. 隔扇细灰分三步骤岔开进行操作

隔扇细灰要里外面分别操作，边抹与窗屉菱花分别操作。隔扇使用的细灰要调稍棒（硬）些。云盘线、绦环线轧中灰线较规矩者，允许用湿布条勒轧，但要避开阳光暴晒，防止出现龟裂纹。隔扇的樘子心海棠盒轧细灰线（即云盘线、绦环线轧细灰）见彩图 3-4-34。隔扇的边抹皮条线轧细灰见彩图 3-4-35。

第一步隔扇槛窗边、抹需轧皮条线、两炷香、泥鳅背时，应提前制作轧子。轧线时以抹灰、轧线、拣灰三人完成。①抹灰者用皮子抹灰，先抹（竖）大边后抹（横）抹头，应抹严抹实，覆灰薄厚均匀。②轧线者轧两炷香先轧（竖）大边后轧（横）抹头，轧两炷香时要靠长于轧线长度的尺棍，用轧子让灰滋润均匀后试轧找准坐中位置，固定尺棍稳住手腕一次贯通轧成。③拣灰者用铁板随时拣净野灰、飞翅，湿拣或干拣线角处要交圈方正、随线形，要细拣高不能拣低。细灰线要与鱼籽中灰线胎黏结牢固并符合线形要求。不得有明显接头，无错位、断裂、线角倾斜等缺陷。

对于面阔宽大的隔扇、槛窗边、抹，均可先用细灰轧泥鳅背，在干燥的泥鳅背上用细灰轧两炷香前，应用细金刚石将泥鳅背的中间位置，穿磨要宽于两炷香的线面并横平竖直交圈，再用湿布掸子抽掸干净后，用细灰（为防收缩需加入微量中灰面）轧两炷香时要坐中，操作方法同本步骤②。也有对于面阔宽大的隔扇、槛窗的细灰，为防止轧完全部边、抹的泥鳅背和云盘线、心地等细灰后用时过长，而避免细灰因晾干时间长出现龟裂纹，暂不轧两炷香细灰线，先进行磨细钻生干燥后进行磨生过水布，再用细灰轧两炷香，操作方法同本步骤②。注意，在泥鳅背上用细灰直接轧两炷香线，因细灰溏（软）易造成两炷香产生断裂纹而成永久性缺陷；制作两炷香轧子主要依据隔扇边、抹宽度确定，如有面页，其尺寸应与面页两炷香线的内弧相吻合。常规尺寸为：两炷香的宽度为两肚加风路约 11 ～ 15mm，线肚宽度约 5 ～ 7mm，两肚宽窄一致，线肚高约 3mm 左右。

隔扇、槛窗为平面边、抹其两侧有卧角线时，先轧卧角细灰线，干后用铁板将表面飞翅轻碰刮掉，再进行中间平面的细灰，横着使用铁板来回将细灰抹严刮实，再填灰让滋润均匀再刮细平整，直切棱角要整齐，细灰薄厚要均匀不少于 1mm，拣净野灰、飞翅。

第二步用毛竹挖修成云盘线和绦环线轧子轧细灰线，直线要直顺，曲线要流畅，线路饱满宽窄一致，肩角和风路要均称，拣净野灰、飞翅。

第三步用铁板细槛子心（裙板）云盘线地和海棠盒（绦环板）绦环线地将心地和五分及边口细好刮平，拣净野灰、飞翅，棱、秧角整齐。隔扇、槛窗细灰不宜有明显蜂窝麻面、砂眼、扫道，表面不得有龟裂纹，不得有空鼓、脱层、裂纹等缺陷。

3.4.11 磨细灰

细灰干后应及时磨细灰，磨细灰用新砖块（平面无砂粒）或用细金刚石块大面平整不少于两个侧面棱角直顺、整齐，依据木件面积选用大小；磨细灰要由下至上从左至右横排步架磨，磨时将金刚石块放平磨，磨好一段，再磨另一段，并掌握“长磨细灰”的操作技术要点；磨细灰时先轻穿轻磨硬浆皮，大面可竖穿横磨或横穿竖磨，先穿平凸面至全部磨破浆皮，断斑后随之顺木件透磨平、直；圆木件表面穿磨断斑后，应随磨随用手摸，以手感找磨圆、平、直；随后将平、圆的大面可用大张对折的细砂纸顺木件趟磨一遍，并将穿磨遗留的缕痕轻趟磨掉；凡接头处穿磨平整，秧角穿磨找直顺，棱角由外向内穿磨整齐、找直顺、找方正，然后轻蹚硬尖棱（俗称倒棱）；线路的线口处由专人（轧线者）磨，先磨好线口两侧，再用麻头磨线口。各种线形的线口尺寸、肩角、线肚和山花结带及大小槛子心地、纹饰应细心磨平磨规矩，不得磨走样变形；表面要平、直、圆、光洁，不得碰伤棱角、线帮，大面及明显处不能有不断斑、龟裂纹、接头、露籽、划痕等缺陷。不得漏磨、空鼓、脱层、裂纹等缺陷；上下架大木磨细灰，见彩图 3-4-36，上下架大木及线路同时磨细灰，这种派活方式几乎没有，很容易出现风裂纹。柱子抱框磨细灰，见彩图 3-4-37，但不符合操作要求，磨细灰应由下至上磨以便于及时钻生。注意，室外刮风天不宜磨细灰，最好赶在阴天磨细灰，否则易出现裂纹。凡大面及明显处磨细灰前后发现有成片的龟裂纹、风裂纹应及时铲除细灰层，不留后患，重新细灰。否则地仗的龟裂受气候环境温度的变化，逐渐引起裂变而过早地使油皮龟裂翘皮。

3.4.12 钻生桐油（含修整线角与线形）

（1）钻生桐油，传统以丝头蘸生桐油搓涂，后改用刷子刷涂。细灰磨好一段，钻生者必须及时钻好一段，磨好的细灰不能晾放，以防出风裂纹（激炸纹）。钻生前应将表面的浮粉末清扫干净，柱根处的细灰粉末围柱划沟。搓刷生桐油由下至上，从左至右，搓刷要肥而均匀，应连续地、不间歇地钻透细灰层，参见彩图 3-4-38。钻生桐油的表面应色泽一致，见彩图 3-4-39。钻生桐油时遇细灰不干处和还没磨的细灰交接处及线口，要闪开 40 ～ 50mm。生桐油内不能掺兑稀释剂，不得掺兑其他材料，不得采取喷涂法操作，不得有漏刷、龟裂纹、风裂纹、裂纹、污染等缺陷。仿古建筑钻头遍生桐油内可兑 5% 的汽油，便于渗入更深的灰层。室内钻生后应通风良好，钻生后严禁用细灰粉面擦饰浮生油及风裂纹，否则为掩蔽风裂纹，即治标不治本。

注意事项：如地仗钻生后出现 15 天左右不干现象，应检查生桐油的质量问题，不得在下次钻生时掺入光油或灰油，虽能促进干燥速度，但也容易造成外焦里嫩，甚至影响地仗的强度。如抢工期均可在做油活面的二道灰地仗钻生内掺入光油。总之地仗施工应提前实验生桐油的干燥时间，确保地仗钻生后的自然干燥质量。

（2）磨细灰的部位钻完生桐油渗足后，在当日内用麻头将表面的浮油和流痕通擦干净，不得漏擦防止挂甲等缺陷。凡擦过生桐油的麻头应及时收回妥善处理。

（3）修整线角与线形，地仗全部钻生后，待七八成干时，派专人用斜刻刀对所轧线形的肩角、拐角、线角、线脚等处进行修整。特别是对槛框交接处的线角修整，应带斜刻刀和铁板其规格不小于 2 寸半，并要求铁板直顺、方正。修线角时，先将铁板的 90° 角对准槛框交接处，横竖线路的外线膀肩角，用斜刻刀轻划 90° 白线印。再用斜刻刀在方形的白线印内按线形修整。先修外线膀找准坡度和 45° 角，再修内线膀坡度和 45° 角，最后修线肚圆，接通 45° 角。线角的线形按轧线的线路线形修整成形，接通后要交圈方正、平直。所有线角与线形和纹饰处要修整规矩，全部修整后进行找补生桐油。

（4）地仗全部钻生桐油干燥后，做油活前，将柱顶石清理干净，凡将墙腿子、槛墙、柱门子等糊纸处，进行闷水起纸、清理干净。踏板下棱不整齐者，用铲刀和金刚石铲修整齐、穿磨直顺。

3.4.13 槛框起轧混线线路规格尺寸的依据和要求

（1）古建传统地仗工程的下架槛框起混线时，线路规格尺寸应以明间立抱框的面宽或大门门框的面宽为依据（同时参考柱高和建筑面阔）。立抱框的宽度，以距地面 1200mm 处为准。

（2）油饰工程地仗施工，下架槛框需起框线时，槛框线路的规格应符合以下要求：

1）文物古建筑槛框线路规格应符合文物原貌。文物无特殊规定时，应符合传统起混线规则。

2）仿古建筑的槛框线路规格应符合传统起混线规则。设计另有特殊要求时，应符合设计要求。

3）抱框面宽尺寸较窄时，槛框线路的规格尺寸做适当调整。遇此种情况时，其槛框线路规格尺寸，均以 80mm 框面宽度 / 20mm 框线为基本模数，抱框面宽尺寸按每增宽 10mm，其框线宽度应增宽 1mm。

4）古建群体的槛框线路规格，应结合建筑的主次协调框线宽度。如主座的槛框线路规格，均可与大门的规格一致或略窄于大门的线路规格；配房的槛框线路规格应一致，但应略窄于主座的线路规格；厢房的槛框线路规格略窄于配房；其他附属用房以此类推。

5）古建筑各间的上槛、短抱框、横陂间框及中槛的上线路的规格尺寸，应于立抱框的规格尺寸一致，围脊板象眼四周另起套线的规格尺寸，允许略窄于立抱框的线路规格。文物另有特殊规定时，应符合文物要求。

6）槛框混线均以大木彩画主线路饰金为起混线和贴金的依据。如墨线大点金彩画或相应等级者，均可根据古建筑物的等级起混线贴金或起混线不贴金或不起混线。彩画等级较低者或者说彩画无金活者可起混线不宜贴金或不起混线，特殊要求除外。

3.4.14 古建槛框混线规格与八字基础线口尺寸对照参考表

古建槛框混线规格与八字基础线口尺寸对照见表 3-4-2。

古建槛框混线规格与八字基础线口尺寸对照参考表（mm） 表 3-4-2

框面尺寸 \ 线口尺寸 \ 线口名称		混线线口宽度与锓口的要求			八字基础线口宽度与锓口的要求		
		框线规格	正视面（看面）	侧视面（进深）	基础线规格	正视面（看面）	侧视面（进深）
古建筑明间抱框宽度	128	20	18	7	26	24	10
	157	23	21	9	30	27	11.5
	176	25	23	10	33	30	12.5
	205	28	25	11	36	33	14
	224	30	27	12	39	36	15
	253	33	30	13	43	40	16.5
	272	35	32	14	46	42	17.5
	301	38	35	15	49	45	19

续表

框面尺寸 \ 线口尺寸 \ 线口名称		混线线口宽度与锓口的要求			八字基础线口宽度与锓口的要求		
		框线规格	正视面（看面）	侧视面（进深）	基础线规格	正视面（看面）	侧视面（进深）
古建筑明间抱框宽度	320	40	37	16	52	48	20
	349	43	40	17	56	52	21.5
	368	45	42	18	59	54	22.5

注：1. 表中抱框宽度尺寸，以清代营造尺（折 320mm）为推算单位。线型正视面尺寸为看面尺寸，侧视面尺寸为进深的小面尺寸。

2. 凡设计和营建施工混凝土或木框架结构的仿古建筑混线规格尺寸时，参考和运用表中尺寸，既能避免大量的剔凿或斩砍，又能确保结构和油饰质量。

3.5 支条节点使麻或糊布条四道灰地仗施工技术要点

（1）支条节点使麻或糊布条四道灰工艺流程见表 3-4-1。

（2）旧地仗砍挠清除和新木基层剁斧迹及撕缝操作工艺应符合本书 3.4.2 节的相应操作工艺的要求。凡支条砍活后依据保留完整的井口线型，制作成轧子备用。

（3）支条（含天花板）修整：砍活完成后，地仗灰操作前，如有残缺、松动、拔榫、大翘茬、大裂缝等遗留问题，应及时通知有关工程技术人员，对遗留问题，按原状修整配齐。

（4）支油浆操作工艺应符合本书 3.4.2 节的相应操作工艺的要求。

（5）捉缝灰：支条捉缝灰配比见 2-2-5，内檐上架大木捉缝时遇有支条应代捉大木与边楞（贴梁支条）的连接缝。支条捉缝灰时，用铁板从一头边楞开始，由左至右捉灰，先捉支条的边楞缝、节点缝，要横掖竖划，缝内油灰饱满，并刮成十字整铁板灰，线口、边棱补缺贴齐，秧角整齐，凹面刮平。捉缝灰干燥后用金刚石通磨粗灰，不得遗漏，清扫干净，湿布掸净。

（6）轧井口线及口、面通灰，油灰配比见表 2-2-5。轧线前用小皮子抹灰要来回通造严实，复灰要均匀。轧线直顺、饱满，每一圈井口线的锓口角度应一致。拣灰不得拣高，湿拣或干拣线角处要交圈方正，不走线型，线路两侧的野灰、飞翅要拣净。不得有横裂纹，轧线时不宜用轧子抹灰造灰，以防轧子磨损快、易变形。轧线干燥后，用金刚石通磨线口两侧，不得遗漏，清扫干净湿布掸净。支条的四口和大面，用铁板通灰填槽刮平并拣净线棱飞翅。如支条的井口线随木作线型，做一麻五灰地仗时，先轧成八字基础线。

（7）支条节点（含小面四秧）处使麻或糊布条操作工艺的要求，除符合本书

3.4.5 ～ 3.4.7 节的相应操作工艺要求外，其支条节点处一条缝粘麻的麻丝或布条长度不少于 100mm，两条缝粘麻的麻丝或布条长度不少于 200mm，粘麻的麻丝不得顺缝，要大面拉缝、四口拉秧，支条节点头浆配比见表 2-2-5。室内或廊步上架大木粘麻时遇有支条其麻须应搭粘在边楞上。

（8）支条中灰（含压节点麻或压布灰）：节点处使麻或糊布条干燥后，磨麻或磨布应符合本书 3.4.6 节和 3.4.8 节的相应操作工艺的要求，并将表面清扫干净湿布掸净，支条轧中灰线应符合本书 3.4.9 节相应操作要点，油灰配比见表 2-2-5，根据中间不平情况可掺微量小籽或中籽。横着使用铁板从一头边楞开始，由左至右刮大小面灰，刮严刮平，拣净线口野灰、飞翅，秧角、棱角整齐干净利落。中灰干燥后，用金刚石块通磨平整，扫净浮灰，湿布掸净。

（9）支条细灰、磨细灰、钻生桐油、修整线角与线型应符合本书 3.4.9 ～ 3.4.13 节相应操作工艺的要求。

3.6 隔扇、槛窗边抹节点糊布条四道灰地仗施工技术要点

（1）隔扇、槛窗边、抹节点糊布条四道灰工艺流程见表 3-4-1。

（2）旧地仗清除和新木基层、撕缝、楦缝、支油浆、捉缝灰、通灰的操作工艺应符合本书 3.4.2 ～ 3.4.4 节的相应操作工艺的要求。

（3）隔扇、槛窗边、抹等节点处糊布条的操作工艺除符合本书 3.4.7 节的相应操作工艺的要求外，应将槛框与不开启的隔扇、槛窗之间连接的死缝处和不开启的隔扇与隔扇之间及槛窗与槛窗之间连接的死缝处糊好布条，活扇改死扇之间连接的死缝处应糊好布条，糊布条应拉秧缝、拉节点缝、拉拼接缝、拉连接木件缝的两侧、搭接宽度各不小于 30mm（不含缝的宽度），拼接的裙板均可满糊布裹五分。门扇边抹节点糊布条大小樘子满糊布见彩图 3-4-23。

（4）隔扇、槛窗中灰、细灰、磨细灰、钻生桐油的操作工艺应符合本书 3.4.9 ～ 3.4.13 节的相应操作工艺的要求。

3.7 单披灰地仗施工工艺

3.7.1 木材面单披灰地仗工程施工主要工序

木材面单披灰地仗工程施工主要工序见表 3-7-1。

木材面单披灰地仗施工主要工序　　表 3-7-1

起线阶段	主要工序（名称）	顺序号	工艺流程	工程做法		
				四道灰	三道灰	二道灰
砍修八字基础线	斩砍见木	1	旧木构件斩砍见木、砍修线口、除铲等	+	+	+
			新木构件剁斧迹、砍线口	+	+	+
	撕缝	2	撕缝	+	+	+
	下竹钉	3	下竹钉、楦缝	+		
	支油浆	4	清扫、成品保护（糊纸、刷泥）、支浆	+	+	+
捉裹掐轧基础线	捉缝灰	5	横掖竖划、补缺棱掉角、衬平、捉裹灰线口、找规矩	+	+	
		6	衬垫灰	+		
	通灰	7	磨粗灰、清扫、湿布掸净	+	+	
		8	抹通灰、过板子、拣灰	+		
轧中灰线胎	中灰	9	磨粗灰、清扫、湿布掸净	+		
		10	抹鱼籽中灰、轧线 、拣灰	+		
		11	磨线路、湿布掸净、填槽鱼籽灰	+		
		12	刮中灰（二道灰捉中灰）	+	+	+
轧修细灰定型线	细灰	13	磨中灰、清扫、湿布掸净	+	+	+
		14	轧细灰线、填刮细灰	+		
			找细灰、溜细灰（二道灰、三道灰为细灰）	+	+	+
	磨细灰	15	磨细灰	+	+	+
			磨线路	+		
	钻生油	16	钻生桐油、擦浮油	+	+	+
		17	修线角、找补钻生桐油	+		
		18	闷水、起纸、清理	+	+	+

注：1. 表中“+”号表示应进行的工序；
2. 表中二道灰、三道灰、四道灰地仗做法中，连檐瓦口椽头、椽望、斗栱、花活等部位不进行剁斧迹、砍线口、下竹钉工序。

3.7.2　混凝土面单披灰地仗施工主要工序

混凝土面单披灰地仗施工主要工序见表 3-7-2。

混凝土面、抹灰面单披灰地仗施工主要工序　　表 3-7-2

主要工序	顺序号	工艺流程	工程做法		
			四道灰	三道灰	二道灰
基层处理	1	旧混凝土面清除旧地仗	+	+	+
	2	新混凝土面清理除铲及修整	+	+	+

续表

主要工序	顺序号	工艺流程	工程做法		
			四道灰	三道灰	二道灰
操油	3	成品保护，新混凝土面防潮与中和处理	+	+	+
	4	操油	+	+	+
捉缝灰	5	捉缝灰、补缺棱掉角、找规矩	+	+	
	6	衬垫灰	+		
通灰	7	磨粗灰、清扫、湿布掸净	+	+	
	8	抹通灰、过板子、拣灰	+		
中灰	9	磨通灰、清扫、湿布掸净	+		
	10	轧鱼籽中灰线、填槽	+		
	11	刮中灰	+	+	+
细灰	12	磨中灰、清扫、潮布掸净	+	+	+
	13	找细灰、轧细灰线、溜细灰、细灰填槽	+	+	+
磨细灰	14	磨细灰、磨细灰线	+	+	+
钻生油	15	钻生桐油、擦浮油	+	+	+
	16	闷水起纸、清理	+	+	+

注：1. 表中“＋”号表示应进行的工序。凡混凝土构件曾做过地仗，均称为旧混凝土面。

2. 四道灰设计做法要求起线，可按木材面单披灰油灰地仗施工主要工序增加基础线、轧胎线、轧修细灰定型线工序。

3. 表中第13项其二道灰、三道灰地仗做法为细灰程序。

3.7.3 木材面、混凝土面四道灰地仗施工技术要点

（1）新旧木材面和新旧混凝土面基层处理

1）新旧木基层处理的施工要点同本书3.4.2节木基层处理的相应操作工艺的要求。

2）混凝土构件旧地仗清除和新混凝土构件基层处理。

①混凝土构件砍挠旧地仗清除，在砍活时用专用锋利的小斧子或用角磨机将旧油灰皮全部砍掉，砍时用力不得忽大忽小，深度以不伤斧刃为宜。挠活时用专用锋利的挠子将所遗留的旧油灰皮挠净，不易挠掉的灰垢灰迹用角磨机清除干净。

②新混凝土基层清理除铲，构件表面的缺陷部位应用水泥砂浆补规矩，并应符合《建筑装饰装修工程质量验收标准》GB 50210第4.2.11条规定。凸出部位不符合古建构件形状应剔凿或用角磨机找规矩，如下枋子上下硬棱改圆合楞，硬抱肩改圆抱肩等，应剔凿成八字形，但不得露钢筋；并将表面的水泥渣、砂浆、脱模剂、泥浆痕迹等污垢、杂物及疏松的附着物清除干净，不得遗漏。

（2）凡与地仗灰施操构件相邻的成品部位进行保护。应对砖墙腿子、砖坎墙、砖墙心柱顶石，台明及踏步等应糊纸、刷泥以防地仗灰污染（有条件铺垫编织布）。

（3）操油

1）凡新混凝土基层含水率大于8%时，应通过防潮湿处理后进行施工，方法可采用15%～20%浓度的氯化锌或硫酸锌溶液涂刷数遍，待干燥后除去盐碱等析出物方可进行操油及油灰地仗施工。也可用15%的醋酸或5%浓度的盐酸溶液进行中和处理，再用清水冲洗干净，待彻底干燥后，方可进行操油及油灰地仗施工。

2）旧混凝土面做传统油灰地仗前应操油一道，操油配比为光油：汽油＝1：（2～3），凡混凝土面微有起砂的部位操油配比为生桐油：汽油＝1：（1～3），混合搅拌均匀。操油前先将表面的灰尘、杂物等清扫干净。操油时用刷子涂刷，应随时搅拌均匀，涂刷要均匀一致，不漏刷。操油的浓度以干燥后，其表面既不要结膜起亮，又要起到增加强度为宜。

（4）木材面、混凝土面四道灰地仗的施工要点同本书3.4.3～3.4.4节和3.4.8～3.4.14节相应操作工艺的要求。做传统油灰地仗应重视新木材面基层含水率不宜大于12%和新混凝土基层含水率不宜大于8%，否则会出现质量弊病。

（5）混凝土面四道灰地仗和木材面麻布地仗的施工要点同本书3.4节麻布地仗施工工艺的相应操作要求。其混凝土面柱子与木质槛框的交接处，要求通灰工序后进行槛框，使麻的麻丝拉接宽度不少于50mm。

3.7.4 连檐瓦口、椽头四道灰地仗与椽望三道灰地仗施工工艺

1. 檐头部位的连檐瓦口、椽头做四道灰地仗与椽望做三道灰地仗主要工序

基层处理→楦翼角→支油浆→椽望捉缝灰→连檐瓦口椽头捉缝灰→连檐瓦口椽头通灰→连檐瓦口椽头中灰→椽望中灰→连檐瓦口椽头细灰→椽望细灰→磨细灰→钻生桐油。

2. 檐头部位旧地仗清除和新旧活清理除铲

（1）旧地仗清除，用铲刀或挠子分别将连檐瓦口、椽头和椽望的旧油灰及灰垢挠干净见新木茬，旧油灰不易挠掉时，灰垢和灰迹不易挠掉时，刷水闷透灰垢和灰迹再挠干净，并将椽秧、椽子、望板缝隙内的灰垢剔挠干净。凡椽子缝隙应撕成V形，连檐、椽头有水锈处挠之见新木茬。椽望有外露钉尖盘弯击入木内，不得将钉尖直着砸回。再将表面清扫干净，不得有遗留的旧地仗灰、灰垢、灰尘现象。

（2）新旧活清理除铲：

1）新活清理铲除，用铲刀或挠子、钢丝刷、角磨机将表面树脂、沥青、灰浆点、泥点、泥浆痕迹和雨淋痕迹除铲挠干净，见新木茬，或用钢丝刷子或挠子刷挠干净，见新木茬。遇缝隙应撕成V形，不得遗漏。有翘木茬应钉牢，椽望的外露钉尖盘弯

击入木内，不得将钉尖直着砸回。再将表面清扫干净，不得有遗漏。

2）旧活清理铲除（满过刀），用铲刀或挠子将油皮表面的油斑、蛤蟆斑、油痱子铲挠干净，可用砂纸通磨油皮成粗糙面，并将椽秧、缝隙内的灰垢剔挠干净，有翘皮、空鼓、脱皮、松散的旧地仗铲挠干净，边缘铲出坡口。遇缝隙应撕成V形，连檐瓦口、椽头有水锈处挠之见新木茬。椽望有外露钉尖盘弯击入木内，不得将钉尖直着砸回。表面浮尘清扫干净，不得有遗漏松散的旧地仗。

3）基层处理后，有松动、短缺的燕窝、闸挡板及糟朽的椽头、望板等现象应通知有关工程负责人修整补好。

3. 楦攒角（翼角）

传统通过楦上架檐头的攒角，既便于做地仗和搓刷油漆及椽肚分色，又具备整体一致、整齐美观的效果，还能防止鸟类筑巢。攒角部位楦活，主要楦老檐椽的斜椽档，呈规律的梯形错台，而每步错台凹面位置应高于绿椽帮上线，楦时先计算尺寸。攒角部位梯形错台尺寸计算方法为：以挨着老角梁的第一根老檐斜椽的总长度除斜椽的当数，等于每斜椽当的错台尺寸。楦斜椽当时（传统多采用木条和线麻掺油灰），根据计算好的梯形错台尺寸，用锯和小斧子将干木条锯劈成长短、宽窄适宜的尺寸，钉楦在老檐斜椽的椽当上。一般先楦老角梁与第一根斜椽的窄当，距老檐椽头约15mm，再由最长的斜椽当楦起，楦至挨着正身椽最短的斜椽当为止，所楦干木条要钉楦牢固。每个攒角梯形错台尺寸分配应基本一致，斜椽档的错台长短允许偏差20 mm左右，楦斜椽当的错台凹面位置应在椽高（径）的1/2处，凹面位置应高于绿椽帮上线约3mm，椽当凹面不宜高低明显，四角八面应基本一致，见彩图3-7-1、彩图3-7-2。老檐方圆椽楦斜椽当凹面严禁与椽肚平行。

4. 支油浆

（1）水锈操油：凡有水锈、木质糟朽（风化）处和旧地仗边缘铲出坡口处及仿古建硅酸岩水泥望板应进行操油，操油配比为生桐油∶汽油＝1∶（1～3），搅拌均匀，用刷子涂刷均匀，不得遗漏。操油的浓度以干燥后表面既不要结膜起亮，又要起到增加木质强度为宜。

（2）支油浆：表面应清扫干净。连檐瓦口、椽头汁浆配比为油满∶血料∶清水＝1∶1∶（8～12）；椽望汁浆配比为油满∶血料∶清水＝1∶1∶20，搅拌均匀，支油浆时用刷子满刷一遍，椽秧、缝隙内要刷严，表面涂刷要均匀，不漏刷、不污染，不结膜起亮，不宜使用机器喷涂支油浆。

5. 椽望捉缝灰

椽望捉缝灰由多人独立操作，要带铲刀，捉攒角还带大小抿尺和线麻（掺油灰楦大缝），材料配合比见表2-2-6第8项，捉椽秧根据椽径可调整籽灰粒径。捉椽望用铁板先贴椽秧，后捉望板柳叶缝，再捉椽子缝隙带捉燕窝、闸挡板（里口木）、盘椽根。并掌握“横掖竖划”的操作技术要点。捉老檐圆椽用铁板或抿尺先将燕窝处黑缝捉好，老檐圆椽贴椽秧时，竖拿铁板由燕窝处将油灰掖入椽秧，逐步捉严掖实至小连檐，再稍斜铁板顺椽帮贴刮饱满直顺，贴刮到小连檐前微有收口。椽子直径较大者，捉椽秧时先掖入油灰再揎入似三角形干木条，然后捉灰将椽秧贴严刮直顺。捉望板柳叶缝和椽子缝隙时，竖铁板横着捉缝捉严掖实油灰，随后顺缝划掖饱满再顺缝刮平。望板有柳叶缝卷翘处横铁板掐借顺平。捉方椽用铁板将缺棱掉角补缺捉整齐并将闸挡板黑缝捉好，圆方椽不平处应衬平、借圆，捉好一处随之拣净野灰、飞翅。圆椽盘椽根时用小窄铁板将油灰掖严掖实再抿抹成马蹄形，遇老檐方椽根要掖严抿抹成坡形。攒角处专人捉灰对楦椽当的凹面要捉裹成圆凹面，下不去铁板的旮旯处和斜窄椽当用大小抿尺捉规矩，捉整齐。表面应干净利落，不得有粗糙麻面、不得有蒙头灰、龟裂纹、脱层、黑缝。椽望捉缝灰时不得污染椽头处和上行条、角梁、柁头等相邻木件。盘椽根、贴椽秧的作用和操作方法见本书第 14 章。

6. 连檐瓦口、椽头捉缝灰

连檐瓦口、椽头捉缝灰，由单人独立操作，捉缝灰材料配合比见表 2-2-6 第 4 项，籽灰粒径要根据连檐瓦口椽头具体情况调整。用大小适宜的铁板先捉瓦口和水缝，捉水缝由左至右掖灰捉实，稍斜铁板刮直、坡度约 35°，水溜坡度一致，不能脏底瓦。捉连檐、椽头遇缝掌握“横掖竖划”的操作技术要点，同时由左至右捉连檐和雀台及飞檐椽头至老檐椽头，连檐凹处衬平、棱角补齐，雀台缝要捉严实微有坡度，飞檐椽头、老檐椽头缺棱掉角要裹补贴齐（即裹椽头的同时将棱角补贴整齐），裹椽头的宽度约铁板宽度，参见彩图 3-7-3，同时找正找方、借圆。捉好一处、随之拣净野灰、飞翅，不得有粗糙麻面、蒙头灰、龟裂纹、脱层、污染。

7. 连檐瓦口、椽头通灰

（1）磨连檐瓦口、椽头缝灰（划拉灰）：捉缝灰干燥后，磨灰者带铲刀，用缸瓦片或金刚石由左至右进行通磨一遍，将飞翅、浮籽等打磨掉，有余灰、野灰等影响通灰质量的缺陷用铲刀铲修整齐，下不去金刚石处用铲刀将残存余灰、野灰铲修整齐，打磨后用小笤帚由左至右将表面浮灰、灰尘清扫干净，不得遗漏。

（2）连檐瓦口、椽头通灰，由单人独立操作，通灰材料配合比见表 2-2-6 第 6 项，使用铁板大小要适宜，由左至右竖使铁板，先将瓦口刮平，刮直水缝、坡度一致，拣净野灰、飞翅。再横使铁板刮连檐通灰要通长一去一回滚籽刮平，少留接头并刮平，下棱切齐，拣净水缝处野灰、飞翅，不能脏底瓦。然后上下刮飞檐椽头的灰，由正面向四棱备灰左右刮平，直铁板贴帮切四棱。最后通老檐椽头由左至右进行，以铁板由右向左下再向右转着刮灰，由正面向圆楞备灰，左右刮平，直铁板贴帮切圆棱。不得有粗糙麻面、龟裂纹、脱层、污染。老檐椽头通灰见彩图3-7-3。

8. 连檐瓦口、椽头中灰

（1）磨连檐瓦口、椽头通灰（划拉灰）：通灰干燥后，磨灰者带铲刀，用缸瓦片或金刚石由左至右进行通磨一遍，接头处穿磨平整，将飞翅、浮籽等打磨掉，有余灰、野灰等影响中灰质量的缺陷用铲刀铲修整齐，下不去金刚石处用铲刀将残存灰及余灰、野灰铲修整齐，打磨后用小笤帚由左至右将表面浮灰、灰尘清扫干净，随后再用湿布掸子掸净浮尘，不得遗漏。

（2）连檐瓦口、椽头中灰以单人独立操作，由左至右分两次返头进行操作，中灰材料配合比见表2-2-6第9项。

第一次由左至右先进行裹老檐椽头帮，横用铁板转圈抹灰刮圆椽头，正面野灰切齐刮净。同时进行刮瓦口水缝，刮水缝应斜着铁板直刮，水溜坡度一致，切齐连檐上棱收净瓦口飞翅。随后用铁板刮飞檐椽头四帮，正面横刮找方，切齐拣净野灰，不得污染底瓦，不得有脱层、龟裂纹，到头返回。

第二次由左至右先刮老檐椽头，横用铁板由右向左下再向右转刮灰，由正面向圆棱备灰，左右刮平，直铁板贴帮切圆棱。同时刮连檐中灰，横用铁板一去一回克骨刮平，下棱切齐，拣净水缝处野灰、飞翅。随后刮飞檐椽头灰，横用铁板左右刮灰，由正面向四棱备灰，上下刮平，直铁板贴帮切四棱。不得有龟裂纹、脱层。

9. 椽望中灰

（1）磨椽望缝灰（划拉灰）：椽望缝灰干燥后，望板、椽子有缺陷处，应用捉缝灰的材料配比进行衬垫规矩。干燥后磨灰者带铲刀，用缸瓦片或金刚石由左至右进行通磨一遍，将飞翅、浮籽等打磨掉，有余灰、野灰等影响中灰质量的缺陷用铲刀铲修整齐，下不去金刚石处用铲刀铲修掉残存灰和余灰、野灰、浮籽。打磨后用小笤帚由左至右将表面浮灰、灰尘清扫干净，不得遗漏。

（2）椽望中灰由多人独立或单人独立操作，中灰材料配合比见表2-2-6第9项。

1）老檐椽望用微硬的皮子中灰，分两次进行操作：先中椽子后中望板，每根椽子中灰，由椽根至椽头一去抹灰、一气贯通收净。两人对脸操作不易出竖接头。椽子曝干后再返回，用铁板中望板，竖用铁板上抹灰下刮克骨灰，不能放竖接头或横接头，不得长灰，灰层厚度以中灰粒径为准。并将椽秧、燕窝野灰、飞翅收净，不得有龟裂纹、脱层。

2）飞檐椽望用铁板中灰，分两次进行操作：先中椽帮后中望板代椽肚，椽帮中灰横着铁板抹灰靠骨刮平，切齐底棱，拣净望板野灰。刮完椽帮曝干后返回，再刮望板及椽肚，望板中灰以直铁板上抹灰下刮克骨灰，并将接头和两秧野灰收净，中椽肚横铁板上抹灰下刮灰，靠骨刮平切直两棱。最后，刮闸挡板及小连檐，拣净野灰、飞翅，不得有龟裂纹、脱层。

10. 连檐瓦口、椽头细灰

（1）磨檐头（连檐瓦口、椽头、椽望）中灰：中灰干燥后，磨灰者带铲刀用缸瓦片或金刚石，由左至右进行通磨连檐瓦口椽头和椽望中灰，接头处穿磨平整，磨掉飞翅、浮籽等，凡下不去金刚石处用铲刀将残存灰及余灰、野灰等铲修整齐，打磨后由左至右将表面浮灰、灰尘清扫干净。随后，再用湿布掸子将连檐、椽头掸净浮尘，不得遗漏。

（2）连檐瓦口、椽头细灰以单人独立操作，由左至右分三次返头（利于曝干、避免磕碰、便于成活）操作，细灰材料配合比见表 2-2-6，细灰薄厚应一致，细灰厚度不少于 1mm，不能脏底瓦。细灰不宜细得过多，要根据天气细多少磨多少，所要细的细灰干燥后，能在半日内或一日内磨细钻生完成，再细为宜。连檐瓦口、椽头细灰选择“头天清日细来日阴磨钻”。细灰后不得晾晒时间过长，不得有龟裂纹、脱层、污染。

第一次由左至右直铁板细水缝时，先将细灰刮严、抹实、抹匀，斜插水缝稳住手腕一气刮直，坡度一致，切齐连檐上棱拣净瓦口野灰。随后用铁板细雀台和飞檐椽头底帮，到头返回。

第二次由左至右横用铁板进行老檐椽头帮打围脖，裹圆切棱，雀台和飞檐椽头底帮曝干，随后横用铁板细飞檐椽头的两帮灰，刮平切齐棱角，到头返回。

第三次老檐椽头帮打围脖曝干后，由左至右进行细老檐椽头，横用铁板由右向左下抹灰，向右转、圆棱备灰，左右细（刮）平，直铁板贴帮切圆棱。同时，水缝曝干后，直铁板进行细瓦口灰，再横用铁板由左至右抹连檐的细灰，将灰让均匀一气细（刮）平，直切上下棱，拣净雀台野灰。飞檐椽头的两帮曝干后，再细飞檐椽头灰，横用铁板上下抹灰，向四棱备灰，左右细（刮）平，直铁板切四棱。

11. 椽望细灰

椽望细灰由多人独立或单人独立操作，细灰材料配合比见表 2-2-6，细灰厚度约 1mm，薄厚应均匀。帚细灰用调配好的细灰加适量清水做帚灰用时，要搅拌均匀，以覆盖力强和附着力强为宜，以手指用力擦、不掉粉为宜。帚细灰时应随时搅拌，以防沉淀。

（1）细老檐椽望用细灰皮子细灰，分两次进行操作，先细椽子后细望板，每根椽子细灰，由椽根至椽头一去抹灰、一气贯通收净，两人对脸操作不出竖接头，椽子曝干后再返回。用铁板细望板，直用铁板上抹灰下刮灰，不能放竖接头或横接头，不得放厚灰，并将椽秧野灰收净。燕窝处用刷子帚细灰要帚均匀，帚严帚到，表面干净利落。

（2）细飞檐椽望用铁板细灰，分两次进行操作，先细椽帮后细望板代椽肚，椽帮细灰横着铁板上抹下刮，一气刮平，不得放接头、厚灰，直切底棱，拣净望板野灰，细完椽帮曝干后返回。再细望板及椽肚，细望板以直铁板上抹灰下刮灰并将两秧刮严收净，椽肚横着铁板上抹灰下刮灰，一气刮平，不得放接头，直切两棱。最后，将闸挡板及小连檐应细严实，拣净野灰，表面干净利落。

12. 磨细灰

檐头细灰干后应及时进行磨细灰，磨细灰使用新砖块（平面无砂粒）或用细金刚石块棱直、面平、大小适宜，进行磨细灰需带铲刀和 1½ 号砂布。并掌握“长磨细灰”的操作技术要领。

（1）连檐瓦口、椽头磨细灰以单人独立操作，先从瓦口开始用 1½ 号砂布磨断斑磨光滑后，用细金刚石穿磨水缝断斑、再穿坡度一致、磨直顺，随之将金刚石块放平，长磨连檐断斑再穿磨平整，并将上下棱角磨直直磨、整齐。随后，磨椽头细灰，由棱外向内转圈磨面断斑磨平，再磨四帮和圆帮，方椽头磨帮找方四棱磨平磨直，圆椽头磨帮找圆磨棱；然后，轻蹚四棱和圆棱（轻磨硬尖棱，俗称倒棱），方椽头方正，圆椽头成圆规矩，大小一致，棱角直顺、整齐；不得碰伤棱角，表面不得有不断斑、漏磨、龟裂纹、裂纹缺陷，基本无露籽、砂眼、麻面、划痕等缺陷。

（2）椽望磨细灰由多人独立操作，先用金刚石放平由左至右长磨老檐椽望的望板和圆椽子，基本断斑后，用 1½ 号砂布或砂纸放平长磨望板取平、圆椽子取圆，椽秧顺直整齐。燕窝和攒角的犄角旮旯及盘椽根处用砂布或砂纸和铲刀打磨光洁，修磨整齐；再由左至右磨飞檐椽望，放平金刚石长磨望板和方椽子由外向内穿磨，断斑后，用 1½ 号砂布或砂纸放平蹚磨取平。椽秧顺直整齐，方椽倒棱直顺整齐。然后用 1½ 号砂布或砂纸和铲刀将闸挡板和小连檐及攒角处的犄角旮旯打磨光洁，修磨整齐；不得碰伤棱角，表面不得有不断斑、漏磨、龟裂纹等缺陷，基本无露籽、砂眼、麻面、划痕等缺陷。

13. 檐头钻生桐油

（1）檐头钻生桐油，用丝头或刷子蘸生桐油搓刷，先钻好连檐瓦口、椽头后再钻椽望。先钻飞檐椽望而连檐瓦口、椽头未磨时，钻生应闪开椽头 40 ～ 50mm，由磨连檐瓦口、椽头者钻生。遇有细灰未干处或未磨的细灰交接处，要闪开 40 ～ 50mm。磨好的细灰不能晾放，为防止出风裂纹应及时钻生；钻生桐油时，以细灰磨好一段，钻生者钻生必须及时钻好一段，磨好的细灰晾放控制在 1 小时以内，搓刷生桐油要均匀，应连续钻透细灰层，搓刷不得间歇。连檐瓦口、椽头钻生桐油应肥而均匀，其表面要色泽一致，椽望钻生的表面允许色泽均匀。不得有漏刷、龟裂纹、裂缝和风裂纹等缺陷。生桐油内不得掺兑稀释剂和其他材料，不得喷涂法操作。

（2）钻生桐油完成后，应在当日内下班前用麻头将钻生的表面通擦一遍，并将浮油和流痕擦净，表面应光洁，不得漏擦、挂甲等缺陷。室内钻生后应通风良好，凡擦过生桐油的麻头应及时收回妥善处理。

3.7.5 斗栱三道灰地仗施工工艺

1. 斗栱湿挠清除旧地仗和新木基层清理除铲三道灰地仗主要工序

基层处理 → 垫栱板砍活至钻生桐油 → 支油浆 → 捉缝灰 → 中灰 → 细灰 → 磨细灰 → 钻生桐油。

2. 斗栱湿挠清除旧地仗和新木基层清理除铲

（1）斗栱湿挠旧地仗清除，因此部位彩画颜料多数有毒，不宜采用干挠法，常采取湿挠法。用刷子蘸清水刷于表面，以逐步闷透颜料和灰皮及灰垢为宜，不得喷水，刷水不得过量。否则，易起木毛。从里到外，由上至下闷透一部分，用挠子挠净一部分，挠时用锋利的挠子一小件一小件地顺着木纹将闷软的旧油灰挠干净。斗栱雕刻部位先刷水闷软灰皮及颜料，用锋利的小挠子顺着纹饰的木纹掏着轻挠干净，犄角旮旯下不去小挠子处，用小刻刀将颜料灰垢剔刮干净，见新木茬，不得损伤木骨和雕刻纹饰。遇缝隙应撕成 V 形。斗栱湿挠法清除旧地仗易起木毛，待斗栱干燥后再过锋利的挠子将木毛挠净。斗栱部位采取湿挠或干挠时均要戴口罩操作，防尘、防中毒。每攒斗拱旧地仗清除后，将表面清扫干净。

（2）新活斗栱清理除铲，用铲刀或挠子将表面树脂、泥点、泥浆等铲挠干净并将表面清扫干净，遇缝隙应撕成 V 形，不能有遗漏。

（3）斗栱旧地仗清除后和新活斗栱清理除铲后，有丢失、缺损、变形、松动的木件等缺陷应通知有关工程负责人进行修补、拨正、加固。

3. 斗栱部位的垫栱板做使麻或糊布地仗

其砍活至钻生桐油操作工艺同本书 3.4 节麻布地仗的相应操作工艺的要求。但垫栱板地仗施工应同时完成正心栱帮（如使麻时，其麻丝应搭接在正心栱帮上）处。

4. 斗栱支油浆

（1）斗栱表面的浮尘、杂物等应清扫干净。

（2）汁浆配比为油满：血料：清水 =1 ： 1 ： 20，支油浆用糊刷或刷子蘸搅拌均匀的油浆，由左角科开始支，支完平身科、支柱头科。斗栱支油浆时，从里到外、由上至下顺着小木件木纹进行满刷一遍，支油浆过程应随时搅拌均匀，表面涂刷要均匀，刷严刷到，不遗漏，不结膜起皮，不得使用机器喷涂支浆。

（3）旧斗栱做地仗钻生干燥后，进行彩画刷色时的颜料水分渗入木质，干燥后彩画表面易裂纹。为避免此缺陷出现，最好在做地仗前，先将旧斗栱操稀生桐油一道，既能保护木质又能阻止渗入水分。

5. 斗栱捉缝灰

斗栱捉缝灰由多人独立操作，捉缝灰材料配合比见表 2-2-6 第 8 项，斗栱捉缝灰宜在垫栱板压麻灰后进行。正心拱棱角和五分（帮）处，由垫拱板压麻灰者操作。斗栱捉缝灰时带铲刀，用铁板从里到外，由上至下进行捉裂缝、节点缝、连接缝，并掌握“横掖竖划”的操作技术要点，以竖铁板应横掖捉严捉实，随后顺缝划掖饱满再刮平，捉整齐，不得有蒙头灰。捉缝隙掖油灰时，遇微有松动的小木件应嵌入木条，牢固后再刮平。升、栱、翘、昂、斗、蚂蚱头、雕刻纹饰等部位残缺处用铁板将缺棱短角补齐，凹面刮平，残缺处补缺、贴齐、找规矩、随形不走样。捉好一处随时收净野灰、飞翅，再捉另一处以及另一攒斗栱，不得遗漏。斗栱捉缝灰见彩图 3-7-4。

6. 斗栱中灰

（1）磨斗栱捉缝灰（划拉灰）：斗栱捉缝灰干燥后，磨灰者随手带铲刀，用缸瓦片或金刚石由左至右进行通磨一遍，将飞翅、浮籽等打磨掉，有余灰、野灰等影响中灰质量的缺陷用铲刀铲修整齐，凡下不去金刚石处用铲刀将残存灰及余灰、野灰等铲修整齐，打磨后由左至右将表面浮灰、灰尘清扫干净，不得遗漏。

（2）斗栱中灰，由多人独立操作，斗拱材料配合比见表 2-2-6。中灰时从里到外，由上至下进行，用铁板将盖斗板或趋（斜）斗板及以下平面靠骨刮平，收净野灰、飞翅。升、栱、翘、昂、斗、蚂蚱头、雕刻纹饰等部位中灰，用铁板先将两侧面靠骨一去一回刮平，直铁板切齐棱角。侧面中灰曝干后，一去一回刮平升、栱、翘、斗的正面，曝干后，再一去一回刮平昂嘴和蚂蚱头的底面，直铁板切齐棱角。再用皮子将昂的上面抹严收圆。最后，用铁板和皮子抹刮栱眼中灰（单材栱清式烂眼边刮坡面，足材栱明式荷包凹面刮平，秧角整齐；单材栱明式烂眼边抹圆面，足材栱清式荷包抹成凸圆面，秧角整齐。）棱角、秧角整齐利落。斗栱有雕刻纹饰部位用皮子和铁板随形抹刮中灰，棱角、秧角整齐，纹饰规矩，随形不走样。中灰应随时收净野灰、飞翅。

7. 斗栱细灰

（1）磨斗栱中灰：斗栱中灰干燥后，磨灰者随带铲刀，用缸瓦片或金刚石由左至右进行通磨一遍，将飞翅、浮籽等打磨掉，有余灰、野灰等影响中灰质量的缺陷用铲刀铲修整齐，凡下不去金刚石处用铲刀将残存灰及余灰、野灰等铲修整齐，打磨后由左至右将表面浮灰、灰尘清扫干净，随后再用湿布掸子掸净灰尘，不得遗漏。

（2）斗栱细灰由多人独立操作（斗栱细灰隔一面细一面，避免等曝干，按七踩斗栱每人不少于三攒斗栱穿插操作），细灰材料配合比见表 2-2-6，细灰厚度约 1mm，薄厚应均匀。细灰时从里到外，由上至下进行，先细盖斗板或趋（斜）斗板及以下平面，可用皮子将灰抹严抹匀再用铁板刮平。升、栱、翘、昂、斗、蚂蚱头、雕刻纹饰等部位用铁板细灰掌握隔一面细一面的技术要点。先将两侧面细灰刮平，直铁板切齐棱角，侧面细灰噻干后，再抹严刮平升、栱、翘、斗、蚂蚱头的正面细灰；然后，将昂嘴和蚂蚱头的底面细灰刮平，直铁板切齐棱角。用皮子将昂的上面遇圆面烂眼边和凸圆面荷包抹严收圆，收净野灰，或遇斜面烂眼边和凹面荷包用铁板刮平刮整齐，收净野灰。最后，用铁板细昂嘴。斗栱有雕刻纹饰部位用皮子和铁板随形贴五分，噻干后抹灰细面，纹饰规矩，随形不走样，细部纹饰帚细灰，帚严帚到，不得有掉粉、透底、漏帚。斗栱部位的棱角允许先用角轧子轧细灰棱角，再用皮子细好圆面，用铁板将平面抹严细平。

8. 斗栱磨细灰

斗栱磨细灰：一般选用的细金刚石块棱直、面平、大小适宜，进行磨细灰，需带铲刀，掌握“长磨细灰”的操作技术要点。由多人独立操作，从里到外，由上至下先从盖斗板或趋斗板及以下平面，磨的基本断斑后用 1½ 号砂布或砂纸打磨平整、光洁。凡升、栱、翘、昂、斗、蚂蚱头磨细灰时，将金刚石放平由棱外向内磨面，按件长短穿磨断斑至平整，棱角、秧角直顺、整齐，下不去金刚石处用 1½ 号砂布打磨平整、光洁。打磨雕刻纹饰不瞎、不乱，随形不走样。斗栱磨细灰不得碰伤棱角，不得有不断斑、漏磨、露籽缺陷，无砂眼、麻面、划痕等缺陷。

9. 斗栱钻生桐油

（1）斗拱钻生桐油，用丝头或刷子蘸生桐油搓刷，细灰磨好五攒斗栱左右，钻生者应应随后及时钻好，磨好的细灰晾放控制在 1 小时左右，搓刷生桐油要均匀，要连续钻透细灰层，搓刷不得间歇，钻生桐油的表面应色泽一致，遇细灰未干处和未磨的细灰交接处，要闪开 20mm 左右。待细灰干后和细灰交接处磨好后再钻透。钻生不得有遗漏、龟裂纹、裂纹等缺陷，不得采用喷涂法操作。

（2）斗栱钻生桐油完成后，应在当日内下班前要用麻头通擦一遍，并将浮油和流痕擦净，表面应光洁，不能有漏擦、挂甲等缺陷。凡擦过生桐油的麻头应及时收回，妥善处理。

3.7.6 花活三道灰地仗施工工艺

适用于雀替、花牙子、垂头、荷叶墩、净瓶、云龙透雕花板、绦环板、三幅云、神龛的透雕蟠龙柱、浮雕龙凤榿、浮雕匾额等雕刻花活部位。

1. 花活湿挠旧地仗清除和新木基层清理除铲三道灰地仗主要工序

基层处理→支油浆→捉缝灰→中灰→细灰→磨细灰→钻生桐油。

2. 花活湿挠旧地仗清除和新木基层除铲

（1）花活雕刻部位旧油灰皮清除一般采取湿挠清除。边框采取挠的方法，雕刻纹饰采取挠、剔、刻、刮的方法。边框用锋利的挠子进行旧灰皮清除时，用刷子刷清水闷透旧油灰皮，用锋利的挠子顺木纹挠干净，对于边框木纹短者应轻挠干净，有水锈或木质糟朽处细致挠干净，见新木茬。雕刻纹饰部位及落地处的旧灰皮、污垢先刷水闷软灰皮，再用特制锋利小挠子顺着纹饰的木纹细致的掏着轻挠干净，小挠子下不去犄角旮旯处，用小刻刀将颜料、灰垢、旧油皮剔刻、剔刮干净，见新木面。刷清水不得过量，以闷透闷软灰皮为宜，不得损伤木骨和雕刻纹饰及原形状，雕刻纹饰旧地仗清除过程中如有掉损应及时用胶粘好，遇缝隙应撕成V形并剔净缝内旧油灰，并将表面清扫干净。表面起木毛，待干燥后再过锋利的挠子将木毛挠净。

（2）新花活雕刻木基层清理除铲打扫，用铲刀或挠子将表面树脂、泥点、泥浆等铲挠干净，并将表面清扫干净，不得有遗漏。

（3）花活雕刻旧地仗清除后和新雕刻花活清理除铲打扫后，有雕刻纹饰缺损、榫卯松动等缺陷应通知有关工程负责人进行修整补齐、加固。

3. 花活支油浆

（1）花活雕刻表面的浮尘、杂物等应先清扫干净。

（2）雕刻花活表面有水锈处或木质有风化（糟朽）处应进行操油，配比为生桐油：汽油 =1 ：（1 ～ 3），装入油桶内混合搅拌均匀，涂刷时应随时搅拌均匀。用刷子蘸操油涂刷于水锈和木质风化部位的表面，涂刷操油要均匀，不得遗漏，玲珑透雕部位操油允许喷涂法。操油的浓度以干燥后，其表面既不结膜起亮，又起到增加木质强度为宜。

（3）花活雕刻汁浆配比为油满：血料：清水 =1 ：1 ：20，装入桶内混合搅拌均匀。支油浆时由上至下，从左至右进行，边框和雕刻纹饰的大面选用二寸刷子支油浆，先刷边框再顺着纹饰满刷一遍，应随时搅拌均匀，纹饰的小地方和缝隙内用一寸刷子掏严刷到，表面涂刷均匀，不遗漏，不结膜起皮。除玲珑透雕外不得使用机器喷涂支浆。

4. 花活捉缝灰

花活雕刻捉缝灰由单人独立操作，要带铲刀，捉缝灰材料配合比见表 2-2-6 第8 项。花活的边框凡与麻布地仗连接木件处，在使麻糊布前应事先将缝隙、边框捉好，以便拉接。花活雕刻和边框捉缝灰时，用铁板由上至下将缝隙捉严捉实，缺棱短角补齐，纹饰残缺处顺纹饰走向捉找随形，按纹饰层次、阴阳找规矩，随形不走样，棱角、秧角整齐利落，收净野灰、飞翅，不遗漏。

5. 花活中灰

（1）磨雕刻花活缝灰（划拉灰）：花活捉缝灰干燥后，磨灰者带铲刀，用缸瓦片或金刚石由左至右进行通磨一遍，将飞翅、浮籽等打磨掉，有余灰、野灰等影响中灰质量的缺陷用铲刀铲修整齐，凡下不去金刚石处用铲刀将残存灰及余灰、野灰等缺陷铲修整齐，打磨后将表面浮灰、灰尘清扫干净，不得遗漏。不得碰损雕刻纹饰。

（2）花活雕刻中灰由单人独立操作，要带铲刀，由上至下，从左至右进行，中灰材料配合比见表2-2-6。雕刻纹饰部位中灰时，选用中小铁板将边框和落地平面靠骨刮平、切齐棱角，曝干后将边框五分及纹饰侧面用小铁板随形靠骨贴刮整齐，曝干后将纹饰的平面或翻、转、折、叠面用小铁板顺纹饰走向靠骨刮平。纹饰的表面为凸圆面时，用小皮子顺纹饰刮圆。纹饰走向规矩，层次、阴阳清楚，随形不走样，棱角、秧角整齐，收净野灰、飞翅，不遗漏。

6. 花活细灰

（1）磨雕刻花活中灰：花活中灰干燥后，磨灰者带铲刀，用缸瓦片或金刚石由左至右进行通磨一遍，将飞翅、浮籽等打磨掉，有余灰、野灰等影响中灰质量的缺陷用铲刀铲修整齐，凡下不去金刚石处用铲刀将残存灰及余灰、野灰等缺陷铲修整齐，打磨后将表面浮灰、灰尘清扫干净，不得遗漏，随后再用湿布掸子掸净灰尘。不得碰损雕刻纹饰。

（2）花活雕刻细灰由单人独立操作，由上至下、从左至右进行，细灰材料配合比见表2-2-6，边框细灰厚度不少于1mm，薄厚应均匀。帚细灰用调配好的细灰加适量清水做帚灰用时，要搅拌均匀以覆盖力强和附着力强为宜，干燥后手指用力擦划不掉粉为宜，帚细灰中应随时搅拌以防沉淀，不得用使用中剩余的细灰做帚灰用。

1）花活雕刻细灰时，边框和多平面（如雀替头）处用铁板细灰隔一面细一面，曝干后再细另一面。边框的小池子的卧角线先轧细灰线再用铁板细面，落地平面用小铁板抹刮平整，曝干后细边框五分及纹饰侧面用小铁板随形贴刮整齐，切齐棱角，曝干后细纹饰的表面，遇平面时用小铁板顺纹饰刮平，遇凸圆面时用小皮子顺纹饰细圆平，拣净野灰。

2）下不去小铁板和小皮子处的新旧透雕花活，用小刷子帚细灰，帚严帚到、帚均匀。帚细灰干燥后不得手擦掉粉、透底、遗漏。新旧花活通过帚细灰既能起到弥补表面细微砂眼、麻面的缺陷，打磨后还能达到表面光洁的要求。

7. 花活磨细灰

花活雕刻磨细灰，使用的细金刚石块棱直、面平、大小适宜，带铲刀和竹刀以及用1号、1½号砂布或砂纸。进行磨细灰时，边框掌握“长磨细灰”的操作技术要点。边框平面用细金刚石块穿磨断斑后，再通长磨平、光洁、棱角线直顺、秧角整齐。用砂布打磨雕刻纹饰部位，按纹饰走向打磨平光，棱角、秧角整齐。花活的落地平面、五分及纹饰侧面等小地方用砂布卷竹棍打磨光洁，再用小竹刀铲修整齐。雕刻纹饰走向规矩，层次、阴阳清晰，随形不走样，不得碰伤棱角，不得有漏磨、龟裂纹、裂纹、露籽、麻面、砂眼、划痕和不断斑缺陷。

8. 花活钻生桐油

（1）花活钻生桐油，钻生者以丝头或刷子蘸生桐油搓刷，细灰磨好一部分钻生者必须及时钻好一部分，磨好的细灰晾放控制在 1 小时以内，应先钻好边框再钻雕刻纹饰，搓刷生桐油要均匀，要连续钻透细灰层，搓刷不得间歇，钻生桐油的表面应色泽一致，不得有遗漏、龟裂纹、裂纹等缺陷。除透雕花活外，不得喷涂法操作。

（2）钻生桐油完成后，应在当日内下班前用麻头将浮油和流痕擦净，表面应光洁，不能有漏擦、挂甲等缺陷，花活钻生桐油后等干见彩图 3-7-5。凡擦过生桐油的麻头应及时收回，妥善处理。

3.7.7 心屉、楣子三道灰地仗施工工艺

适用于隔扇槛窗的窗屉、支摘窗、横披窗、帘架、风门、坐凳楣子、倒挂楣子等装修的心屉、楣子、菱花、棂条（遇雕活三交六碗菱花槛盲窗心屉及表面线形模糊不清者，恢复原状应按地仗工艺难度确定做法）部位。雕活三交六碗菱花槛盲窗见彩图 3-7-6、彩图 3-7-7。

1. 心屉、楣子旧油灰皮清除和新旧木基层清理除铲

心屉仔边、楣子边框三道灰地仗与菱花、棂条二道灰地仗主要工序：

基层处理 → 支油浆 → 捉缝灰 → 中灰 → 细灰 → 磨细灰 → 钻生桐油。

2. 心屉、楣子清除旧油灰皮和新旧木基层清理除铲

（1）清除旧油灰皮，分两种清除方法。

1）旧地仗灰松散、油皮基本脱落的清除，用铲刀或挠子将心屉、楣子边框的旧地仗灰垢和灰迹及旧油皮挠干净，见新木茬。灰垢和灰迹不易挠掉时，刷水闷透灰垢和灰迹再挠干净，见新木茬。菱花、窗棂条、楣子棂条和侧面先用挠子通挠干净配合用 11/2 号砂布打磨及细木锉掏锉干净。

2）心屉的菱花、棂条表面的旧油皮使用化学脱漆剂洗挠清除，应先拆卸、钉牌编号，在场地宽敞的土地面上洗挠，并将窗屉码放在木块或砖块上离开土地面平稳后进行洗挠。使用碱液（浓火碱水）或水制脱漆剂（可采用酸性的或用碱性的脱漆剂）清除旧油漆膜时，戴好橡胶手套和防护眼镜及护鞋，用粗线麻拴成刷子蘸碱液或用刷子蘸水制脱漆剂，反复涂刷于旧油漆面上，待旧油漆面松软后，用铲刀或挠子将油垢铲挠干净（包括秧角、线），见新木茬。并用清水将木材面的酸、碱液反复冲

刷干净，以木材面干后其表面不泛白霜为脱碱干净，洗挠不得损伤木骨。洗挠清除易起木毛，待木材面干燥后，用锋利的挠子或用 1½ 号砂布打磨将木毛清除干净；心屜的菱花、棂条使用有机溶剂脱漆剂（如 T-1、T-2、T-3）清除旧油漆膜时，应远离易燃物和建筑物并通风良好，旧油漆膜清除干净后用稀释剂擦洗一遍晾干。最后，将表面清扫干净，不得有遗留的旧地仗灰、灰垢、油垢、灰尘现象。

（2）新活清理除铲打扫，用铲刀或挠子将表面树脂、灰浆点、泥点、雨淋流痕铲挠干净，见新木茬，再将表面清扫干净，不得遗漏；在交接检时，如发现新心屜菱花内侧面有锯齿痕迹明显粗糙时，应待木作修整后再做除铲。

（3）心屜、楣子旧油灰皮清除后或新活铲除打扫后，菱花和菱花扣、棂条有缺损、松动等缺陷应通知有关工程负责人进行修整补齐、加固。

3. 心屜、楣子支油浆

（1）心屜、楣子表面的浮尘、杂物等应先清扫干净。

（2）心屜、楣子水锈或木质有糟朽（风化）处应操油。新菱花、棂条为防止支油浆或帚细灰或帚腻子后，木质膨胀干缩后凸起木筋需操油时，操油配比为生桐油：汽油 =1 ：（1 ～ 3），用刷子涂刷操油一道，应随时搅拌均匀，表面应掏严刷到，涂刷要均匀，不遗漏。操油的浓度以干燥后，其表面既不结膜起亮，又起到增加木质强度为宜。凡新菱花、棂条为防木筋凸起操油后，不需再支油浆工序。

（3）心屜、楣子汁浆配比为油满：血料：清水 =1 ：1 ：20，装入桶内混合搅拌均匀。支油浆由上至下，从左至右进行，边框用二寸刷子刷，菱花或棂条选用合适的刷子（先掏里后刷大面）满刷油浆一遍，应随时搅拌均匀，应掏严刷到，涂刷均匀，不遗漏，不结膜起皮。除菱花外，不得使用机器喷涂支浆。

4. 心屜、楣子捉缝灰

心屜、楣子捉缝灰由单人独立操作，要带铲刀，捉缝灰材料配合比见表油 2-2-6 第 8 项，心屜、楣子的边框凡与麻布地仗连接木件处，在使麻糊布前应事先将缝隙、边框捉好，以便拉接。心屜、楣子捉缝灰时，用铁板由上至下将边框及菱花、棂条肩角、节点的缝隙捉严、找刮平整。边框卧角线、棱角线残缺处补缺、贴齐、找直顺，收净野灰、飞翅，不得遗漏。

5. 心屜、楣子中灰

（1）磨捉缝灰（划拉灰）：花活捉缝灰干燥后，磨灰者带铲刀，用缸瓦片或金刚石由左至右进行通磨一遍，将飞翅、浮籽等打磨掉，有余灰、野灰等影响中灰质量的缺陷用铲刀铲修整齐，凡下不去金刚石处用铲刀将残存灰及余灰、野灰等缺陷铲修整齐，打磨后将表面浮灰、灰尘清扫干净，不得遗漏。

（2）心屜、楣子中灰由多人独立操作，由上至下进行，中灰材料配合比见表

2-2-6，边框中灰时带铲刀，先将小眼珠线或卧角线轧好，曝干后用铁板将面靠骨刮平，切齐棱角线。洗挠的旧菱花、棂条如细灰达不到质量要求时，以中灰用铁板裹掐菱花表面、将侧面克骨刮平，棂条的正侧面克骨刮平，棂条正面为凸圆面时用微硬的小皮子刮圆，棱角、线和秧角应干净利落。新旧菱花、棂条用铁板将肩角节点缝捉严、捉整齐，缺棱角和戗茬处补缺刮平，收净飞翅。

6. 心屉、楣子细灰

(1) 中灰干燥后，磨灰者带铲刀，用缸瓦片或金刚石由左至右进行通磨一遍，将飞翅、浮籽等打磨掉，菱花用 1½ 号砂布将飞翅、浮籽等打磨掉，下不去金刚石处和有残存灰及余灰、野灰等缺陷用铲刀铲修整齐，并将影响细灰质量的缺陷铲修整齐。打磨后将表面浮灰、灰尘清扫干净，不得遗漏。边框部位用湿布掸子掸净灰尘，不得遗漏。

(2) 心屉、楣子细灰由多人独立操作，由上至下、从左至右进行，细灰材料配合比见表 2-2-6，边框细灰厚度不少于 1mm，薄厚应均匀。帚细灰时使用细灰加适量清水做帚灰用，调配均匀后涂刷以覆盖力强和附着力强为宜，干后手指划擦不掉粉为宜，涂刷中应随时搅拌。

1）心屉、楣子部位细灰时带铲刀，先将边框小眼珠线或卧角线的细灰线轧好，曝干后楣子边框用铁板细完一面再细一面，心屉边抹用铁板将面细平，拣净野灰。凡洗挠的旧菱花、棂条如帚细灰达不到质量要求时，用小铁板和小皮子刮平细圆、拣净飞翅。

2）新菱花、棂条和洗挠的旧菱花、棂条帚细灰时，用小刷子帚细灰，帚严帚到、帚均匀。帚细灰干燥后，手指划擦不得掉粉、透底、遗漏。

7. 心屉、楣子磨细灰

心屉、楣子磨细灰，使用的细金刚石块棱直、面平、大小适宜，带铲刀和竹刀和 1 号、1½ 号砂布或砂纸。进行磨细灰时，边框掌握“长磨细灰”的技术要点，边框平面用细金刚石块穿磨基本断斑后，通长穿磨平整、光洁，棱角线、秧角、整齐，不得遗漏、碰伤棱角，不得有不断斑缺陷，不宜有麻面、露籽、砂眼、划痕。菱花、棂条部位从下至上用 1 号、1½ 号砂布或砂纸按走向打磨断斑后，再磨平顺、光洁，棱角线、秧角应直顺、整齐。

8. 心屉、楣子钻生桐油

(1) 仔屉、楣子钻生桐油，以丝头或刷子蘸生桐油搓涂或刷涂，细灰磨好一部分，钻生者必须及时钻好一部分，磨好的细灰晾放控制在 1 小时以内，应先钻好边框再钻菱花、棂条，搓刷生桐油要均匀，要连续钻透细灰层，搓刷不得间歇，钻生桐油的表面应色泽均匀，不得有遗漏、龟裂纹、裂纹等缺陷，钻生除菱花外不得采用喷涂法操作。

（2）钻生桐油完成后，应在当日内下班前用麻头通擦一遍，并将浮油和流痕擦净，表面应光洁，不能有漏擦、挂甲等缺陷。凡擦过生桐油的麻头应及时收回妥善处理。

3.8 胶溶性灰与传统油灰配套单披灰地仗施工技术要点

混凝土基层面做油漆彩画的配套地仗施工，先用氯化锌对含有硅酸盐成分的混凝土构件进行基层处理，既解决了基层不够干燥不利条件下的施工质量，又预防了含碱性水泥的混凝土构件经过含水分的地仗施工对皂化产生的不利因素。通过胶溶性灰进行捉衬、垫找、通刮基本圆平直做垫层，将通灰面操油封闭，进行传统面层两道油灰细化隔层，再钻生桐油封闭。彻底隔绝并具有避免做油漆彩画因含有硅酸盐成分的混凝土基层及胶溶性灰的碱性水泥引起皂化反应（咬花、变色等）而影响观感质量和耐久性。

3.8.1 胶溶性灰与传统油灰配套单披灰地仗施工主要工序

胶溶性灰与传统油灰配套单披灰地仗施工主要工序见表 3-8-1。

混凝土面胶溶性灰与传统油灰配套单披灰地仗施工主要工序　　表 3-8-1

主要工序	序号	工艺流程	工程做法		
			四道灰	三道灰	二道灰
基层处理	1	旧混凝土面清除旧地仗	+	+	+
	2	新混凝土面清理除铲及修整	+	+	+
涂界面剂	3	成品保护，新混凝土面防潮与中和处理	+	+	+
	4	涂界面剂	+	+	+
捉缝灰	5	捉缝灰、补缺棱掉角、找规矩	+	+	
	6	衬垫灰	+	+	
通灰	7	磨粗灰、清扫掸净	+		
	8	抹通灰、过板子、拣灰	+		
操油	9	磨通灰、清扫掸净	+		
	10	操油	+	+	+
中灰	11	轧鱼籽中灰线、填心	+		
	12	刮中灰（二道灰做法为捉中灰）	+	+	+
细灰	13	磨中灰、清扫掸净	+	+	+
	14	找细灰、轧细灰线、溜细灰、细灰填槽	+	+	+
磨细灰	15	磨细灰、磨细灰线	+	+	+

续表

主要工序	序号	工艺流程	工程做法		
			四道灰	三道灰	二道灰
钻生油	16	钻生桐油、擦浮油	+	+	+
	17	闷水起纸、清理	+	+	

注：1. 表中“＋”号表示应进行的工序。

2. 此表以混凝土构件四道灰做法的工序设计。 施工时可根据具体部位的实际情况增减工序。

3. 四道灰设计做法要求起线，可按木材面单披灰油灰地仗施工主要工序增加基础线、轧胎线、轧修细灰定型线工序。

4. 表中第14项其二道灰、三道灰地仗做法为细灰工序。

5. 凡混凝土构件缺陷大者或露有掺加料（石籽）者或表面有不规则的炸纹（细龟裂纹）应做一布五灰或一布四灰地仗做法，进行传统的糊布、压布灰等工序，应在胶溶性通灰面操油干燥后实施。

6. 凡混凝土面的连檐瓦口、椽头、椽望、斗栱做二道灰、三道灰地仗做法，可按本书3.7.3节木材面、混凝土面四道灰地仗相应施工要点施工和本书3.7.4、3.7.5节的相应施工要点施工。

3.8.2 胶溶性灰与传统油灰配套四道灰地仗施工技术要点

（1）混凝土构件的交接处与木质构件做麻布地仗时，其木质构件地仗施工应符合本书3.4节的相应施工要点，麻布地仗施工主要工序见表3-4-1的要求。

（2）旧混凝土面清除旧地仗和新混凝土面基层处理：

1）砍挠混凝土面旧地仗及清除，在砍活时用专用锋利的小斧子或用角磨机将旧油灰皮全部砍掉，砍时用力不得忽大、忽小，深度以不伤斧刃为宜。挠活时，用专用锋利的挠子将所遗留的旧油灰皮挠净，不易挠掉的灰垢、灰迹应用角磨机清除干净。

2）新混凝土面清理除铲，新混凝土表面的缺陷部位应用水泥砂浆补规矩，并应符合《建筑装饰装修工程质量验收标准》GB 50210第4.2.11条规定。凸出部位不符合古建构件形状应剔凿或用角磨机找规矩，如下枋子上下硬棱改圆合楞，硬抱肩改圆抱肩等，应剔凿成八字形，但不得露钢筋。并将表面的水泥渣、砂浆、脱模剂、泥浆痕迹等污垢、杂物及疏松的附着物清除干净，不得遗漏。

（3）涂界面剂：

1）凡与地仗灰施操构件相邻的成品部位进行保护。应对砖墙腿子、砖坎墙、砖墙心柱顶石，台明及踏步等应糊纸、刷泥以防地仗灰污染（有条件铺垫编织布）。

2）新混凝土基层含水率大于10%时，应通过防潮湿处理后进行施工，方法可采用15%～20%浓度的氯化锌或硫酸锌溶液涂刷数遍，待干燥后除去盐碱等析出物方可进行地仗施工。也可用15%浓度的醋酸或5%浓度的盐酸溶液进行中和处理，再用清水冲洗干净，待干燥后方可进行油灰地仗施工。

3）涂刷界面剂，用众霸Ⅱ型界面剂应根据混凝土面的强度确定稀稠度，配合比见表 2-2-7 或表 2-2-8 第 1 项。涂刷界面剂时用刷子涂刷，应随时搅拌均匀，涂刷要均匀一致，不遗漏，界面剂的浓度以干燥后，其表面不得结膜起亮为宜。如个别构件或局部混凝土面的强度不足，再补刷一道众霸 I 型胶粘剂。

（4）混凝土面胶溶性捉缝灰、通灰的配合比见表 2-2-7 第 1 ～ 4 项或表 2-2-8 第 1 ～ 4 项，根据混凝土表面的规矩度可选用表 2-7-1 的配合比。捉缝灰、通灰的施工要点同本书 3.4.3 ～ 3.4.4 节麻布地仗的施工相应要点。混凝土大木构件和望板捉找胶溶性灰、轧合楞，椽子钉眼点防锈漆捉灰见彩图 3-8-1，混凝土柱子通胶溶性灰见彩图 3-8-2。

（5）混凝土胶溶性通灰面操油：

1）通灰面干燥后，用金刚石打磨平整、光洁，无浮籽，金刚石不能到位的浮籽用铲刀铲掉，有野灰、余灰、残存灰及飞翅用铲刀铲掉，打磨后由上至下将表面的灰尘、杂物等清扫干净。

2）操油，材料配比为生桐油∶汽油 =1 ∶ 4，混合搅拌均匀。操油时用刷子涂刷，应随时搅拌均匀，涂刷要均匀一致，不漏刷。操油的浓度以干燥后，其表面不得结膜起亮为宜。

（6）混凝土通灰面操油干燥后，如遇混凝土构件与木构件（槛框）交接时，木构件木装修应做传统麻布地仗，此时进行木材面（槛框）做一麻或一布五灰地仗的施工。施工要点同本书 3.4 节相应施工技术要点。待槛框使麻工艺时，木构件使麻的麻丝或糊布要求与混凝土构件交接缝拉接宽度不少于 50mm。使麻、糊布的施工要点同本书 3.4.5 ～ 3.4.7 节麻布地仗施工工艺相应的施工要点。材料配合比见表 2-2-5 及表注。

（7）混凝土操油的通灰面做传统中灰前，应待木材面的槛框压麻灰（含压布灰）工艺后进行，以便压麻灰（含压布灰）过板子将拉接过的麻丝或布压好。压麻灰（含压布灰）的施工要点同本书 3.4.8 节麻布地仗施工工艺相应的施工要点。材料配合比见表 2-2-5 及表注。

（8）混凝土面连接的槛框凡轧中线者应待填槽灰干燥后，再进行传统的中灰、细灰、磨细灰、钻生桐油，施工要点基本同本书 3.4.9 ～ 3.4.12 节麻布地仗施工工艺相应的施工要点，材料配合比见表 2-2-8 第 6 ～ 9 项及表注；凡遇混凝土构件与木构件（槛框）交接时，木构件应按本地区施工要求或按传统麻布地仗施工工艺相应施工要点进行。混凝土柱子细灰见彩图 3-8-3，混凝土柱子钻生桐油后等干见彩图 3-8-4。

3.8.3　胶溶性灰单披灰地仗施工技术要点

（1）混凝土面胶溶性灰单披灰地仗施工技术要点主要工序见表 3-8-1，但不执行第 10 项操油工序。

（2）混凝土面基层处理、涂界面剂的施工要点同胶溶性灰与传统油灰配套四道灰地仗施工技术要点的第 1 ～ 4 项。

（3）混凝土面胶溶性捉缝灰、通灰的材料配合比见表 2-2-7 第 1 ～ 4 项或表 2-2-8 第 1 ～ 4 项，捉缝灰、通灰的施工要点同 3.4.3 ～ 3.4.4 麻布地仗的施工相应要点。

（4）混凝土面胶溶性中灰、细灰的材料配合比见表 2-2-7 第 5 ～ 8 项，进行中灰、细灰、磨细灰、钻生桐油，施工要点基本同本书 3.4.9 ～ 3.4.12 节麻布地仗施工工艺相应的施工要点。

3.9 修补地仗施工技术要点

3.9.1 旧麻布地仗局部清除修补一麻五灰地仗技术要点

（1）修补麻布地仗的施工主要工序见表 3-4-1 相应工序，油灰配合比见表 2-2-5。

（2）旧麻布地仗局部清除操作工艺应符合 3.4.2 条的相应操作工艺的要点。斩砍开裂、脱层、翘皮、龟裂、破损等处的边缘应砍出新茬呈坡口（灰口，麻口或布口）；旧麻布地仗表面有裂缝或木件节点有裂缝，应将裂缝处或木件节点裂缝处的边缘砍出坡口，砍裂缝底宽度不少于 60mm。砍挠要到位不能遗漏，见新木茬，无灰迹、松动、空鼓、松散灰，不得损伤木骨。但是，灰口边缘处应操稀生油一遍，配比为生桐油：汽油＝ 3 ： 7。

（3）撕缝、下竹钉、支油浆、捉缝灰、通灰、使麻、磨麻、压麻灰、中灰、细灰、磨细灰、钻生桐油的操作工艺应符合本书 3.4.2 ～ 3.4.13 节的相应操作工艺的要点。但是，灰口接茬边缘处新旧地仗必须平整随形。基层新旧灰接槎处与各遍灰之间和麻之间必须粘结牢固。

3.9.2 旧麻布地仗局部清除修补一布四灰地仗技术要点

（1）修补地仗工程的施工工序见表 3-4-1 相应工序，油灰配合比见表 2-2-5。

（2）旧地仗局部掂砍保留压麻灰层时，使用小斧子的斧刃应锋利，掂砍局部旧地仗的龟裂，依据龟裂的深度进行掂砍，龟裂深度于压麻灰层应掂砍到麻面，掂砍用力要均匀，以斧刃触压麻灰为度，再用挠子逐步将旧压麻灰基本挠平，砍挠不得损伤麻面，基本平整，边缘砍出坡口。凡要求掂砍到压麻灰层的做法，在掂砍时严禁用力过大，否则，会将压麻灰以下的灰层震离骨、脱层；龟裂深度于中灰层或细灰层应颠砍到压麻灰层，再用挠子逐步将旧中灰挠净，砍挠不宜损伤压麻灰，基本平整。斩砍旧地仗表面的裂缝、节点裂缝、脱层、翘皮，在掂砍时用力要均匀，以斧刃见（触）木为度，砍裂缝处的宽度不少于60mm，并将边缘砍出坡口（灰口），砍挠到位，不得留松动、松散、空鼓灰皮，砍净挠白无灰迹，不得损伤木骨，砍挠后将表面清扫干净。

（3）砍挠裂缝、脱层、翘皮处，有未撕的缝隙应进行撕缝，有松动、丢失的竹钉应补下竹钉，修补地仗工程的地仗前应做成品保护工作，并符合本书3.4.2节的相应工艺要求。

（4）凡掂砍到压麻灰层及灰口边缘处应操稀生油一遍，配比为生桐油：汽油＝3：7。

（5）灰口处操稀生油干后，进行找补捉缝灰、通灰操作工艺，应符合本书3.4.3～3.4.4节的相应操作工艺要求。

（6）局部保留麻层有砍断麻层处和裂缝灰口内找补通灰干燥打磨扫净后，找补使麻操作工艺应符合本书3.4.5节的相应操作工艺要求。

（7）糊布操作工艺应符合本书3.4.7节的相应操作工艺要求。

（8）中灰、细灰、磨细灰、钻生桐油的操作工艺应符合本书3.4.9～3.4.13节的相应操作工艺的要求。但是，如有灰口，接茬边缘处新旧地仗必须平整随形。基层新旧灰接槎处与各遍灰之间和布之间必须粘结牢固。

3.9.3 旧单披灰地仗局部清除修补单披灰地仗技术要点

（1）修补单披灰地仗的施工工序见表3-7-1～表3-7-3和连檐瓦口、椽头与椽望地仗施工等的相应工序。

（2）修补地仗的基层处理、砍活：旧油皮满除铲和打磨，旧地仗局部开裂、翘皮、破损处应砍出（除大木应进行掂砍出）新茬呈坡口（灰口），无松动、空鼓、松散灰皮，不得遗漏，不得损伤木骨，凡有缝隙见缝撕缝并将缝隙旧灰剔净，凡大木撕缝后补下竹钉，松动木件修整牢固。

（3）修补地仗施工前应做成品保护工作，捉缝灰前见木骨面积稍大需支油浆，但木骨面积宽度不大于100mm和见木质有水锈、风化糟朽、灰口及回粘地仗的背面需操稀生油增加强度，遇混凝土面做传统地仗需操油，做胶溶性地仗需涂界面剂，其施工要点应符合麻布地仗、单披灰地仗、胶溶性单披灰地仗操作工艺的要求。如需回粘旧地仗的底面应有一定强度，基层应干净，用油满或乳胶粘贴牢固。

（4）修补二道灰、三道灰、四道灰地仗的各遍灰层操作工艺，应符合本书3.7节单披灰地仗施工工艺的相应部位做法的操作工艺的要求。

（5）修补单披灰地仗应根据设计要求及旧地仗的做法进行修补。地仗施工条件与技术要求见3.3，施工要点见本书3.7～3.8节相应的施工要点，基层新旧灰接槎处与各遍灰之间必须粘结牢固。

凡修补地仗工程的油水比见表 2-2-4、油灰材料配合比见表 2-2-5、表 2-2-6，胶溶性地仗材料配合比见表 2-2-7 或见表 2-2-8。

3.10 地仗表面质量要求

古建地仗工程虽然属于最后的装饰工程的基础工程，但它的质量优劣在一定程度上影响到古建筑物的使用寿命，也直接影响着美观要求和使用功能。因此，在施工中必须认真负责地把好地仗工程质量关。

3.10.1 麻布地仗、四道灰地仗表面质量要求

1. 麻布地仗、四道灰地仗主控项目质量要求

（1）麻布地仗、四道灰（大木及装修）地仗的做法、工艺及所选用材料的品种、规格、质量、配合比、加工计量应符合文物和设计要求和古建操作规程要求及现行材料标准的规定。

（2）麻布地仗、四道灰（大木及装修）地仗的各遍灰层之间和麻或布之间与基层必须粘结牢固；修补新旧麻布地仗、四道灰（大木及装修）地仗的各遍灰层之间与基层及接槎处必须粘结牢固。

（3）使麻糊布严禁出现干麻、干布、干麻包、崩秧、窝浆等缺陷；地仗表面严禁出现脱层、空鼓、翘皮、漏刷、挂甲、裂缝等缺陷。

2. 麻布地仗、四道灰地仗（大木及装修）一般项目表面质量要求

（1）表面平整，光洁，色泽一致，接头平整，棱角、秧角整齐，合楞大小与木件协调一致，圆面手感无凹凸缺陷，无龟裂纹、露籽缺陷。彩画部位无麻面、砂眼、划痕、露籽缺陷，表面洁净。

（2）线口表面规矩光洁，色泽一致，线肚饱满匀称，线秧清晰，秧角、棱角整齐，线角交圈方正、规矩，曲线圆润、自然、流畅，风路均匀对称，肩角匀称、规矩；两柱香线、云盘线肚高为线底宽的 43%，允许偏差 ±2%；框线三停三平，正视面宽度不小于线口宽度的 90%，不大于 94%；梅花线、两炷香的线肚大小适宜匀称一致；皮条线的凸凹线面等分匀称、宽窄和线高一致、凹面允许微窄、两侧卧角线宽窄一致；线路无接头错位、龟裂纹、断裂、露籽，表面洁净、美观。

（3）山花结带表面平整光洁，色泽一致，秧角、棱角整齐，纹饰层次清晰、阴阳分明、自然流畅，无龟裂纹、窝灰、露籽等缺陷，表面美观、洁净，纹饰忠于原样、无走形。

3. 允许偏差项目质量要求

允许偏差项目质量要求见表 3-10-1。

四道灰、麻布地仗表面允许偏差　　表 3-10-1

<table>
<tr><th>项次</th><th>项目</th><th colspan="2">允许偏差（mm）</th><th>检验方法</th></tr>
<tr><td rowspan="2">1</td><td rowspan="2">大面平整度
（每延长米）</td><td colspan="2">下架大木和木装修　±1</td><td rowspan="2">用 1m 靠尺和楔形塞尺检查</td></tr>
<tr><td colspan="2">上架大木　±2</td></tr>
<tr><td rowspan="3">2</td><td rowspan="3">棱角、秧角平直
合楞平直</td><td rowspan="2">下架大木和木装修</td><td>2m 以内　±2</td><td rowspan="3">拉通线和尺量检查</td></tr>
<tr><td>2m 以上　±3</td></tr>
<tr><td colspan="2">上架大木　±3</td></tr>
<tr><td>3</td><td>五分宽窄度</td><td colspan="2">±2</td><td>尺量检查</td></tr>
<tr><td rowspan="3">4</td><td rowspan="3">线路平直</td><td colspan="2">2m 以内　±1</td><td rowspan="3">拉通线和尺量检查</td></tr>
<tr><td colspan="2">2m 以上　±2</td></tr>
<tr><td colspan="2">4m 以上　±3</td></tr>
<tr><td>5</td><td>线口宽窄度</td><td colspan="2">±1</td><td>尺量检查</td></tr>
</table>

注：1. 本表为了适应质量规范管理增加的允许偏差项目，框线线口宽度允许正偏差不允许负偏差。
　　2. 原木件有明显弯曲、变形缺陷者，地仗表面平整度应平顺，棱角、秧角、合楞平直度应顺平顺直。

3.10.2　单披灰地仗（二道灰、三道灰、四道灰地仗）表面质量要求

1. 单披灰地仗（二道灰、三道灰、四道灰地仗）主控项目质量要求

（1） 单披灰地仗的做法、工艺及所选用材料的品种、规格、质量、配合比、加工计量应符合文物和设计要求和古建操作规程要求及现行材料标准的规定。

（2） 单披灰地仗的各遍灰层之间与基层必须粘结牢固；修补新旧单披灰地仗的各遍灰层之间与基层及接槎处必须粘结牢固。

（3）地仗表面严禁出现脱层、空鼓、翘皮、黑缝、漏刷、挂甲、裂缝等缺陷。

2. 单披灰地仗（二道灰、三道灰、四道灰地仗）一般项目质量要求

（1）连檐瓦口地仗表面质量要求

表面平整、光洁，接头平整，色泽一致，水缝坡度一致，棱角直顺、整齐，无龟裂纹，无明显麻面、露籽、划痕、砂眼等缺陷，表面洁净。

（2）椽头地仗表面质量要求

表面平整、光洁，色泽一致，方椽头四棱四角平直、方正、整齐，圆椽头成圆规矩、棱角整齐，不得出现喇叭口；新椽头大小一致、旧椽头大小均匀，无龟裂纹、露籽、砂眼、麻面、划痕等缺陷，表面洁净。

（3）椽望地仗表面质量要求

表面基本平整、光洁，色泽均匀，望板平顺、柳叶缝卷翘处顺平，椽秧严实、直顺，盘椽根严实、规矩整齐，闸挡板、小连檐、燕窝处严实光滑，方椽棱角直顺、整齐，翼角椽档错台规矩其长短允许偏差 10 mm，凹面规矩深度不低于椽径 1/2 位置、四

个翼角基本一致，无龟裂纹，无明显麻面、露籽、砂眼、划痕，表面洁净。

（4）斗栱地仗表面质量要求

表面平整，光洁，色泽一致，棱角直顺整齐、秧角整齐，无龟裂纹、露籽、砂眼、麻面、划痕等缺陷，表面洁净。

（5）花活地仗表面质量要求

表面色泽一致，边框平整，光洁，棱角线直顺、整齐，纹饰层次、阴阳清晰，棱角、秧角整齐，纹饰随形不走样，无龟裂纹、露籽、麻面、砂眼、划痕，表面洁净。

（6）心屉、楣子地仗表面质量要求

表面色泽均匀，边框平整，菱花、棂条平光，棱角线和秧角直顺、整齐，无龟裂纹，无明显麻面、露籽、砂眼、划痕，表面洁净。

（7）单披灰（二道灰）地仗表面质量要求

大面光滑平整，小面光滑，色泽均匀，棱角直顺、整齐，秧角通顺、整齐，无龟裂纹、接头、麻面、砂眼、划痕。

（8）修补地仗表面质量见麻布地仗和单披灰地仗及胶溶性单披灰地仗以及与传统灰配套地仗相应的质量要求。

地仗表面质量要求注释：

（1）对于单披灰地仗表面易出现裂缝缺陷，是由于多种原因造成，但工程竣工验收时严禁有裂缝缺陷。

（2）单体建筑的同一种线形、规格或同一种纹饰的风路、肩角应一致。

（3）地仗的各遍灰层之间和麻或布之间与基层必须粘结牢固，否则会出现脱层、空鼓、翘皮、裂缝等缺陷，严重影响工程质量。各遍灰层之间指捉缝灰、通灰、使麻或糊布、压麻灰或压布灰、中灰和细灰。地仗灰与基层之间，指地仗灰与木基层、混凝土面、抹灰面之间。

第4章　油皮（油漆）施工工艺

适用于古建筑、仿古建筑的油漆（油皮）工程和混色油漆（溶剂型）工程。室内涂饰（美术油漆）见涂饰工程的要求。

4.1　古建油皮（油漆）色彩及常规做法

古建筑油饰的设色历代各朝均有定制，常规油饰色彩做法均为明清设色，一般皇帝理政、朝贺庆典的主要殿宇为朱红油饰（饰二朱红），寝宫、配殿及御用坛庙均为朱红油饰（饰略深二朱红），宫中附属建筑及佛寺、道观、神社、祀祠等饰柿红或广红土，王公府邸饰紫朱，衙门官员私邸饰羊肝色（红土烟子油），一般百姓饰黑色或本木色。园林多饰红绿镜、绿色、香色、羊肝色、荔色、瓦灰、红土、紫朱及黑红镜等色彩。凡分色岔色时，如红绿岔色、黑红岔色及点缀，应掌握交圈，突出重点色彩。清代《工程做法则例》中记载油作名色做法较多，仅朱红油饰就七种细目，因此仅以常规油饰色彩做法为例。古建油饰色彩和色彩分配及椽望红帮绿底应符合文物要求和设计要求，无文物、设计要求时应符合传统要求或建设（甲）方的要求。古建油饰做法中的油皮（油漆）做法的复杂，主要是基层处理（新做修补地仗和修旧翻新油皮）的复杂变化和色彩变化及色油（如首先弄明白朱红油、银朱油、二朱油、朱红油饰、朱红漆饰）与油漆品种、性能的变化等，特别是修旧翻新活要根据现场各种具体情况而定。关于官式油饰做法的红绿镜或绿红镜、什锦窗黑红镜已在颐和园、恭王府、北海公园等古建筑群中体现，岔色（分色）已成规矩（规范），其做法特点是字头在先者为主色调，后者为次色调，而出现三种颜色中的朱红色为点缀色；凡四合院、会馆、铺面门脸及仿古建筑等下架（含大门）不做官式的红绿镜或绿红镜、黑红镜油饰做法时，仍以字头在先者为主色调、后者为次色调或为点缀色，并以两种颜色岔色，其红色应使用红土油或铁红油漆，不宜用朱红色、二朱红色。如黑红镜油饰做法中，仍以黑色（设计允许时可采用栗色或棕色或墨绿）为主色调、红色为次色调或作点缀色，岔色方法基本为黑色柱子、檩枋、槛框、门窗边抹，铁红色心屉、垫板（绿色檩、枋曾见于会馆戏楼的外檐）。或黑色柱子、檩、枋、门窗心屉，铁红色槛框、垫板及鱼鳃板，并体现院落主次房的关系。

4.1.1 大式建筑油皮（油漆）色彩及常规做法

（1）下架大木（柱子、槛框、踏板）装修：清代做朱红油饰即深浅二朱红油三道，或罩油一道。一般建筑常做三道广红土油，均可罩油一道或不做罩油。见彩图4-1-1。

（2）隔扇、帘架、菱花屉（园林式建筑的棂条心屉均可饰绿色）、山花、博缝、围脊板等部位，一般随下架大木油漆色彩及做法。

（3）椽望：红帮绿底做法一般为三道油，罩油一道。视为两道红油，刷绿椽肚一道，罩油一道。其红油色彩可随下架大木。如下架饰二朱红时，椽望的头道油可不饰樟丹油而直接饰二朱红。绿椽帮高为椽高（径）45%，绿椽肚长为椽长的4/5，大门内檐和室内的绿椽肚无红椽根，廊步一般依据檐檩有无燕窝，有燕窝（里口木）时外留内无红椽根，无燕窝时外无内留红椽根，椽望沥粉贴金应符合设计要求。传统红帮绿底详细要求见本书4.3节第10条。

（4）连檐、瓦口和雀台一般做三道红油，章丹油打底一道、二道朱红油；做四道红油时增罩油一道。

（5）彩画部位的油漆色彩及做法：斗栱部位的盖斗板或趋斗板随下架大木油漆色彩及做法；斗栱部位的烂眼边、荷包、灶火门做三道朱红油；垫板除苏式彩画和旋子彩画等级低者不做油漆外，一般做三道朱红油；花活地一般做三道朱红油；飞檐椽头做三道绿油，拍二道绿油扣一道绿油；牌楼上架大木彩画部位做罩油一道。

（6）面叶：随下架大木油漆色彩为两道油做法，面油表面多做贴金，见彩图5-1-8～彩图5-1-10。

（7）实榻大门、棋盘门、挂檐板、罗汉墙常规做三道二朱红油，均可罩油一道，或做三道红土油。大门见彩图5-1-13、罗汉墙见彩图4-1-1。

（8）霸王杠：做三道朱红油（做章丹油打底、二道朱红油）。

（9）巡杖扶手栏杆：随下架大木油皮（油漆）色彩，常规做三道二朱红或红土子油。裙板、荷叶净瓶一般做彩画见彩图5-1-42、彩图5-1-51。

（10）山花、博缝部位：随下架大木油皮（油漆）色彩，常规三道油做法、均可罩油一道。

（11）额：俗称斗子匾，如斗边云龙雕刻使油贴金（龙、宝珠火焰、斗边贴金，做彩云）斗边侧面及雕刻地常规做三道朱红油（贴金处一道章丹油，一道朱红油，打金胶油贴金，地扣一道朱红油），匾心（字堂）筛扫大青，铜字贴金或镏金。

4.1.2 小式建筑油皮（油漆）色彩及常规做法

（1）下架大木（柱子、槛框、踏板）：常规做三道红土子油，均可罩油一道或不做罩油。

1）黑红镜做法：① 柱子、檩垫枋及门窗心（仔）屉做三道黑烟子油，槛框做三道红土子油；② 柱子、檩垫枋、门窗边抹及槛框做三道黑烟子油，心（仔）屉做三道红土子油或做黑烟子油时其凹面（如垫板、鱼鳃板、迎风板）可做红土油点缀。四合院新做黑红镜油饰见彩图 4-1-14；③ 院门的檩、枋、柱子、槛框、门扇（也有配黑字红土子油地木刻对联的）做三道黑烟子油，垫板、迎风板（也有配黑福字红土子油地沥粉的）、鱼鳃板、门簪等凹面做三道红土子油点缀；④ 黑红镜做法的连檐、瓦口和椽望均可做三道红土子油。民居遗留的黑红镜院门见彩图 4-1-12，民居遗留的黑色院门见彩图 4-1-13。院门木刻对联例如："忠厚传家久，诗书总世长"。"忠厚留有余地步，和平养无限天机"。

2）柱子与坐凳楣子色彩及常规做法：圆柱子与坐凳面做三道红土子油，楣子大边做三道朱红油，棂条做三道绿油；梅花柱子与坐凳面做三道绿油，仿古建可做三道墨绿油，楣子大边做三道朱红油，棂条做三道红土油；美人靠色彩多随柱子，见彩图 4-1-10，有靠背的棂条与柱子红绿岔色之分；垂花门大面全绿也有鱼鳃板凹面做红点缀，后面屏门红绿岔色见彩图 4-1-2。

3）各部位或窗屉做油地斑竹纹彩画时，绿斑竹部位做二道浅绿油，老斑竹部位做二道米色油，斑竹座彩画见彩图 4-1-3。

（2）隔扇、菱花窗屉：随下架大木油皮（油漆）色彩及做法，仔屉棂条随园林做三道绿油，而横披窗大边有做三道朱红油的（传统为提高廊步亮度），见彩图 4-1-7。

（3）椽望：红帮绿底做法和油皮（油漆）色彩、绿椽帮高度及绿椽肚长度要求同大式建筑，廊子的红椽根一般檐檩外有内无，皇家园林的（如颐和园）长廊只限于飞檐椽有红椽根，见彩图 4-1-11。传统红帮绿底详细要求见本书 4.3 节第 10 条。红帮绿底做法涂刷成品（树脂）油漆多做三道铁红油漆，刷绿椽肚一道，视为做四道油漆。

（4）连檐、瓦口和雀台做樟丹油（仿古建涂娃娃油）打底、二道朱红油、均可罩油一道。仿古建屋面为合瓦时，可做三道铁红油漆或三道二朱红油漆。

（5）彩画部位的油漆色彩及做法：檩、垫、枋做掐箍头搭包袱彩画时，找头的聚锦部位做三道红土（铁红）油，见彩图 4-1-8；檩、垫、枋做掐箍头彩画时，搭包袱和找头的聚锦部位做三道红土子油，见彩图 4-1-9；花活地一般做三道朱红油，见彩图 5-1-30 ～彩图 5-1-33；飞檐椽头做三道绿油；吊挂楣子的棂条做彩画时，大边和白菜头底面（见彩图 4-1-11）常做三道朱红油（官式枋心苏画的大边有青绿交替，见彩图 5-1-42 和彩图 5-1-44）。

（6）屏门、月亮门：常规做三道绿油，仿古建可做三道墨绿油。

（7）巡杖扶手栏杆、花栏杆：做三道二朱红或红土子油。裙板、荷叶净瓶一般做彩画或饰绿油，见彩图 5-1-42、彩图 5-1-51。

（8）牖窗、什锦窗：贴脸常规做三道红土子油，边框做三道朱红油，仔屉及棂条做三道绿油；做黑红镜（官式）做法时，贴脸常规做三道黑烟子油，边框做三道朱红油（不是官式做法做三道红土油），仔屉或棂条做三道绿油。什锦窗黑红镜油饰见彩图 4-1-4。也有叫黑红绿镜的。

（9）门簪：大小式建筑的门簪油饰色彩同下架大木，金边及图案饰金或彩画门簪，见彩图 4-1-5 金边片金万寿字门簪和彩图 4-1-6 金边松竹梅门簪。金边素心（油地或青地）门簪。金边青地门簪见彩图 5-1-13 和彩图 5-1-14。

（10）椽头：飞檐椽头做三道绿油（沥粉后拍二道绿油，贴金后扣绿油一道），做无金彩画时拍三道破色绿油（见本书 14.1 节名词、术语注释）；老檐椽头无彩画时，刷群青色。

（11）筒子门：也叫门筒子，小式建筑的门筒子多做麻布地仗，再做三道红土子油或做三道黑烟子油。如做黑烟子油时，深色要色艳，头道垫光瓦灰油（起衬托作用），然后光两道黑烟子油。

（12）藻井：常做彩画贴金，也有龙井内贴浑金的。

4.2 油皮（油漆）工程施工常用工具及用途

（1）半截大桶、水桶、大小油桶、大小缸盆用于调配颜料光油和盛油。

（2）小石磨、毛巾：小石磨用于研磨颜料；毛巾用于出水串油。

（3）铁锅、大小油勺：用于熬油。

（4）细箩、砂纸：细箩用于过滤油，颜料筛扫。砂纸用于打磨腻子和油皮。

（5）布子、丝头：布子用于掸活、擦活，丝头即为生丝，用于搓光油。

（6）油栓：是用牛尾或犀牛尾制作的，俗称牛尾油栓，又称漆栓，做大漆活也用此工具，规格有五分栓、寸栓、寸半栓、二寸栓、二寸半栓、三寸栓。主要用于搓油后顺油，根据不同部位的面积大小选用。以前属于自制工具，先将牛尾或犀牛尾吊直用水煮，晾干浸透油满，放平顺梳刮直，按规格尺寸薄厚垫木条压砖，通风晾干满刮漆灰、糊夏布、刮漆灰、刮漆腻子、水磨光，刷两遍退光漆，每遍工序须入窨干燥，使用前开口即能用。

（7）铁板、皮子、开刀：用于油漆施工中刮浆灰、刮血料腻子、找油石膏腻子，应根据部位大小选用。

（8）刷子：用于油漆施工中帚腻子，仿古建筑涂刷油漆。有 5 分刷子、1 寸刷子、2 寸刷子、2.5 寸刷子、3 寸刷子、3.5 寸刷子、4 寸刷子，根据部位大小选用刷子。

（9）捻子、广东栓、筷子笔：用于扣油或小部位涂刷油漆、齐边、齐角。

（10）槽尺：用于扣油或拉线，其长度以需要而定。

（11）粗碗、小线（棉线）：粗碗用于盛腻子或扣油时盛油，小线做粉线包用于椽望弹线。

4.3　油皮（油漆）工程施工条件与技术要求

（1）油皮（油漆）工程的做法等级和加工材料、成品材料的品种、质量、颜色应符合设计要求与文物工程的要求及有关规定。颜色的分色无设计和文物要求时，应符合传统要求。

（2）油皮（油漆）工程基层含水率要求基层表面涂刷油漆时，混凝土、抹灰基层含水率不得大于 8%，木基层含水率不得大于 12%；施涂水性涂料时，混凝土、抹灰基层含水率不得大于 10%。

（3）油皮（油漆）工程施工时的环境温度要求如下：

1）油皮（油漆）工程的施工气温不得低于 5℃以下，搓刷光油不宜低于 10℃，相对湿度不宜大于 60%。

2）油皮（油漆）工程施工过程中应注意气候变化，当遇有大风、雨、雾等情况时，不能油漆（光油）施工。

3）油皮（油漆）施工过程中环境应干燥、洁净，搓刷的光油或成品油漆在干燥前应防止雨淋、尘土污染和冷热空气、雾、霜侵袭及阳光暴晒；四级风以上不宜搓刷各遍光油或成品油漆。室内油皮（油漆）施工通风要良好。环境温度达不到要求时，应采取相应的采暖保温封闭措施。雨期施工期间，应制定行之有效的雨期施工措施方案后方可进行施工。

4）露天的环境进行搓刷光油（油漆），应避开暴晒的时间段或湿热暴晒的时间段。

（4）油皮（油漆）工程使用的腻子，和易性及可塑性应满足施工要求，应严格按配合比调制，保证腻子与基层和面层的粘结强度，干燥后应坚固，帚的血料腻子应有强度和遮盖力，并按施涂材料的性质配套使用；底腻子、复找腻子应充分干燥后，经打磨光滑、平整，除净粉尘方可涂刷底、面层油漆涂料。

（5）外檐涂饰溶剂型涂料应使用标明外用油漆（即长油度）和标明外用涂料标识的材料及合格证书。自制颜料光油，应使用矿物质颜料，颜料须有质密度及着色力，不得含有盐类、腐殖土及碳质等。

（6）油皮（油漆）工程所用的油漆在施涂前，均应充分搅拌过滤，避免出现颜色不均（浮色）、粗糙等缺陷。施涂后应盖纸掩。

（7）油皮（油漆）工程施涂各类油漆时，必须待前遍油漆结膜干燥后，方可进行下遍油漆，每遍油漆应涂刷均匀，表面应与基层粘结牢固。油漆施工中，应随时将活动的门扇、窗扇固定好，防止地仗被碰撞，防止碰伤棱角、线口，防止损坏门窗扇。

（8）油皮（油漆）工程涂刷成品油漆气温 5℃和搓刷颜料光油气温 10℃以下或相对湿度大于 60%的环境中，施涂时，应在太阳升起 9 点钟以后和下午 4 点钟以前施涂，但不宜进行末道成品油漆、颜料光油、罩光油、打金胶油的施涂。搓刷颜料光油、罩光油、打金胶油出现超亮（呈半透明乳色或浑浊乳色胶状物）时，应用砂纸打磨干净或用稀释剂擦洗干净，重新搓油。

（9）油皮（油漆）工程使用的颜料光油、罩光油和成品油漆应提前打色板，经有关人员认可（含颜色）后实施。其工作黏度必须加以控制，施涂中不得任意稀释。文物建筑工程施涂颜料光油应符合设计要求的道数和油膜饱满光亮的质量要求，其面油严禁罩清漆。仿古建工程严禁硬度高的面漆与硬度低的底漆配套，否则面漆会发生龟裂，允许硬度高的醇酸油漆作底漆与硬度低的颜料光油或罩光油作面油配套。

（10）油皮（油漆）工程的色彩和色彩分配及红帮绿底做法应符合文物要求和设计要求。传统红帮绿底要求绿椽帮高为椽高（径）的 45%，绿椽肚长为椽长的 4/5，大门内檐和室内椽子的绿椽肚无红椽根，廊步依据檐檩有无燕窝确定，有燕窝（里口木）时老檐椽外留内无红椽根，无燕窝时外无内留红椽根，翼角通线弧度应与小连檐弧度取得一致。长廊老檐椽的红椽根一般檐檩外有内无，皇家园林的（如颐和园）长廊只限于飞檐椽有红椽根，见彩图 4-1-11。如嵩祝寺、历代帝王庙红帮绿底油饰按清中期遗留痕迹恢复的，其老檐椽的绿椽肚无红椽根，飞檐椽的绿椽肚为椽长的 9/10，红椽根为椽长的 1/10，绿椽帮高同传统椽高（径）的 45%，清中早期红帮绿底无遗留痕迹的工程符合设计要求或按传统恢复。

（11）油皮（油漆）工程最后的一道颜料光油（面漆）前，门窗的玻璃应安装齐全；凡隔扇、槛窗、推窗、门窗等活动扇的上下口及坐凳楣子大边反手涂刷油漆不少于两遍。

（12）配制颜料光油前，凡出水的颜料需经过出水使颜料中盐、碱、硝等溶于水后清除干净，再用光油逐步挤出颜料中剩余的水分，能减少杂质对油质的破坏，增加油膜的光亮度和色度，达到耐久的装饰效果。

（13）油皮（油漆）工程所用的原材料、半成品、成品材料均应有品名、类别、颜色、规格、制作时间、储藏有效期、使用说明和产品合格证；加工材料、施涂现场调制的材料及色板应有严格的设计做法，进行技术交底，并按其要求及配合比调制。

（14）油饰工程应统一设置材料房，现场使用的加工材料（光油、金胶油、腻子等）、成品漆均应由材料房专职人员统一加工、配兑，操作者未经允许不得胡掺乱兑；油料房要严禁火源，通风要良好。

（15）油皮（油漆）施工，应确认地仗无顶生缺陷时，细木装修必须充分干燥后，方可进行下道工序。

（16）油皮（油漆）施工中的脚手架、脚手板不得乱动，操作时注意探头板，垂直作业要戴好安全帽。

（17）使用机械要有专人保管，由电工接好电源，并做好防尘和自我保护工作。

4.4 油皮（油漆）施工工艺

（1）传统油皮（油漆）施工主要工序见表 4-4-1。旧油皮（油漆）活翻新三道油做法见表 4-4-1 注 4。

（2）溶剂型混色油漆施工要点除涂刷工具使用刷子，涂刷朱红油漆、二朱红油漆的头道油用娃娃色油漆打底和不呛粉及水砂纸打磨外，其他基本同传统油皮（油漆）施工要点。主要工序见表 4-4-1 的规定。

大木、门窗及椽望揩搓颜料光油施工主要工序　　表 4-4-1

序号	主要工序	工艺流程	大木门窗	椽望
1	磨生找刮浆灰	磨生油地、除净粉尘	+	+
		找刮浆灰	+	
2	攒刮腻子	刮血料腻子	+	+
3	磨腻子	磨腻子，除净粉尘	+	+
4	头道油（垫光油）	垫光头道油，理顺	+	+
5	找腻子	复找油石膏腻子	+	+
6	磨垫光	呛粉，磨垫光，除净粉尘	+	+
7	光二道油	搓刷二道油	+	+
8	磨二道油贴金	呛粉，磨二道油，除净粉尘	+	+
		贴金部位刷浅黄油，打金胶油，贴金	+	
9	光三道油（扣油）	椽望弹线、扣刷绿椽肚		+
		搓刷第三道油（含贴金部位扣油）、理顺	+	
10	罩光油	呛粉、打磨、罩清光油	+	+

注：1. 表中“+”表示应进行的工序，本表按大木门窗三油一罩做法。椽望红帮绿底按三油一罩做法，为搓刷二道红油后弹线扣刷绿椽肚油一道，再罩油一道。仿古建椽望红帮绿底四道油漆做法时，涂刷三道红油漆后弹线扣刷绿椽肚一道。

2. 椽望扣刷绿椽肚指常规建筑，故宫三大殿望板和椽肚为沥粉贴金，飞檐为（箍头先青后绿）青椽肚、老檐为（箍头先绿后青）绿椽肚。如设计做法，椽望沥粉贴金时，沥粉应在第 1 道工序磨生、弹线后进行，贴金在第 9 道工序搓刷青、绿椽肚之后进行，其他工序相同，见彩图 5-1-34 和彩图 5-1-35。

3. 斑竹座彩画的老斑竹部位油活打底时应搓刷米黄油，绿斑竹部位油活打底时应搓刷浅二绿油。见彩图 4-1-3。

4. 旧油皮（油漆）活翻新三道油做法，第一道工序为除铲翘皮、打磨，无油皮处操油，第二道工序为操油处找刮油石膏腻子、旧油皮（油漆）表面可攒刮血料腻子，其他工序同表。

5. 平金边斗栱与花活部位的油活：斗栱部位地仗钻生干燥后，油画工工序搭接顺序为：①盖斗板磨生、

续表

攒刮磨腻子，搓刷红土油或二朱油二道和灶火门磨生、刮浆灰、磨浆灰、操稀生油；②灶火门磨生、过水、拍谱子、沥粉；③烂眼边、荷包磨生、攒磨腻子，搓刷章丹油、朱红油各一道；④灶火门沥粉干燥后磨砂纸，搓刷章丹油、朱红油各一道；⑤斗栱磨生、号色、刷大色、包黄胶、盖斗板扣油；⑥灶火门炝粉、捻三宝珠退晕、打金胶、贴金；⑦斗栱打金胶、贴金；⑧拉白粉、压黑老；⑨灶火门、烂眼边、荷包扣朱红油；⑩宝珠提白粉或点龙眼。花活部位磨生后，雀替老金边应横着铁板克骨刮浆灰、干后刮腻子，地、荷包帚攒腻子，磨腻子，搓刷章丹油、朱红油各一道，雕刻纹饰做彩画、金（大）边刷浅黄油、边线、金老包黄胶、打金胶、贴金，荷包、地扣油齐边提地。

6. 凡外檐的油皮（油漆）工程需罩清光油，无清光油时不宜罩清漆，否则，在阳光暴晒的部位易造成起皮缺陷，而缩短使用寿命。

7. 油皮（油漆）基层面饰金后须扣油部位有槛框的混线，隔扇的云盘线、套环线、皮条线、两炷香、菱花扣、面叶，山花博缝的梅花钉、结带，大门的门钉、门钹，万寿字门簪边框，椽头的沥粉卐子、寿字，宝瓶的沥粉纹饰，垫板的沥粉公母草，灶火门的沥粉火焰、坐龙等，柱子的沥粉盘龙、西番莲大卷叶草、卷草纹饰等。

（3）磨生油及找刮浆灰：

1）磨生油：地仗表面钻生桐油干燥后，提前用1½号砂纸将进行油皮（油漆）的部位打磨光滑、进行晾生（预防地仗钻生外干内不干出现顶生现象）期间闷水起纸，将墙腿子、槛墙、柱门子等糊纸处及柱顶石清理干净，凡柱边、柱根及踏板下棱等不整齐处，用铲刀和金刚石铲修穿磨直顺、整齐。

2）未晾生而确认钻生干透后，由上至下、由左至右，用1½号砂纸将进行油皮（油漆）部位的生油地打磨光滑，并将浮尘清扫掸净，不得遗漏，除椽望、菱花、棂条外其他部位需湿布掸净。

3）找刮浆灰：生油地有砂眼、划痕、接头及柱根、边柱等处，由上至下由左至右，以铁板找刮浆灰。生油地蜂窝、麻面粗糙处以铁板满刮浆灰。找刮或满刮浆灰时，应克骨刮浆灰，要一去一回地刮，不得刮有接头，也不得顺抹顺刮；否则，出现睁眼灰（似半棕眼活），特别是刮柱子的接头（指地仗各道灰的搭接处），要横使铁板不得再刮出接头。凡彩画部位和油活部位毛病大处找刮的浆灰或满刮浆灰的部位，待浆灰干后，磨去残存痕迹，须刷稀生油一遍，彩画部位找刮的浆灰处操油，主要防止咬色。操油配比为生桐油∶汽油 = 1 ∶ 2.5，涂刷应均匀，干后不得有亮光，操油处干燥后打磨光滑。浆灰的用途见本书2.4.2节常用油漆色料润粉浆灰腻子的调配，浆灰配比见表2-4-2。

（4）攒刮血料腻子：

1）连檐瓦口刮血料腻子从一头开始，由左至右，用铁板先刮瓦口和水缝的血料腻子，回头用铁板刮大连檐的血料腻子代雀台，刮血料腻子要一去一回，抹刮均匀，并将血料腻子收刮干净。

2）椽望攒血料腻子以三人操作，两人前面攒，一人后面帚。从一头开始两人对脸操作，老檐圆椽用皮子攒血料腻子，前者为顺手活攒椽望多一半，攒椽子一半，后者为反手活攒椽望少一半，攒椽子一半即可。飞檐方椽宜使用稍硬点的皮子攒血料腻子，操作方法同老檐圆椽。攒血料腻子时，要一去一回并一气贯通，不得留横接头，不得攒厚腻子，并将秧角旮旯的野腻子收净、黑缝抹严。帚血料腻子者用小刷子将椽秧、燕窝、闸挡板秧、小连檐等处帚匀、帚到，并将野腻子帚开帚匀，无黑缝，不得遗漏。帚的腻子应有强度和遮盖力，不得污染成品部位和画活部位。

3）大木、隔扇等平面以铁板进行刮血料腻子，圆弧面以皮子攒血料腻子（攒柱子要连根倒），由上至下由左至右，刮攒时要一去一回抹刮收净，腻子接头要与细灰接头错开，应刮严、刮到，平整、光洁，不得刮攒厚腻子和接头，不得污染相邻成品部位。菱花、棂条帚血料腻子要有遮盖力（要起弥补细微砂眼作用）和强度，不得遗漏。所攒、刮、帚的血料腻子应有强度，手指划不得掉粉。彩画施工部位或顶生处不得攒刮血料腻子。腻子配比见表 2-4-2。如做掐箍头彩画时，柱头两侧（廊子约 30 cm，单体建筑约 35 cm）以内的檩、垫、枋不得攒刮血料腻子；做掐箍头搭包袱彩画时，除柱头两侧箍头部位外，包袱部位也不得攒刮血料腻子，见彩图 4-1-8、彩图 4-1-9。

（5）头道油（垫光油）：

1）磨血料腻子，由上至下，由左至右，用 1½ 号砂纸或砂布打磨腻子，掌握“长磨腻子”的操作技术要领，表面应打磨光滑、平整，棱角、秧角干净利落、整齐，不得有划痕、野腻子、接头、漏磨，并除净粉尘。

2）头道油，操作时两人一当，一人搓一人顺，搓油者用生丝团蘸水润丝软甩净，再蘸颜料光油喂匀，要少蘸多搓，要干、到、匀，搓成芝麻油（似撒的均匀的白芝麻），顺油者随后用牛尾栓横着木纹登油再斜着登油，最后顺着木纹将油顺理均匀。各部位操作过程及要求如下：① 连檐瓦口常规搓章丹油时，从左至右操作，先瓦口水缝后连檐、雀台不得漏刷；② 椽望搓油时，老檐从左至右操作，飞檐从右至左操作，顺手者代燕窝或闸挡板；③ 上下架搓油时，上架无彩画先上架，上架有彩画先下架柱子槛框，后隔扇（先芯屉掏里到面再绦环板和裙板最后边抹），由上至下从右至左操作，每步架各有一当操作，各当搭接应互相观助；④ 椽头待沥粉干后，磨去刀子粉拍头道绿油（凡彩画做墨万子时，绿油应破色）；⑤ 各当搓油者或刷成品油漆者操作时应肥瘦一致，要求表面油膜薄厚均匀一致，栓路通顺，基本无皱纹、流坠、裹棱、接头，不得有超亮、透底、漏刷、污染等缺陷；⑥ 凡搓刷朱红、二朱油的部位应垫光章丹油或刷成品油漆者可垫光娃娃（粉红）颜色的油漆，例如宝瓶、垫板应待沥粉干后，磨去刀子粉，再垫光章丹油；⑦凡下架内外檐分色时，应先浅后深。

（6）复找油石膏腻子：

头道油干燥后，用铁板或开刀找刮油石膏腻子或大白胶油腻子（传统油皮表面复找油石膏腻子的缺陷处很少，即便复找主要针对磕碰处和椽望部位的缝子，用牛角板复找防止划破油皮），应细致地按先上后下、从右至左的顺序用油石膏腻子将黑缝、接头、砂眼、划痕等缺陷找平补齐。表面平光度稍差或细微麻面缺陷时用胶油腻子找、刮平。为了避免大面积找刮油石膏腻子或胶油腻子，应在做地仗磨细灰时按规矩磨平表面，并在找刮浆灰和攒刮血料腻子时认真对待，避免头道油后局部满刮胶油腻子或大白油腻子，传统做法主要是防止油皮翘皮。油石膏腻子配比见表2-4-2。不得使用滑石粉调制的胶油腻子。上下架大木找、刮大白油腻子见彩图4-4-1。由于头道油前的打磨工序不细致，造成上下架大木局部大面积刮大白油腻子见彩图4-4-1，造成大小槛子（裙板）满刮胶油腻子见彩图4-4-2，造成大小槛子（裙板）满刮大白油腻子见彩图4-4-3。

（7）磨垫光：

找刮油石膏腻子干后，由上至下从左至右将油皮表面满呛青粉，磨腻子用1½号砂布打磨，再用乏旧砂纸满磨油皮一遍（因光油干后打磨发涩或发黏需呛粉后才能磨砂纸，如没有呛粉就能磨砂纸，那是打磨成品油漆面），打磨长度一般在45㎝左右，磨缺陷处可短磨些。磨时要轻磨，有流坠、接头、栓路、油扉子、腻子等缺陷，应磨平整、光滑。打磨后，用布擦净油皮表面浮物。凡磨垫光后，对于找刮的腻子处应找补操油。

（8）光二道油：

光二道油，操作方法同头道油，下架搓油时，由上至下、从左至右操作，搓刷要肥瘦均匀一致，到位，饱满、光亮，颜色一致，栓路通顺，分色处平直、整齐，基本无裹棱、皱纹、流坠、接头，不得有超亮、透底、漏刷、污染等缺陷。椽望光二道油操作方法同头道油，连檐瓦口、宝瓶、垫板光二道油常规搓朱红油操作方法同头道油，椽头拍二道绿油。

（9）磨二道油、贴金：

1）二道油干燥后，由上至下，从左至右用粉包满呛粉，再用乏旧砂纸满磨油皮（成品油漆不呛粉，可用260～320号水砂纸细磨缺陷），表面平整、光滑，不得磨露底，表面不得留有裹棱、皱纹、流坠、栓路、油痱子等痕迹。磨砂纸后，将脚手板和地面的粉尘、杂物清扫干净，泼水湿润地面。

2）凡油皮表面的各种线（混线、绦环线、皮条线、云盘线等）、菱花扣、面叶、门钉、梅花钉、结带等贴金部位，用广东栓或捻子蘸浅黄油，沿着准备贴金的部位整齐均匀地刷一道。如成品油漆表面可用小刷子或筷子笔蘸浅黄油漆，沿着准备贴金的部位整齐均匀地刷一道。表面不得有裹棱、皱纹、流坠等缺陷。待干燥后呛粉用乏旧砂纸细磨，擦净浮物。凡油皮贴金部位的边缘（成品油漆的分色界线可粘贴胶性小的美纹纸）进行呛粉，随后打金胶油，贴金，其方法见本书第 5 章。

（10）光三道油（贴金部位此道油称扣油）：

1）连檐瓦口进行搓刷朱红油前，凡椽头大木彩画贴金后，先用粉包满呛粉，再用乏旧砂纸满磨油皮一遍，表面平滑，无流坠皱纹痕迹，随后擦净粉尘。搓刷连檐瓦口前，先将丝头蘸水润软再蘸油喂匀，沿着瓦口的底瓦边缘将油抹到抹匀，抹 3 ～ 5 个瓦口后，回手再搓 3 ～ 5 个瓦口长度的连檐带雀台，顺油者用油栓在后面先顺理瓦口再顺理连檐，先登油后顺油，将油顺理肥瘦均匀直至搓刷完成，不得弄脏瓦口和椽头。遇瓦口的底瓦低者可直接用油栓顺理完成。油皮表面应平整光滑，饱满光亮一致，栓路通顺不明显，颜色一致，不得有接头、皱纹、流坠、超亮、透底、漏刷、裂缝、顶生缺陷。

2）绿椽头扣油：飞檐椽头贴金后，用小捻子扣绿油，从左至右进行，因扣油地小要少蘸油，稳住手腕沿沥粉贴金的秧扣地齐金、不得挤压贴在沥粉上的金，要整齐。扣地时方处要方，椭圆处要弧圆、圆处要圆，不得皱纹、流坠、脏金，不得有顶生、超亮、透底、漏刷等缺陷。

3）椽望红帮绿底弹线、扣刷椽帮绿肚

① 椽望弹线，传统红帮绿底尺寸要求是：绿椽肚长为椽长的 4/5，红椽根为椽长的 1/5，绿椽帮高为椽高（径）4/9 或 45%，见彩图 4-4-8。预先准备或现场做弹线用的粉线包，用 16 ㎝左右的小块方布将小线和地板黄、大白粉包裹，并将两头扎好口即可使用。弹线需俩人操作，一人先按要求的尺寸在椽望量好并做好标记，一人试着拉出粉后随之俩人绷直线，在找准标好尺寸的位置弹出线印迹即可。弹线时，先弹椽根分界通线，再弹椽帮分界线。弹正身椽分界通线不宜少于一间，弹翼角分界通线时，依据小连檐弧度大小及斜椽根数多少弹，分别按 1 根至 2 根一弹，或 3 根一弹，无弧度处数根一弹，通线弧度应与小连檐弧度取得一致。弹分界通线后，如扣刷绿椽肚缺少齐扣通线边的技术人手时，可采取粘美纹纸的方法，参见彩图 4-4-4 ～彩图 4-4-6，也算是一项技术改进措施，但搓刷传统光油的表面不宜粘贴美纹纸更不宜采用划印工具（易损伤油皮）。弹椽帮分界线时，可采用钉冒或钉尖划印的方法，选用适当长度的钉子并将钉冒磨盾刃，钉在不少于 10 ㎜厚，约 120 ㎜长的木板上端，露出钉冒或钉尖，下端钉平板与钉冒或钉尖的高度为椽高（径）4/9 或 45%，做好后将平板托椽肚从分界通线处，顺椽肚至椽头轻轻划出印迹，圆椽可用钉冒轻轻划出印迹，不可用力划破油皮，绿椽帮的划印工具见彩图 4-4-7。

② 扣刷椽帮绿肚时，需俩人一当前后对脸扣刷椽帮绿肚，用大小适宜的油栓

蘸绿油齐边扣直，要少蘸多顺。按所弹分界线或划出的印痕，先椽帮后椽肚，分色界线应直顺、整齐，颜色一致，栓路通顺，正身椽的椽帮肩角方正、整齐，翼角椽的椽帮肩角规矩、整齐，翼角处绿椽肚红椽档界线整齐分明，翼角处的绿椽肚分界通线弧度与小连檐的弧度一致，大面无裹棱、皱纹、流坠，不得有顶生、超亮、透底、漏刷、污染等缺陷；文物建筑严禁出现只搓刷椽肚，不搓刷椽帮的缺陷。

4）大木门窗搓刷三道油（贴金部位扣油）

① 搓刷三道油前，凡油饰彩画部位的贴金工艺完成后，将脚手板和地面的粉尘、杂物、贴金的废纸屑清扫干净，泼水湿润地面，用布擦净被打磨过的油皮表面浮物。进行三道油（扣油）要求是：要选择风和日丽的好天气进行末道油，并避开日晒的时间段，否则造成意想不到的质量缺陷；大木槛框与隔扇门窗要分别搓刷（涂刷）；要根据活的面积大小和人员的技术等情况进行排当；要求使用的颜料光油、工具要洁净，否则造成表面粗糙而返工。

② 搓刷三道油操作方法基本同头道油，凡油皮的贴金部位分色界线扣油齐金（需扣油的部位见表 4-4-1 注 7）时，扣油者应先用广东栓或捻子少蘸油在活的一侧点戳喂匀后，稳住手腕再齐金或齐边，不能蘸油后直接齐金或齐边，否则会将油缕挤到金口登不开，容易流坠脏金。

③ 隔扇扣油时凡丝头不好搓的小地方，可直接用油栓顺匀，先芯屉掏里再刷面和屉边，后扣海棠盒（绦环板）和槿子心（裙板），随后用油栓从上至下顺理边抹。

④ 扣油齐金要平直、流畅、整齐，到位。紧跟着就搓顺大面的油，搓油前先将丝头蘸水润丝软甩净，再蘸油喂匀，搓油要少蘸多搓，要干、到、匀的芝麻油。顺油用油栓先横着再斜着木纹方向登油，如横登油时油栓发涩应补油登匀，油栓打滑要反复登顺勤蹩油至均匀；随后，顺着木纹方向将油理顺，使油肥瘦均匀。

⑤ 油皮表面要平整、光滑，油膜均匀、饱满光亮一致，颜色一致，无明显油痱子，栓路通顺不明显，分色界线平直，曲线流畅，整齐。大面无、小面无明显皱纹、流坠、裹棱、接头，不得有顶生、超亮、透底、漏刷、污染等缺陷。

（11）罩光油（罩清光油）

1）罩光油前需呛粉（仿古建用的醇酸油漆不呛粉）、满磨乏旧砂纸，并用布擦净油皮表面浮物和纸屑。传统上下架槛框大木隔扇门窗罩清光油，一般是无金活罩清光油叫出亮，或是贴田赤金或是贴大赤金进行罩清光油，既能出亮又能防氧化还耐紫外光线照射和耐清扫擦拭及延长使用期，缺点是金面亮度稍差略发乌。贴库金部位一般不罩光油，主要为突出真金的光亮度。即便罩光油多为皇家建筑，也是为耐清扫擦拭及延长使用期。现代贴库金的部位既为防游人触摸须罩油（例如 20 世纪 90 年代做天安门的大门油饰时，大门钉贴库金后未来得及罩油，半小时后发现一人高处金触摸没了），也为耐清扫擦拭和延长使用寿命；罩清光油操作方法同头道油及操作要求同4），大木门窗搓刷三道油同①。

2）椽望罩清光油时，需三人一当，两人搓一人顺，两人对脸搓油前，先将生丝团蘸水润丝软甩净，再蘸油喂匀，搓油要少蘸多搓干、到、匀的芝麻油，不得给顺油者遗留肥瘦不均的油；否则，顺油者跟不上，易出接头、流坠、皱纹。顺油者随后用油栓反复顺望板，均匀后横着椽帮和椽肚木纹方向登油。均匀后再顺着木纹方向顺油，达到顺油肥瘦均匀，质量要求同下架罩油。

3）下架罩清光油，不得损伤贴金面。在罩清光油时一人搓一人顺或两人顺，搓油先将生丝团蘸水润软甩净，再蘸油喂匀，搓油时要少蘸先将油迈匀抹严，再多搓逐渐将油缕搓开搓到搓匀，搓成均匀的芝麻油（似撒的均匀的白芝麻）即可，小的地方不好搓时直接用油栓顺匀。顺油者用油栓先与木件木纹方向横着反复登油再交叉登油，如登油时油栓发涩蘸油补后登匀，油栓打滑要反复登顺随时将多余的油鐾出至均匀。最后，顺着木纹方向，将油理顺至肥瘦均匀一致。罩清光油的油皮表面要饱满光亮一致，栓路通顺不明显，无明显油痱子。大面无小面无明显皱纹、流坠、裹棱、接头，不得有顶生、超亮、漏刷、污染等缺陷。贴金表面罩油要求详见本书5.3节第9条。

4.5　油皮（油漆）表面质量要求

1. 地仗基层面搓刷光油及涂饰油漆主控项目质量要求

（1）油漆工程的工艺做法及所用材料（颜料光油、罩光油和混色油漆及血料腻子等）品种、质量、性能、颜色和色彩分配等必须符合设计要求及文物要求。

（2）油漆工程的饰面应平整，油膜均匀、饱满，粘结牢固，严禁出现脱层、空鼓、脱皮、裂缝、龟裂纹、反锈、顶生、漏刷、透底、超亮等缺陷。

检验方法：观察、手击声检并查验材料出厂合格证书和现场材料验收记录。

2. 地仗基层面搓刷光油及涂饰油漆一般项目质量要求（表4-5-1）

地仗基层面搓刷光油及涂饰油漆一般项目质量要求　　表4-5-1

项次	项目	油皮（油漆）表面质量要求		
		中级油漆	高级油漆	传统光油
1	流坠、皱皮、接头	大面无、小面无明显流坠、皱皮	大面无、小面明显处无	大面无，小面无明显流坠、皱皮
2	光亮、光滑	大面光亮、光滑，小面光亮、光滑基本无缺陷	光亮均匀一致、光滑无挡手感	大小面光亮，光滑基本无缺陷（基本无油痱子）

续表

项次	项目	油皮（油漆）表面质量要求		
		中级油漆	高级油漆	传统光油
3	分色、裹棱、分色线平直、流畅、整齐	大面无裹棱，小面明显处无裹棱，分色线无明显偏差、整齐	大小面无裹棱，分色线平直、流畅无偏差、整齐	大面无裹棱，小面无明显裹棱，分色线无明显偏差、整齐
4	绿椽帮高 4/9，绿椽肚长 4/5，椽帮肩角与通线	高、长无明显偏差，椽帮肩角、通线无明显缺陷	高、长基本无偏差，通线与小连檐一致、椽帮肩角无明显缺陷	高、长无明显偏差，椽帮肩角、通线无明显缺陷
5	颜色、刷纹（拴路）	颜色一致、基本不显刷纹	颜色一致、无刷纹	颜色一致、基本不显刷纹（拴路通顺）
6	相邻部位洁净度	基本洁净	洁净	基本洁净

注：1. 大面指隔扇、门窗关闭后的表面及大木构件的表面，其他指小面。

2. 小面明显处指装修扇开启后，除大面外及上下架大木视线所能见到的地方。

3. 中级做法指：二道醇酸调合及一道醇酸磁漆成活或三道醇酸调合（含罩光油一道）成活的工程。高级做法指：三道醇酸磁漆（含罩光油一道）成活的工程。

4. 通线或弧度指翼角处的绿椽肚分界通线弧度，应与小连檐的弧度取得一致。

5. 凡隔扇、槛窗、门窗的上下口和栏杆、坐凳楣的下抹反手面要求不少于一道油漆。

6. 超亮：又称倒光、失光，俗称冷超、热超。光油、金胶油、成品油漆刷后在短时间内，光泽逐渐消失或局部消失，或有一层白雾凝聚在油皮面或油漆面上，呈半透明乳色或浑浊乳色胶状物。搓颜料光油、罩光油和打金胶油严禁超亮，如呈半透明乳色或浑浊乳色胶状物时，应用砂纸打磨干净或用稀释剂擦洗干净，重新搓刷光油或打金胶油。

7. 油皮（油漆）活修补或油皮（油漆）工程验收前后需修补油活时，不得出现各种形状的补丁缺陷，其颜色、光泽应与周围基本一致。

第5章　饰金施工工艺

5.1　概述

饰金工程，分贴金、扫金、埿金（含泥金、描金）三种工艺做法。从质量效果看：埿金的质量最好，金色厚足而耐久；扫金稍次之，面积大要比贴金的色泽度一致；贴金次之，但贴金适用范围广泛，贴金在清代又称“飞金”，贴金工艺分为撒金、片金、两色金、浑金等做法。饰金工程主要适用于古建筑、仿古建筑的室内外各类彩画和新式彩画饰金部位及框线、云盘线、菱花扣、面叶、梅花钉、门钉、山花结带、佛像、佛龛、法器、牌匾等部位的金饰工程。饰金材料见本书 2.5.1 节。油饰和彩画的饰金做法举例，见彩图 5-1-1 ～彩图 5-1-53。其中，不饰金的裙板（福禄扇庆樘子）落地雕吉祥图案见彩图 5-1-52 和高等级六抹隔扇见彩图 5-1-53（此彩图不是建筑等级限制不饰金，也不是彩画等级限制不饰金，多因供奉祭祀祭奠的地方下架需素雅未饰金）。

5.2　饰金常用工具及用途

（1）金夹子、金撑子：属于自制工具，金夹子用毛竹板经铲、刨、泡、磨、锉、粘、修而制成。长度为 170 ～ 230mm 大小不等。并用硬杂木做金撑子保护金夹子的尖端，贴金时还可起压金箔的作用，见彩图 5-2-1。

（2）捻子：以前属于自制工具，是用硬点的头发制作的，有圆有扁且大小不同，制作方法同油栓，只是用血料加点油满浸透而已。捻子主要用于打金胶、齐字、拉各种线。见彩图 5-2-1 右侧第 2、3 个。

（3）筷子笔：俗称油画笔，用于打金胶。见彩图 5-2-1 右侧第 1 个。

（4）广东栓：以头发和竹扁制成，用于打金胶、扣油、拉线。见彩图 5-2-1 右侧第 4 个。

（5）油刷：用于油漆面贴金的部位包黄胶以及罩油、罩漆。

（6）羊毛板刷、羊毛排笔：用于面积大的贴金部位（如山花结带、面叶等）帚金后清扫飞金末。还用于扫金时帚金。

（7）粗碗：用于打金胶时盛金胶油。

（8）麻连绳：用于打碗络子（一个约 180 ～ 200 ㎝）。

（9）金帚子：以前属于自制工具，是用山羊胡子制作的，将根部墩齐蘸蜡拴于木把上即可使用，与画家使用的抓笔相似。特点是毛长不易弯曲，软硬适度不伤金。主要用于扫金时帚金，一般用于云龙透雕花板、神龛的透雕蟠龙柱、九龙竖额的匾边、浮雕龙凤樘等雕刻花活贴金时帚金。

（10）细箩：主要用于盛折好的金箔。

（11）金帐子：用于露天三级风及其以上风力挡风（封闭）贴金作业。

（12）箩金筒：用于制作箩金粉的专用器具。箩金筒是用粗竹筒做的，为双层合一的筒子，上面敞口，中间层是细箩，下层为竹节封底。

5.3　饰金工程施工条件与技术要求

（1）饰金工程施工工序应待饰金部位的油皮（油漆）、涂料、颜色、沥粉必须充分干燥后，方可进行饰金工序。所用的金箔、赤金箔、铜箔的材质必须符合国家相应标准，库金箔不得小于 98% 的含金量，苏大赤不得小于 95% 的含金量，赤金箔不得小于 74% 的含金量。

（2）饰金工程施工环境温度要求如下：

1）饰金工程施工温度不宜低于 5℃以下，相对湿度不宜大于 60%。

2）饰金工程应防止雨淋，尘土污染和冷热空气、雾、霜侵袭及阳光暴晒；饰金宜在风和日丽的条件下进行，在露天三级风以上贴金应在封闭的条件下作业。温度、环境达不到要求时，应采取相应的采暖保温封闭措施。雨期施工期间，应制定行之有效的雨期施工措施方案方可进行施工。

3）饰金工程的施工环境应干燥、洁净。在露天的环境进行打金胶油、贴金，应避开炎热暴晒的时间段或湿热暴晒的时间段。例如，山花部位的结带、梅花钉贴金时，应避开炎热暴晒的时间段并在封闭的条件下贴金。

（3）饰金工程使用的加工材料（光油、金胶油等），均应由材料房专职人员统一加工、配兑。贴金过程使用的金胶油不得掺入稀释剂或不相配套的其他材料，更不得胡掺乱兑。

（4）饰金工程应提前 10 ～ 20 天先打样板金胶油，并在贴金部位处试金胶，掌握好金胶油的性能及贴金（铜）箔的准确时间，采取爆打爆贴金胶油时认真对待，经有关人员认可后，方可大量配兑施工（打金胶油、贴金）。试金胶应掌握“夏天过不了的油金胶”的操作要领，即 5 ～ 8 月份使用隔夜金胶油（当日打金胶，次日贴金），金胶油内允许掺入 0.1% ～ 0.5% 的红或黄调和漆作为岔色用途（以防漏刷）。

（5）饰金工程的基层面应平整、光滑，油皮（油漆）的基层面应饱满。油皮（油漆）饰金部位的基层面打一道金胶油，彩画饰金部位包油黄胶的基层面打一道金胶油，彩画饰金部位包色黄胶（用乳胶或骨胶调制的黄胶）的基层面要求打两道金胶油。

（6）饰金工程打金胶油出现超亮（呈半透明乳色或浑浊乳色胶状物）时，用砂纸打磨干净或用稀释剂擦洗干净，重新打金胶油。

（7）铜件带有锈蚀时，可用铬酸去掉氧化铜膜，涂刷铁红环氧底漆或铁红醇酸底漆一遍，再搓刷油漆、打金胶油。传统工艺不做此工序，为增加金属面与底漆和面漆的附着力，可参考施行。

（8）饰金工程贴金作业时，夏季凡手掌易出汗者不宜担任贴金工作。

5.4 贴金施工工艺

1. 主要工序

油皮（油漆）饰金部位及彩画饰金部位贴金施工主要工序见表 5-4-1。

油皮（油漆）饰金部位及彩画饰金部位贴金施工主要工序　　表 5-4-1

序号	主要工序	工艺流程	彩画基层面饰金	油皮（油漆）基层面饰金
1	磨砂纸	油皮（油漆）表面细磨，擦净粉尘，彩画部位的沥粉细磨，掸净粉尘	+	+
2	包黄胶	沿施贴部位的线路，纹饰包（码）黄胶		+
3	呛粉	沿施贴相邻部位呛粉		+
4	打金胶	沿施贴部位的线路、纹饰打金胶油	+	+
5	折金	折金、打捆	+	+
6	贴金	施贴部位的线路，纹饰验金胶、撕金、贴金	+	+
7	帚金整理	对贴金面按金、拢金、帚金、理顺	+	+
8	扣油	线路纹饰扣油齐金、搓刷第三道光油（油漆）		+
9	罩油	贴赤金箔、铜箔等罩油封闭	+	+
10	罩漆	佛像、佛龛等贴金箔罩漆		+

注：1. 表中“＋”表示应进行的工序。对于表中第 2 项“包黄胶”主要指油作进行的工序，凡实施于彩画基层面由彩画作进行包（码）黄胶的工序。
2. 黄胶：指与金（铜）箔近似的颜料和油漆。
3. 彩画部位的油皮（油漆）基层面或银朱颜色地贴金，均应呛粉，以防贴金边缘吸金不齐。
4. 金胶油、罩油不得稀释，但牌楼彩画罩油一般要求无光泽时允许稀释，需有光泽应符合设计要求。
5. 罩腰果清漆主要工序为漆面打磨、包黄胶、打金胶、折金、贴金、帚金、罩漆。
6. 仰头底：一般指木构件底面（向下的面）的活称仰头底（如抱头梁、穿插枋底面等），即仰躺或站在架子上抬手过头操作，又称作仰头活，如支条线包黄胶、打金胶、贴金为仰头活等。

2. 磨砂纸

（1）油皮（油漆）表面饰金部位如槛框的混线、隔扇的云盘线、绦环线、面叶、菱花扣，牌匾字，博缝山花的梅花钉、结带等应在二道或三道油和成品油漆充分干燥后，对贴金部位及相邻部位的颜料光油表面呛粉后，用乏旧砂纸磨光滑，成品油漆表面宜用 280 ～ 380 号水砂纸蘸水磨光滑，要擦净浮物，贴金的基层面要平整、光滑，不得有刷痕、流坠、皱纹等缺陷。参考本书 4.4 节相应施工内容。

（2）彩画部位饰金，沥粉工序完成后，并对沥粉加强自检或交接验收合格后，方可进行刷色、包（码）黄胶、打金胶工序；要求沥粉不得出现粉条变形、断条、瘪粉、疙瘩粉、刀子粉等缺陷，沥粉的粉条缺陷应在沥粉时随时纠正（铲掉重沥和修整及细磨）。

3. 包（码）黄胶

（1）油皮（油漆）基层面用浅黄（油漆）油，（即调制与金或铜箔相似颜色的浅黄油）沿着即将贴金的部位，选用大小适宜的油刷和筷子笔蘸浅黄（油漆）油涂刷一遍并码齐，要求表面颜色一致、油（漆）膜饱满，薄厚均匀，包严到位、整齐，无裹棱、流坠、刷纹、接头、透底、漏刷、污染等缺陷。干燥后应用细砂纸满轻磨一遍，并擦净浮物。

（2）凡包（码）黄胶实施于彩画基层面由彩画作进行此工序。

4. 打金胶（油）

（1）室内外作业粉尘较多的施工环境不得打金胶油，风力三级以上的天气，应采取遮挡封闭措施。所用金胶油内严禁掺入稀释剂并要求洁净，打金胶的用具应洁净。金胶油要与底色微有区别预防漏打，防止出现找补贴金的补丁缺陷，方可进行打金胶油工序。凡环境温度 30℃以上、湿度 70% 左右时，下午 3:00 以后不宜再打隔夜金胶油，防止金胶油夜间被冷热空气侵袭而超亮或雾超，避免重打金胶油造成工料浪费。

（2）油皮（油漆）基层面贴金部位，除撒金做法外，在打金胶前必须对贴金的相邻范围进行呛粉，防止吸（咬）金造成贴金部位边缘的不整齐。在打金胶前也有在贴金线路的边缘粘贴美纹纸的（参见彩图 5-4-5、彩图 5-4-7、彩图 5-4-8、彩图 5-4-9），虽然能满足贴金后的线路边缘整齐、美观，却丢失了扣油齐金的技术。如缺少齐扣边线的技术人手时，也算是一项技术改进措施，但搓刷传统光油的表面不宜粘贴美纹纸（因清除时易损伤油皮）。

（3）彩画部位的两色金或三色金和柱子浑金做法中的两色金，即贴库、赤（红与黄）两色金。在打金胶油时应分别进行打、贴，不得同时打后同时贴，也不得同时打后两次贴，应先打、贴浅色的赤金，待金胶干透后，再打、贴深色的库金，否则造成返底咬色颜色不一致的缺陷；凡在彩画部位打金胶油为了避免打错，沿着沥粉包黄胶的位置进行打金胶一般不会错。但包黄胶个别也有错时，平时多学点彩画知识（如彩画的等级分辨、沥粉图案的风路分辨等），即便包黄胶的位置错了，打金胶时也能纠正过来。

（4）打金胶应根据贴金部位，选用大小不同的广东栓、头发捻子或筷子笔，不宜凑合将就，用一种捻子打多种多样的花纹易打整齐。打金胶时蘸金胶油要少蘸刷匀，要沿着须贴金的部位，包严打到打齐，并掌握操作要点是：先打上后打下，先打里后打外，先打左后打右，先打难后打易。

（5）打金胶油的表面应光亮饱满，均匀一致，到位（含线路、沥粉条两侧，绶带和老金边的五分等打严到位），整齐，无痱子、微小颗粒，不得有裹棱、流坠、洇色、接头、串秧、皱纹、漏打、污染等缺陷。打金胶油严禁超亮（失光），如出现失光（超亮）后，应打磨光滑重新打金胶。

5. 折金

折金是贴金前的准备工作，对所贴库金箔还是赤金箔或是铜箔，先进行拆包检查金（铜）箔材质、有无煳边变质、砂眼，数量是否符合要求，如有煳边变质金摘除。折金时，应将每贴金的整边（即护金纸的折边）拿放在左手虎口处、右手用金夹子折叠金箔，折金不得从中对齐折叠，金纸的上下破口折合应错开10mm左右位置。随时将折好的金按每10贴一把用原系金纸带打成捆存放箩内，满足2小时以上至半天贴金用量即可，见彩图5-4-1～彩图5-4-4。贴金时，对于打开捆不足10贴一把的待用金箔，应用大白块或沉重点的硬木金撑子压实，以防将金弄乱吹散；折金时，应注意每贴金的整边（护金纸的折边）与护金纸的暗纹理（帘螺）应在同一垂直线上。一般金箔出厂不会出现横纹理的夹金纸，万一出现应将整边剪掉调上或调下随之折金，就能使用。如不调整护金纸的折边，就影响撕金、贴金，所以折金时留意折边与护金纸的暗纹理（帘螺）横竖很重要。

6. 贴金

（1）验金胶：首先要掌握好贴金的最佳时间，以手指背触感金胶，金胶油黏指粘油时，说明金胶油未结膜还嫩，不得过早贴金，否则造成金木；触感金胶油有脱滑感，说明金胶油基本干透已“过劲”，不宜再贴金，否则产生绽口和金花；触感金胶油既有黏指感且不粘油，似漆膜回黏，既不过劲，也不脱滑，还拢瓤子吸金，贴金后金面饱满光亮足，不易产生绽口和金花；“过劲”的金胶油必然“脱滑”，应重新打金胶。

（2）撕金：应掌握“真的不能剪、假的不能撕”的操作技术要领。撕金以左手拿整贴金，先从整边（折边）的一侧破边处撕，不得先撕护（夹）金纸的整边。撕金应根据贴金部位的宽窄度撕，贴金熟练者一般凭眼力撕宽度，吃不准宽度时，用手中的金或再拿整贴金，在贴金的位置比量后再撕宽度。撕金时，既要稳又要快还要准，撕金不能连扽带撕，既不得撕窄，也不得撕偏，还不得撕歪，更不得撕宽，要撕直成条，允许宽于 1 ～ 2mm。撕金先撕破边使用，撕到最后一条金时再撕整边，否则易揉金。整条金撕好后，右手拿金夹子划金、贴金。用金夹子划金时，距离贴金位置越近越好，以便贴金，见彩图 5-4-3、彩图 5-4-5。

（3）贴金：既要掌握贴金的操作要领，又要熟记贴金的操作要点，它是贴金质量、速度和省费金的关键技术，贴金熟练者多而快、质量好、还省金；初学者或不熟练者，平时要多练习贴金基本功。先练划金，再练夹金，最后练贴金。如练习夹金的方法，要以贴整条金为原则，根据实际情况去掌握。在贴金时，划金的劲头要掌握好快而准，使附着于上层护金纸的金与纸打卷，见彩图 5-4-5、彩图 5-4-6，金夹子夹打卷的纸与金一般横夹金较多，有时斜夹金，也有竖夹金时。练习贴仰头底双手过顶不离活（见表 5-4-1 注 6），反手划金反手夹金金不散。练习单撒手（特指斗栱里边或高的仔角梁头边线）贴金，多用金夹子夹纸条练贴放或手跟纸。

1）贴金时，应掌握的操作要领是：撕金宽窄度要准，划金的劲头要准，夹子插金口要准，贴金时不偏要准，金纸绷直紧跟手，一去一回无绽口。风时贴顶不贴顺，刮风贴金必挡帐。斗栱边贴平金时，双面金线裹棱贴（双面不贴单条金），其特点是节省金、速度快。斗栱里边贴金时，在不能跟手位置，用夹子贴放跟金。划金后佛像底座贴金见彩图 5-4-6，划金后在贴金时左手指与右手的配合见彩图 5-4-7。

2）贴金时，应熟记的操作要点是：先贴左后贴右，先贴下后贴上，先贴外后贴里，先贴直后贴弯，先贴宽后贴窄，先贴整后贴破，先贴难后贴易，贴条金免豆金。例如：椽头贴金从左至右贴，应先贴四边，由外向里贴，先贴直条金，后打找补贴。混线贴整条金见彩图 5-4-8，如混线立体感强的或宽一点的混线不宜贴整条金，在同一宽度的线路分两条贴的多，也有贴 3 条金的，否则易出现绽口。

7. 帚金

贴金后帚金时，由下至上，斗栱由外至里，用新棉花团在贴金的表面轻按金、轻拢金、轻帚金、理顺金。轻按金是将金逐步按实，不抬手随之轻拢金，是将浮金、飞金、重叠金揉拢在金面，不抬手随之轻帚金顺一个方向移动（既能将细微漏贴的金弥补上有能使金厚实饱满）帚好，帚完一个局部或一个图案边缘飞金时，随之就将金面理顺理平无缕纹即可，透雕纹饰内用毛笔和金帚子帚好。混线帚金见彩图 5-4-9；贴金的金箔应与金胶油粘结牢固，贴金表面应光亮足实，线路纹饰整齐、直顺流畅、到位（含线路、沥粉条两侧，绶带、老金边的五分贴到位），色泽一致，两色金界线准确，距 2m 处正斜视无金胶痱子，不得出现绽口、崩秧、飞金、漏贴、金木、金花等缺陷。

8. 扣油

油皮（油漆）部位贴金后，应满扣油一道（面漆），首先对贴金部位的金线、纹饰沿其边缘扣油齐金，直线扣油应直顺，曲线扣油应流畅，拐角处应整齐方正，不得出现越位或不到位及污染现象，确保贴金的规则度；随后，搓刷大面。扣油方法见油皮（油漆）施工工艺。

9. 罩油

所贴赤金箔、铜箔必须罩油（清光油或丙烯酸清漆或金箔封护剂即金箔厂配套产品）封闭不少于一道。贴库金箔一般不罩油，例如牌楼彩画为防雨淋须罩油连贴的库金箔一起罩清光油，设计要求彩画表面无光泽时，允许对清光油稀释，但加入的汽油应适量，要求既不破坏油质，罩油后对彩画又有极好的保护强度。例如下架柱子槛框隔扇门窗及大门无罩油做法时，其框线、云盘线、绦环线、皮条线、门钉、面叶、门钹等贴库金的表面为防游人触摸等须罩油，但要符合文物或设计要求；赤金箔、铜箔罩油应待贴金后的金胶油充分干燥后进行，罩油内不得掺入稀释剂。罩油时，根据贴金面选用大小适宜的广东栓和筷子笔等，蘸清光油或丙烯酸清漆或金箔封护剂，沿贴金的表面均匀地扣刷一遍，罩油表面应光亮，饱满，色泽一致，彩画表面光泽度一致，整齐，不得有咬花、流坠、裹棱、污染等缺陷。罩油严禁漏罩、超亮。贴赤金箔罩油见彩图 5-4-10、彩图 5-4-11。

10. 罩漆

（1）传统金箔罩漆如佛像、佛龛、法器等均罩透明 201 金漆（T09-3 油基大漆），根据罩漆颜色要求浅时罩漆一道，颜色要求深时罩漆两道，因须入窨，干后出窨。现北京地区多采用腰果清漆，见彩图 5-1-46。金箔罩漆根据贴金面选用大小适宜的油刷和筷子笔等，蘸透明金漆或腰果清漆均匀地涂刷于佛像的贴金面。金箔罩腰果清漆效果要求同金漆，质量要求同罩油。

（2）传统银箔罩漆适用于佛像、佛龛和铺面房（如轿子铺、药铺、香蜡铺等）的室内装饰器物，做银箔罩漆既避免氧化又达到仿贴真金的效果。做银箔罩漆，打漆金胶入窨干后出窨贴银箔，随后根据颜色要求深浅罩金漆一道或两道；曾有做仿银箔罩漆的，在贴银箔的表面罩漆片（即虫胶清漆），但表面颜色相似、光泽度却有差别，也有为增加光泽度再罩一道清光油。缺点是使用年久表面易炸纹。

11. 打金胶、贴金注意事项

（1）斗栱部位打金胶、贴金时，防止身体蹭掉金胶油。打金胶先打里后打外，贴金先贴外后贴里。

（2）立面部位打金胶、贴金时，防止金胶油落尘粘纸。打金胶先打上后打下，贴金先贴下后贴上。

（3）贴金时注意避免粘口，所谓粘口就是贴金时搭接的金口。主要指后贴的金与先贴的金，搭接不严有缝隙浪费金，搭接不准有余金更费金，余留金大多在5mm以上。这就要求贴金时，不但撕金宽窄度要准，而且贴金时不偏要准，搭接对缝要准，搭接对缝严紧无飘金更好。但撕金的宽窄和贴金的搭茬允许宽于1～2mm，余金量最好控制在允许范围内，这就需要提高贴金技术。否则必然出现搭接不严多，余留金多，搭茬多以及飞金多、飘金多，甚至有飘条金的浪费现象，这些都是因贴金技术不佳所造成。因此，需要贴金熟练的人才在于平时的培养和锤炼。

（4）帚金注意事项，其一帚金时发现有漏贴的金，切记应先补贴金再帚金，切忌帚过的金面有金花、绽口、漏贴需重新补打金胶油、补贴金。因光泽不一致要在帚金前补贴金，预防出现找补贴金的补丁缺陷。其二打爆打爆贴的金胶油时，贴完一个小局部的金应及时帚金；打隔夜的金胶油时贴完一部分的金及时帚金。不能等全部贴完金后再帚金，要预防金胶油过劲，帚金时不拢瓤子吸金差，易出现金花、绽口。

5.5 撒金技术要点

（1）撒金做法不做基层处理，直接在油皮（油地）表面贴金。

（2）照壁门、屏门、匾及室内椽望做撒金做法，末道油或罩油成膜后有黏指感时贴金，既不呛粉也不打金胶还不帚金，贴金光亮即可。其金块的大小与间距应符合设计要求和文物要求。

1）室内椽望做撒金做法时，贴金纵横斜向基本成行成列，金块方形、三角形不规则，大小约25mm，间距约20cm，但每块金并不在望板和椽肚（方椽）的中间贴（北京市文物局礼堂椽望存有此做法）。

2）照壁门、屏门、匾做撒金做法时，贴金有纵横斜向基本成行成列的，也有满天星的，金块方形、三角形不规则，大小约20～25mm，间距约10cm。其满天星的金块、间距极不规则。

5.6 扫金工艺及质量要点

扫金做法一般适用于面积稍大的平面，清代立面也有做扫金的，如菱花眼钱、槛框线路，斗子匾边抹、玲珑雕花使漆筛扫红金。传统扫金多为扫金匾，字做退光漆，匾地扫金，即为黑字金地。

1. 金粉的制作方法

用金夹子夹或用羊毛笔挑起每张库金箔，放入箩金筒子敞口里，用羊毛笔头揉碎中间层细箩的金箔，揉碎的金箔通过细箩进入下层竹节底的金粉末，即金粉。

2. 打金胶油

传统所用金胶油为漆金胶，在退光漆匾地表面打漆金胶。现多在打磨过的黑磁漆或黑喷漆匾地表面打油金胶，所打金胶油表面足实饱满、光亮、均匀、到位、整齐，无皱纹、超亮等缺陷。扫金时间掌握在以手指背触感有黏指感且不粘油，似漆膜回黏，此时最拢瓤子吸金，否则费金且不亮。

3. 扫金

扫金前要把打过油金胶的部位四周围好防风帐，将箩金筒下层竹节里的金粉倒在匾的一端，然后用金帚子、羊毛板刷或羊毛排笔拢着金粉向另一个方向移动扫金，但油金胶表面无金粉时，细羊毛板刷或细羊毛排笔不得越位空扫；否则，前功尽弃，扫金后根据金面情况有用大棉花团帚金的。扫金实际的用金量比计算的用金量略省。质量要求是：扫金面饱满厚实，光亮足而柔和，一块晕，色泽一致，无绽口、不花。

4. 成品保护

扫金后将字面和扫金表面金粉整理干净，不得触摸，需垫棉花封绵纸保护。

5.7 泥金（埿金）、描金技术要点

适应于佛龛、佛像、法器、壁画、屏风等。用金量的计算掌握“一贴、三扫、九泥（埿）金”是指贴金、扫金、泥（埿）金三种不同工艺做法中所需用金量的计算要点。扫金的用金量是贴金的三倍，而泥金或埿金的用金量是扫金的三倍、则是贴金的九倍；油作称的“扫金”，漆工称“上金”即为工艺做法，所谓“泥金”即为制作方法。将泥金粉粘在有黏指感的金胶油上，即为“泥金工艺”，实为“扫金工艺”，且与油作的“扫金”工艺和漆工的“上金”工艺，其用金量差别很大；用泥金粉与新鲜白芨汁液和鸡蛋清调和，称“泥（埿）金浆”，在器物上用它描图案，称“描金”工艺，而在器物上用它涂面积大时均称“泥金工艺”；将“泥（埿）金浆”用于佛像彩堆，既称“埿金工艺”，又称“拨金工艺”或“拨金地工艺”。贴金、扫金（上金）、泥金三种不同工艺做法，在北京漆工术语中称之为“明金”；“泥金”和“埿金”是过去匠师们对该术语的称为不同而已。

1. 泥金粉的制作方法

泥金粉末是将数张金箔放在细瓷盘内，滴入广胶水用手指调和研细至胶水干结，适量倒入开水待胶溶化金末沉底，将胶水倒出，根据要求的金粉末细腻度，再滴入广胶水……，反复 2 ～ 3 次将其金箔研成极细的金粉末，最后将细瓷器内的金粉末晾晒干，过细箩待用。由于加工方法类似“和泥”，所制成的金粉因而得名“泥金”，

要比箩金筒箩出的金粉细腻。

2. 垡金（泥金）浆的配制

垡金（泥金）浆以新鲜白芨汁液和少量鸡蛋清为胶粘剂，放置在鲁班缸（细瓷盘）内与泥金的金粉或与箩金筒箩出的金粉调制成垡金（泥金）浆，或用箩金筒箩出的金粉调制成描金浆，用细瓷棒或鲁班锤充分搅泚均匀，其虚实度以不透底为宜。切记，垡金（泥金）浆应随使随配，用多少配多少，不宜存放，否则造成浪费。

3. 泥金技术要点

泥金工艺面积大做浑金时，可根据面积宽窄选用羊毛板刷大小，用羊毛板刷蘸垡金（泥金）浆由上至下涂刷均匀，不宜过厚，金面应饱满光亮柔和，一块晕，色泽一致，整齐，不得流坠、透底、漏刷、掉粉。

4. 描金技术要点

描金工艺是在绘制好的图案上或装饰线上描金，选用所需宽度的小捻子或毛笔蘸描金浆或垡金（泥金）浆进行描金，质量要求基本同泥金工艺。例如，图案纹饰要求细致，由彩画作以绘画的手法用描金笔蘸描金浆或垡金（泥金）浆进行描绘。

还可根据使用要求，选用好的铜粉加稀释剂和清漆调制成的金粉，在图案上进行描金。如需分色纯金粉颜色较少，因铜粉的目数粗细不同其颜色效果也不同，但亮度不长久易变黑，罩清漆可延长亮度。铜粉及颜色见本书 2.3.1 节的颜料部分，铜粉（金粉）的配制见本书 2.4.2 节。

5. 垡金技术要点

垡金工艺一般适用于佛像彩堆拨金做法或拨金地做法。拨金是一种极为精致的彩画，在有颜色的底上显露清晰的金色纹饰。工艺做法：是在磨光的油地上，涂均匀的垡金浆，干后用玛瑙轧子轧实轧光，再涂一遍鸡蛋清。干后以蛋清调好所需颜料，着色均匀，潮干时小地打谱子捂盖湿布。再用麻秆夹竹签或象牙签做成笔尖状（不得太尖以防划破金地），揭开湿布按图案（熟练者凭记忆或看图样）一点一点地将颜料层拨开，以露出金色地为宜，未拨的地方即留下鲜艳的色彩。拨时应随拨随揭至全部拨完，图案不走样金线纹饰流畅、明亮柔和。参见彩图 5-1-47 ～彩图 5-1-49。如做贴金拨金地时，应符合工艺和设计要求。

5.8 油皮（油漆）彩画工程饰金表面质量要求

1. 主控项目质量要求

（1）贴金工程的工艺做法和所用材料的品种、质量、颜色、性能及金胶油配兑、图案式样、两色金分配、金箔罩油、罩漆必须符合设计要求和文物要求及有关材料标准的规定。

（2）贴金工程的基层饰面应平滑，金胶油膜均匀、饱满、光亮、光洁、到位，严禁裂缝、漏打（刷）、超亮、洇、顶生。

（3）贴金工程的金箔必须与金胶油粘结牢固，饰金面严禁裂缝、顶生、脱层、空鼓、崩秧、氧化变质（含煳边煳心）、漏贴、金木等缺陷。金箔罩油、罩漆应色泽一致，严禁咬底、咬花、超亮、漏罩。

检验方法：观察检查并检查产品合格证和金箔检测报告及验收记录。

2. 一般项目表面质量要求（表 5-8-1）

油皮（油漆）彩画部位贴金一般项目表面质量要求 表 5-8-1

项次	项目	表面贴金质量要求
1	饱满、流坠、皱皮、串秧	饱满，大面无流坠、皱皮、串秧，小面明显处无流坠、皱皮
2	光亮、金胶痱子微小颗粒	光亮足，距离 1.5m 正斜视无明显痱子及微小颗粒
3	平直、流畅、裹棱、整齐	线条平直、宽窄一致，流畅、到位、分界线整齐；大面无裹棱，小面明显处无裹棱
4	色泽、纹理、刷纹	金箔色泽一致，铜箔色泽基本一致，明显处无纹理、刷纹
5	绽口、金花	大面无绽口、金花，小面明显处无绽口、金花
6	飞金、洁净度	大面洁净，无污染、飞金，小面无明显脏活、飞金

注：1. 大小面明显处指视线看到的位置。在检验时，未罩油的饰金面严禁用手触摸。
2. 纹理：指贴金（铜）箔后，金箔表面形成重叠的搭茬和缕纹或折纹，称纹理。
3. 绽口：是指贴金时的金箔因金胶油黏度不够所形成的不规则离缝。
4. 洇：指金胶油内掺入稀释剂造成金面不亮，渗透扩散彩画颜色变深，不整齐等。
5. 金木：俗称金面发木，是指贴金箔、铜箔等，表面无光泽或微有光泽，甚至既无光泽又有折皱（贴金时被金胶油淹没）缺陷。
6. 豆金：指小碎块的金似豆大的金，贴金的操作要点应贴整条的金箔，不能贴小碎块的豆金。
7. 彩画需罩油的表面光泽度：常规要求彩画表面无光泽（似亚光），如彩画表面做平光或有光时，应符合文物或设计要求。

第6章　烫硬蜡、擦软蜡、清漆施工工艺

适用于古建筑各部位（除山花博缝、连檐瓦口、椽头外）、牌匾、木装修（花罩）、花活及木地板等。清漆适用于室内木装修、木地板等。高雅的精装修古朴的色彩搭配见彩图6-1-1。

6.1　烫硬蜡、擦软蜡、清漆一般要求及工机具

（1）烫硬蜡、擦软蜡、清漆工程的做法、材料、品种、质量、颜色、川蜡和黄蜡配比应符合设计要求。

（2）烫硬蜡、擦软蜡、清漆工程新细木制品含水率不得大于12%，环境湿度不宜大于60%，清漆施工的环境温度不得低于8℃。露天烫硬蜡的环境温度不宜低于10℃，否则涂刷蜡水不匀易泛白。做清色活涂饰虫胶清漆或硝基（亚光）清漆，环境温度不宜低、湿度不宜大，否则饰面会泛白。

（3）烫硬蜡动用明火时应有防火措施并具有消防引火证，室内烫硬蜡通风要良好。

（4）烫硬蜡、擦软蜡、清漆不得出现斑迹。烫硬蜡不得烫坏木质基层。

（5）新细木制品的木质颜色应一致，不得有外露钉帽、欠茬、翘裂。

（6）大小油桶、粗布、砂纸、水砂纸、刷子、羊毛板刷、棉丝、麻头、大小竹铲、果木炭、蜡烘子（火挣子）、喷灯、电炉倒置烘子、大功率吹风机等。

6.2　烫硬蜡、擦软蜡施工工艺

6.2.1　硬蜡加工方法及润粉、刷色要求

（1）烫硬蜡、擦软蜡使用的材料见本书2.3.1节中第2条颜料和本书2.3.4节中第11条的其他材料。

（2）将硬蜡（用块状川蜡和黄蜡）刨成薄片，再将川蜡内掺入不少于5%的黄蜡混合均匀，如硬蜡不能加工成薄片或剩余的蜡粉末，可将硬蜡和黄蜡放在无锈蚀的锅内（不锈钢电热锅）加热融化成蜡水，过40目铜箩滤去杂质，倒入分格的木槽内，

待冷却凝结后将硬蜡刨成薄片待用。对外檐立面木构件和木装修烫蜡，将川蜡和不少于10%的黄蜡加热融化成蜡水待用。

（3）木件和木装修润粉、刷水色的样板应符合设计要求，润粉、刷水色的颜材料应使用石性颜料（加水胶）或酸性染料。润粉的调配见本书2.4.2节，水粉用大白粉加石性颜料和水胶调配成，油粉用大白粉加石性颜料或色调合漆和光油及汽油调配成。润粉应来回多次揩擦物面，应擦满棕眼。揩擦可逐面分段进行，大面积要一次做成，润粉应熟练做到快速、均匀、洁净的要领。表面颜色一致，无余粉、积粉现象，木纹、线角、纹饰应清晰、洁净。刷水色时应顺木纹逐面刷，表面应颜色一致，不得有接头痕迹。

注意事项：润水粉不得使用素水粉，否则易造成半棕眼和木纹不清楚；润油粉不宜油大，油性大润粉时粉料不易进入棕眼内。水粉干燥快，易引起木材膨胀起木筋，比油粉清晰度高，但透明度不如油粉好；遇有木装修分色做法时，刷水色应分别调制、先浅而后深。如槛框与隔扇（落地罩）分色，或槛框与隔扇（落地罩）的边抹及心屉分色，或槛框与隔扇（落地罩）的边抹及裙板分色，或隔扇（落地罩）的边抹与裙板分色等；烫蜡前的木基层表面需润粉时，在不需拼修色的情况下可润油粉。

6.2.2 清色活楠木本色烫硬蜡施工工艺

1. 施工工艺

新旧楠木基层处理 → 撒蜡与涂蜡 → 烫蜡与擦蜡 → 起蜡与翻蜡 → 出亮。

2. 新旧楠木基层处理

（1）旧楠木件基层处理时，用钢丝棉或铜丝刷及1½号砂纸将表面的水锈、污垢清除干净，表面有油污用棉丝蘸汽油擦洗干净，有旧蜡质用竹刀铲刮干净，并将表面尘垢用粗布擦干净。呈现楠木本色，并平整、光滑，无划痕，不得损伤木骨和雕刻纹饰；如木筋凸起水锈污垢严重时，均可用蒸气压力枪（高压蒸气清洗法）除净，并能除净木筋内的水锈污垢，不损伤木骨和雕刻纹饰，呈现楠木本色且清晰。

（2）新楠木磨白茬：用1½号砂纸或砂布包方木块顺木纹方向打磨平整、光滑、无硬棱。不得出现横竖交错的乱磨痕迹及漏磨现象，并掸干净，表面不得有污迹。

3. 撒蜡与涂蜡

（1）烫蜡前对于不烫蜡的匾字地或印章，应提前用光油和汽油配兑成稀底油齐扣一遍；干燥后烫蜡，防止烫蜡进入字地，否则涂绿油、扣光油、筛扫或打金胶油不宜干燥。

（2）将硬蜡薄片均匀地撒于匾面或木地板，并将匾字地的硬蜡片用毛笔剔扫干净。立面木件和木装修，用刷子蘸加热融化的蜡水均匀地涂抹在表面。蜡水温度应适宜，温度高刷毛卷煳，环境温度低和蜡水温度低涂抹不均匀则泛白（迅速凝固在表面），蜡质且不宜浸入木质。

4. 烫蜡与擦蜡

（1）先将烫蜡的木炭烘子点燃，以冒蓝火苗不崩火星时方可烫蜡，也可采用1500W电炉倒置烘子，烫蜡由两人共同操作，烫蜡时用蜡烘子将蜡烤化，擦蜡者随时用粗布将烤化的蜡擦均匀，使蜡均匀地浸入木质，蜡烘子移动要稳，逐步烫完。不得将蜡擦在匾字地，不得烫坏（煳）木质。

（2）将涂抹在立面木件或木装修或地板圈（踢脚板）表面的蜡未凝固前，应随后用大功力吹风机（过去曾用喷灯）将蜡烤化，再用粗布将烤化的蜡擦均匀，使蜡均匀浸入木质，逐步烫完，不得烫坏（煳）木质。如踢脚板用喷灯烫蜡，可将点燃的喷灯以冒蓝火苗时方可烤蜡，但要掌握好移动喷灯的速度和与物面的距离。

5. 起蜡与翻蜡

用牛角板或竹铲刀，将多余的蜡刮掉、收回，蜡薄处再撒蜡或涂蜡，翻蜡是用蜡烘子或大功率吹风机再次烫蜡，通过起蜡和翻蜡，使蜡质充分渗入木质内，表面饱满均匀一致。

6. 出亮

用鬃刷或粗布、棉丝反复顺木纹擦理，使木纹清晰光亮柔和、色泽一致，严禁出现裂缝、斑迹、烫坏（煳）木质缺陷。

6.2.3 擦软蜡施工工艺

（1）施工工艺：新旧木基层处理→擦软蜡→出亮。

（2）新旧木基层处理：

1）磨白茬操作方法同新活烫蜡，如进行润粉、刷色符合设计要求，磨白茬和润粉、刷色见本书6.2.2节第2条，或本书6.4节的相应条款。

2）旧漆面进行擦蜡养护，用粗布过肥皂水或洗涤灵水，将油污及污垢清洗干净后再过清水擦净。

3）重新擦蜡养护用粗布和棉丝将尘埃、尘土擦干净，表面有油污及污垢可用松节油或汽油擦洗干净。

（3）木装修擦软蜡，用棉丝蘸上光蜡或用松节油稀释蜂蜡或油蜡，在木装修表面按边框、棂条雕刻纹饰顺木纹逐面擦严擦到，擦均匀，秧角窝蜡用竹刀剔净，无漏擦缺陷。

（4）擦软蜡后出亮，用棉丝、棕刷在木装修表面按边框、棂条雕刻纹饰顺木纹逐面来回擦亮，达到光亮柔和，无蜡缕缺陷。

6.3 烫硬蜡、擦软蜡表面质量要求

1. 大木及木装修、花活、牌匾烫硬蜡、擦软蜡表面主控项目质量要求

（1）所用蜡质品种、质量和做法应符合设计要求及选定的样品要求。

（2）烫硬蜡、擦软蜡工程表面光泽一致，棱角整齐，严禁出现裂缝、斑迹、烫坏（煳）木质基层缺陷。

检查数量不少于总面积的 50%，检查方法观感检查、手感检查。

2. 大木及木装修、花活、牌匾烫硬蜡表面一般项目质量要求

蜡洒布均匀，无露底，光亮柔和，光滑，色泽一致，木纹清晰，厚薄一致，楠木保持原色，表面洁净，无窝蜡、蜡缕等缺陷。

3. 木装修、花活擦软蜡表面一般项目质量要求

蜡洒布均匀，无露底，棕眼平整，光亮柔和、光滑，色泽一致，木纹清晰，表面洁净、无斑迹，无蜡柳、窝蜡等缺陷。

6.4 清漆涂饰施工工艺

适用于醇酸清漆，丙烯酸木器清漆，聚氨酯清漆，硝基清漆，亚光硝基清漆等施工。室内清漆施工通风要良好。清漆施工使用的材料见本书 2.3.1 节第 2 条颜料、第 3 条溶剂和本书 2.3.4 节第 3 条各品种的清漆性能及用途、第 11 条的其他材料。

6.4.1 木制品涂刷清漆的主要工序

木制品涂刷清漆的主要工序见表 6-4-1。

木制品涂刷清漆的主要工序 表 6-4-1

项次	工序名称	中级清漆	高级清漆
1	清扫、起钉、除油污等（旧漆皮铲除、过肥皂水）	+	+
2	磨（白茬）砂纸	+	+
3	润粉（润水粉或润油粉）	+	+
4	乏旧砂纸打磨、掸净	+	+
5	第一遍满刮腻子（胶腻子或油石膏腻子）	+	+
6	磨光、掸净	+	+
7	第二遍刮腻子（胶腻子或油石膏腻子）		+

续表

项次	工序名称	中级清漆	高级清漆
8	磨光、掸净		+
9	揩、刷油色或刷水色	+	+
10	刷第一遍清漆	+	+
11	复补腻子	+	+
12	磨光、掸净	+	+
13	拼色、修色	+	+
14	刷第二遍清漆	+	+
15	磨光、掸净	+	+
16	刷第三遍清漆	+	+
17	磨水砂纸、掸净		+
18	刷第四遍清漆		+
19	磨水砂纸、掸净		+
20	刷第五遍清漆		+
21	磨退		+
22	打砂蜡		+
23	打上光蜡		+
24	出亮		+

注：表中"＋"号表示应进行的工序。

6.4.2 细木制品涂刷亚光清漆的主要工序

细木制品涂刷亚光清漆的主要工序见表 6-4-2。

细木制品表面涂刷亚光清漆的主要工序　　表 6-4-2

项次	（显孔式）工序名称	（填孔式）工序名称	中级	高级
1	清理、磨砂纸	清理、磨砂纸	+	+
2	找胶腻子或找漆片腻子	刷虫胶清漆、满刮腻子、磨光	+	+
3	磨砂纸、掸净、刷虫胶清漆	润粉、磨光、刷虫胶清漆	+	+
4	复找腻子、磨光、拼、修色	复找腻子、磨光、拼、修色	+	+
5	刷亚光清漆（底漆）、磨水砂纸	刷亚光清漆（底漆）、磨水砂纸	4 遍	7 遍
6	揩理亚光清漆、磨水砂纸	揩理亚光清漆、磨水砂纸	3 遍	5 遍
7	刷亚光（面漆）、磨水砂纸	刷亚光清漆（面漆）、磨水砂纸	3 遍	3 遍
8	打砂蜡、磨退	打砂蜡、磨退		+
9	打上光蜡，擦亮	打上光蜡，擦亮	+	+

注：1. 表中"＋"号表示应进行的工序。

2. 表中第 5 项中高级做法，均可涂木器硝基清漆（底漆）。

6.4.3 木制品清漆涂饰工艺

1. 基层处理

（1）木材面进行清扫、起钉子、除油垢，表面无尘土、污垢等脏物。旧漆膜处理时用脱漆剂清除，再用清水洗净，无翘皮、污垢。

（2）木制品脱色，一般脱色漂白时，常用过氧化氢（俗称双氧水），其浓度为15%～30%即可脱色，为了加速氧气的放出和促使木材中的色素分解，可在双氧水溶液中掺入适量氨水，浓度25%，其掺入量为双氧水溶液的5%～15%，且不宜掺量过多。

（3）旧漆膜翻新处理时，过肥皂水或洗涤灵水，再用清水洗净，无翘皮、污垢。其他工序相应参考表6-4-1的4～6条和9～16条。

2. 磨砂纸

用1½号砂纸顺木纹方向通磨，并将水渍、胶渍、污垢、笔迹等打磨干净，棱角要磨光（俗称磨白茬要倒棱）、无硬棱，高级清漆（磨退工艺）在磨平面时，应垫木块磨平、磨光。

3. 润粉

分为油粉、水粉两种，粉料应使用大白粉，颜料应使用无机颜料。配制油粉不宜油大，油性大润粉时粉料不易进入棕眼内。配制水粉必须用水胶配兑，不得使用素水粉，易造成半棕眼和木纹不清楚；润粉时，涂刷的油粉或水粉要均匀，曝干前用麻头或棉丝反复揩擦物面，应擦净浮粉、棕眼饱满。润粉可逐面分段进行，大面积要一次做成。表面应颜色一致，无余粉、积粉现象，木纹、线角、纹饰应清晰、洁净。

4. 做色棕眼

润粉前应涂两遍虫胶清漆［漆片：酒精=1：（5～7）］，找钉眼腻子，润色油粉后涂两遍虫胶清漆，涂面清漆应按做法而定遍数。做水色时，待润水粉后涂两遍虫胶清漆进行，使木质吸收水色一致，涂刷水色应使用酸性染料，水色干后刮胶性色腻子。

5. 满刮腻子

润水粉应刮胶性色腻子，润油粉应刮油石膏色腻子，腻子颜色应与粉子颜色一致。满刮腻子前应先将缺陷处找补腻子。满刮腻子应压实、刮平、刮严刮到、收净，不得留有野腻子和漏刮。刮板、刮刀不得有锈垢，配制胶腻子不得使用乳液胶。

6. 高级清漆做法

润粉后一般应满刮两遍腻子。对于木质要求较高的硝基清漆磨退做法中，木质缺陷较少，润水粉后刷1～2遍虫胶清漆均可补色胶腻子或虫胶色腻子；木质缺陷较多，润油粉后应嵌补油石膏色腻子。要用小足刀嵌补，腻子不得片大。

7. 磨腻子

每一遍腻子干后用1号或0号砂纸顺木纹往返打磨，磨光、磨平为止，应木纹清晰，表面不得有腻子痕迹，不得将棱角磨破，表面干净进行下道工序。

8. 揩、刷油色或刷水色

（1）一般应根据木质的具体情况而定，如松木、硬杂木、新旧木料并用、旧活翻新等。刷油色应在油粉上、满刮油腻子上或头道漆上涂刷。刷油色时应顺木纹逐面刷，涂面应均匀一致，达到颜色一致，不得有接头、裹棱痕迹，切不可重复刷。如木质好可采用揩擦油色的方式，既能达到木纹清晰和颜色要求，又可防止接头、裹棱。

（2）刷水色，磨腻子后涂 1 ～ 2 遍虫胶清漆进行刷水色，拼、修色前涂一遍虫胶清漆进行，刷水色的方法同刷油色。

9. 刷第一遍清漆

涂刷时应横平竖直，薄厚均匀，不流不坠，刷纹通顺，不得漏刷，不得污染相邻部位。如做硝基清漆或硝基亚光清漆时，此道工序均可涂刷 1 ～ 2 遍虫胶清漆，如沾到旁边的裹棱的漆片应随时擦掉，不得重复刷。漆膜干后用 0 号或 1 号砂纸打磨并用湿布擦净，不得磨破棱角。

10. 复补腻子、拼、修色

如有凸凹不平处，应复补腻子，干后磨平擦净。拼、修色应在第一遍清漆后进行，一般采用酒色将颜色不一致处拼成一致，应将腻子疤、钉眼等处用毛笔进行修色，应以看不出腻子疤且同周围颜色一致为佳，并绘出通顺的色泽相似的木纹。

11. 刷第二遍、第三遍清漆

要求同第一遍，刷第三遍时应待第二遍清漆干后，经打磨湿布擦净再进行。中级做法第三遍面漆施涂后未达到光滑度光亮度应再刷一遍面漆至达到质量要求。

12. 第四遍至第五遍清漆

涂刷要求同第一遍，但每遍涂刷前应用 280 号至 320 号水砂纸进行打磨，应磨光磨平，磨后擦干净，不得磨破棱角。

13. 磨退工艺

磨退工艺中，如采用丙烯清漆为面漆时，涂刷第四遍醇酸清漆后，经打磨擦净后可涂两道丙烯酸清漆，其配比为甲组 40%，乙组 60%。第五遍刷丙烯酸清漆要求同第一遍醇酸清漆，正常温度 4 小时后即可用 320 号水砂纸打磨，磨完后擦净，刷第六遍（第二道）丙烯酸清漆后第二天即可磨退。拼、修色后施涂聚氨酯清漆应不少于 6 遍。

14. 硝基清漆（腊克）磨退做法

磨退刷理遍数一般为 12 ～ 15 遍（擦腊克需稠些为三遍），刷前一遍稠些，以后可稀些。揩理（擦腊克）应理平，刷理应一个来回。理平见光遍数为 8 ～ 10 遍（擦腊克需稠些为二遍），揩理后漆膜应丰满。每遍理刷后应用 200 号～ 300 号水砂纸打磨，磨退应待漆膜干燥两、三天后进行。

15. 磨退

应用 380 号～ 500 号水砂纸细磨，均可蘸煤油磨，应磨平、磨细，磨断斑。磨时用力均匀，棱角不得磨透底。磨好后，揩擦掉浆水，并用清水擦净，无划痕。

16. 打砂蜡、擦上光蜡、出亮

磨退干透后，以新软棉丝蘸砂蜡（用煤油调稀的砂蜡），在漆面上顺着木纹来回擦，用力应均匀，受热不得过高，棱角不得多擦，以出现自然光无亮星为准，退好后应将浮蜡擦净。擦上光蜡应薄而均匀，抛光的亮度应一致，无划痕。

17. 硬木地板刷清漆、聚氨酯清漆做法

硬木地板刷清漆，聚氨酯清漆做法的主要工序同相应表 6-4-1 的中级清漆，其中第 9 项可酌情对待。

6.4.4 细木制品亚光清漆涂饰工艺

（1）细木制品涂饰亚光清漆，一般分为两种做法，即显孔式亚光硝基清漆和填孔式亚光硝基清漆。填孔式亚光硝基清漆为磨退做法，显孔式亚光硝基清漆质感好，做磨退或不磨退，适应于工期短，细木制品要求高的工程。主要工序见表 6-4-2 或参照表 6-4-1 的工序。

（2）显孔式做本木色时，基层处理见 6.4.3 基层处理的（1）及第 2 项，打磨后清理干净。应用无锈迹的小足刀嵌补色胶腻子，腻子应与木质颜色一致（宜浅不宜深），色胶腻子不得片大，腻子可略大于钉眼，但应略高于物面，便于干后打磨平整，擦干净，涂刷一遍浅色虫胶清漆（工艺不要求磨退时，均可涂刷一遍稀亚光清漆或稀硝基清漆）。

（3）复找色胶腻子干后，用旧砂纸打磨、擦净。将细木制品中不一致的颜色和钉眼、疤节进行拼、修色，要求同本书 6.4.3 节的第 10 项，拼、修色后进行施涂底漆，如施涂木器硝基清漆，其刷涂配合比为硝基清漆：香蕉水 =1 ： 1.3，揩理配比为硝基清漆：香蕉水 =0.8 ： 1。每遍刷涂和揩理后应用水砂纸打磨。刷揩不得少于 6 遍，亚光硝基清漆面漆不宜少于 3 遍。

（4）砂蜡磨退工艺的漆膜厚度不宜少于 15 遍。打砂蜡、打上光蜡、出亮要求同本书 6.4.3 节的第 16 项。

6.5 清漆涂饰表面质量要求

1. 木制品表面涂饰清漆和细木制品表面涂饰亚光清漆主控项目质量要求

（1）所用清漆的品种、颜色及工程做法应符合设计要求及选定的样板和样品要求。

（2）清漆工程表面平整，棱角整齐，严禁出现脱层、脱皮、裂缝、漏刷、脱皮、斑迹缺陷。

检查数量不少于总面积的 50%，检查方法观感检查、手感检查。

2. 清漆工程一般项目质量要求（表 6-5-1）

清漆涂饰表面一般项目质量要求 **表 6-5-1**

项次	项目	中级涂料（清漆）	高级涂料（清漆）
1	漏刷、脱皮、斑迹	不允许	不允许
2	裹棱、流坠、皱皮	大面不允许	大面及小面明显处不允许
3	光亮、光滑	光亮足、光滑	光亮柔和、光滑、无挡手感
4	棕眼、木纹	棕眼平整、木纹清楚	棕眼平整、木纹清晰
5	颜色、刷纹	大面颜色一致、无刷纹	颜色一致、无刷纹
6	五金、玻璃等	洁净	洁净

1. 大面是指门窗关闭后的里外面。
2. 小面明显处是指门窗开启后，除大面外，视线所能见到的地方。
3. 亚光硝基清漆的光亮度可按高级涂料（清漆）要求。
4. 显孔式亚光硝基清漆的中级做法中，检查棕眼时基本平整为合格。

第7章 匾额油饰施工工艺

7.1 概述

匾额悬挂于古建筑物最显眼的部位，既为建筑物画龙点睛，又起标记作用，见彩图 7-1-1。匾额在古建筑中占有重要的地位，油作十分重视并作为一项特殊工作对待。匾额油饰除包括地仗、油皮、饰金、烫硬蜡、擦软蜡、清漆工艺外，还包括拓放字样、灰刻字、灰堆字、筛扫等细致工艺。匾额油饰主要适用于古建筑、仿古建筑室内外的匾、额、楹、抱柱对子，统称为“匾”。在古建中除楹、抱柱对子外，一般横者为“匾”，竖者为“额”。其主要使用材料、加工材料及调配、工具同第 2 ～ 6 章工艺，只是工艺和使用材料（如黑硝基磁漆代替大漆）及调配略有不同。

7.2 匾额施工条件与技术要求

（1）匾额施工应具备操作场地并防雨、防晒，在室内施工应通风良好，冬季施工应有保温措施。

（2）匾额施工应符合设计要求（如材料和材料配比、做法、色彩等）和文物工程的要求及有关规定并符合地仗、油皮（油漆）、饰金、烫蜡工程的相应施工条件与技术要求和施工要点。

（3）匾额施工砍活前应对匾额的铜字镶嵌或旧匾的字样进行拓字留样，在起卸铜字时不得损坏扒掌，并对铜字和拓字样妥善保管。

（4）匾额施工前应对原匾额的色彩、字形和位置记录保存，对成品匾额未挂匾前应采取保护措施。

7.3 匾额种类与色彩

匾额的种类繁多、形态各异，是前辈匠师们按木质匾额的式样特点和工艺做法的不同命名的，其种类式样及色彩如下简述或见彩图，这些彩图匾额拍照选自故宫、颐和园、历代帝王庙、潭柘寺、京西大觉寺、劳动人民文化宫、法源寺等。

1. 斗子匾

此匾因形状似容量粮食的木斗而得名，斗子匾（如意边毗卢帽斗形匾）的匾心（字堂）多扫青，字多为铜胎金字大多镏金或贴金。斗的四边外口和侧面常规做三道朱红油，斗边贴库金，见彩图 7-3-1 和彩图 7-3-2。有的斗子匾的匾心做扫青，铜字银白色见彩图 7-3-2，有的斗子匾因字横向排列多而扁长，均可称为横额，见彩图 7-3-3。

2. 雕龙匾

此匾其形状同斗子匾（毗卢帽斗形匾）和花边匾，斗边框内浮雕云龙五至九条不等，也有偶数龙，龙头立体感强的多为嵌雕云龙匾，九龙匾额用于最重要建筑（如天坛的祈年殿、历代帝王庙的景德崇圣殿、太庙的享殿等）。做浑金的、两色金的或龙贴金彩云的（斗边贴金）斗边外口和侧面及雕刻地常规做三道朱红油（云雕饰油的极少见彩图 7-3-8），匾心（字堂）扫青，铜字贴金或镏金，匾心有印章的大多在中上方为朱红地其四边和阳字为金色，或四边字地浑金，见彩图 7-3-7 ～彩图 7-3-15。其中嵌雕龙抱柱对子心（字堂）地做黑油漆，框内云龙贴浑金及金字见彩图 7-3-10 ～彩图 7-3-12。

3. 花边匾

此匾的匾框四边多为规则性凸起的贴雕图案，常见万字、回纹图案，花边宽依据字体和匾的大小而定。花边匾有黑地白字赤金花边、绿地白字赤金花边、黑地库金字朱红花边、朱红地白字库金花边，青地库金字浮雕云龙浑金花边等，见彩图 7-3-13 ～彩图 7-3-18。匾心有印章的大多在中上方，印章地一般随大字颜色，印章四边和字为朱红色。抱柱对子多为花边匾格式或平面匾格式，花边抱柱对子见彩图 7-3-19。花边匾（有黑地库金锓阳字浮雕九条云龙浑金匾边见彩图 7-3-13）多用于室内外。也有匾的四边起线为金，黑地金字，中上方印章三方，两侧印章字阴刻为朱红，地为金，中间印章字和边阳刻为金，地为朱红。

4. 平面匾

此匾应用普遍似平面板，匾面多为黑地金字或金地黑字或白地黑字或黑地白字等。大多有落款，落款大多在字（左）尾，也有字头字尾均有落款，落款的字随大字色彩。名印章地多为金色其四边和字为朱红色，也有号章字和边为金色地为朱红。该匾清秀典雅多用于园林、铺面建筑。平面匾见彩图 7-3-21 ～彩图 7-3-24，其中黑地白字抱柱对子见彩图 7-3-24。

5. 清色匾

此指透木纹的匾，多为木质较好的平面匾，一般为楠木、樟木等刻锓阳字做本木色其字多为绿色但色泽艳（如鸡牌绿），也有根据木质和上色深浅的不同其字的颜色也不同，清色匾大多做烫蜡或做清漆磨退，其字多为金色、鲜绿色或白色，用于室内外。清色匾见彩图 7-3-25 ～彩图 7-3-26，其清色匾中的御章见彩图 7-3-27。

6. 奇形匾

此匾指匾形奇特的匾，多以建筑物的使用功能或有寓意的匾，常见的有蝙蝠匾、扇面匾、卷书匾、套环匾（有三连环匾，青地白字，印章在中上方，金花边）等多种，奇形匾的色彩相对灵活，一般有黑地金字、黑地绿字、白地黑字、朱红地白字、朱红地金字、蓝地金字、绿地金字等。一般朱红地、蓝地、绿地做撒金、字贴金，奇形匾见彩图 7-3-28 ～彩图 7-3-33，其中画卷匾见彩图 7-3-30。

7. 其他匾

常见堆字匾有黑地金字、青地金字、浑金地黑字、扫金地黑字。有的匾地做扫蒙金石字贴金或扫青扫绿，有的匾地做扫玻璃砟字贴金。有的为纸绢匾，多长方形，字名人书写。纸绢匾框镶木边和边框匾刷油漆见彩图 7-3-34 ～彩图 7-3-36。

8. 匾托

既起撑托匾额作用又起装饰作用，匾托一般分金属的和木质的，铁制品多为朱红色，木质的为雕刻花纹其地为朱红色，花纹表面有贴金或不贴金的，也有浑金的，见彩图 7-3-37 ～ 7-3-43。

7.4 匾额的字形

匾额的字形分原匾额铜字的字形和木刻的字形及灰刻的字形。

1. 铜字

此指雕龙匾、斗子匾及皇家园林的奇形匾上的字，笔画断面为平面，铜字的笔画基本相互连接，有分离的笔画以铜带在背面连接，其铜带称扒掌。因此拆卸前必须对铜字进行拓字样，并包括字与字间距位置拓下留样进行妥善保管。在油灰地仗的表面将铜字的铜带落槽镶嵌于匾面的平刻平阴字槽内。

2. 木刻字

此指透木纹匾上的字，在木质较好的木板上直接刻字，一般木刻字为锓阳字，笔画的字墙微有倾斜度其中间凸起的断面为圆弧面，锓阳字立体感强。木刻阴字极少（多见于石匾、石碑），笔画的字墙垂直其中间凹的断面为圆弧面呈 U 字形。

3. 灰刻字

此指在油灰地仗的表面刻字，分锓阳刻、阴刻、阳刻三种方法，多为平刻锓阳字，一般依据匾额及字体的大小，地仗表层的渗灰厚度一般为 5mm 左右，灰刻锓阳字，笔画的断面字墙微有倾斜度，其字墙的锓口向外倾斜角度约 25° 角，中间凸起的断面为圆弧面，锓阳字立体感强。字体大笔画宽100mm左右时，笔画中间凸起的断面为平坦圆弧面，锓阳字立体效果稍差。如落款小字笔画宽2mm左右时，笔画中间的断面为V字形，俗称两撇刀；牌匾灰刻字中也有笔画的断面为落地平刻，呈凹字形。但笔画的断面呈U字形的牌匾灰刻极少，大多为碑文石刻。阳刻参见印章。

4. 灰堆字

此指在油灰地仗的表面主要用油灰堆成的字为平堆阳字，笔画断面凸起较大为圆弧面，一般依据匾额及字体的大小，掌握笔画宽度、字面弧度和高度与字体大小、笔锋协调。灰堆字轮廓饱满突出，立体感极强。

5. 印章

同一般印章一样，分阴刻或阳刻，不同之处是在匾的平面直接刻印章，但号章阴刻多其四边外侧与匾面平。阳刻印章保留笔画刻地，也称落地刻，呈凸字型，其四边外侧呈坡面微低于匾面，名章阳刻多轮廓突出，其中御章见彩图7-3-12。

7.5 拓字留样

进行匾额油饰，不论是新字做新匾，还是旧匾旧字做新，或是铜字的匾额做新进行拓字留样。

新字做新匾，是为了防止错刻以便核对复杂的笔画及笔锋而留样；旧匾旧字做新，是为了防止砍活毁掉旧字而进行拓字留样以便于恢复；铜字的匾额做新，在砍活前需起卸铜字的扒掌，虽然不会损坏，是为了记录原来的字样位置及铜字背面的扒掌与字的连接关系，或两种文字及三种文字的连接关系，以便恢复原来的字样位置，因此必须事先拓字留样。

1. 拓铜字

起卸铜字的扒掌前，进行拓铜字，又因铜字笔画清楚，棱角整齐突出就比较好拓。将事先准备好的高丽纸按匾心尺寸裁粘好，然后铺于匾心对正位置进行固定，用棉花团蘸黑烟子揉擦纸面遇棱稍重揉，字的边棱便清楚地显现于纸面，拓好铜字样之后，还要拓扒掌，是将起卸的铜字放在已拓好的字样上面，铜字与字样找准位置后，按住不得移动，用铅笔勾画铜字的扒掌形状。字样与扒掌拓勾成一体后，拓原字样是将字样纸翻过来，一般用炭铅笔在纸背面将字迹与扒掌勾描出轮廓以便拓在匾额上，将拓好的字样保存待用期间，不得遗失。起卸铜字时不得损坏铜字和扒掌。

2. 拓锓阳字

在砍活前首先将旧匾的字用高丽纸拓好，拓字前按旧匾尺寸裁粘好高丽纸，然后铺于匾面四边对齐，按住不得移动，用棉花团蘸黑烟子在字的部位揉擦纸面遇棱稍重揉，字的边棱便清楚地显现于纸面，再进行拓取第二张字样，拓好后将字样保存待用期间，不得遗失。

如旧匾落款小字较多，印章中笔画多或印章小，防止拓字不清楚可按下例方法操作：按旧匾尺寸裁粘好高丽纸，铺于匾面四边对齐，按住不得移动，用水喷湿纸面，再复同样大的干高丽纸，用大刷子戳拍字迹后，下层纸便紧贴在匾面和字的笔画上面，揭掉上层纸待下层纸干后，便紧绷贴在匾面字迹十分清楚，用纱布包棉花干蘸油墨或墨汁，在字的部位顺序拍字迹周边，笔画凹面无墨迹为白色，平面为黑色，这样拓字虽说费时但小字清楚，第二张字样拓好后，将字样保存待用期间，不得遗失。

3. 拓灰堆字

在砍活前也要拓字，因其字表面圆滑，不能直接拓字。首先将灰堆字铲掉留下原字的底座，保持底座原字墙棱齐和形状，再将事先准备好的高丽纸按匾心尺寸裁粘好，然后铺于匾心对正位置进行固定，用棉花团蘸黑烟子拍擦纸面遇棱稍重拍，字的边棱便清楚地显现于纸面。拓好字样后，将字样保存待用期间，不得遗失。

4. 放字样

一般指新字做新匾或旧匾改新字，新写的字如按匾的规格写，须将字用铅笔或炭铅笔拓描在高丽纸上面，并进行修整笔锋，保留原样以便核对复杂的笔画及笔锋。如新写的字小就需放大，在放大时应考虑到匾额的上下天地、左右留边、字的间距等问题，再进行放大，方法有幻灯放大、打九宫格放大、电脑打印放大、复印机放大；然后在匾上找准位置后粘贴字样。

7.6　斗子匾雕龙匾额油饰施工技术要点

1. 斗子匾雕龙匾额油饰主要施工工序

拓铜字→起卸铜字→拓扒掌→斩砍见木→撕缝→支油浆→捉缝灰→通灰→使麻→磨麻→压麻灰→中灰→细灰→磨细灰→钻生桐油→磨生→刮浆灰→磨浆灰→拓原字样→剔槽→安装→找补地仗→磨细找补生桐油→找补浆灰磨浆灰→刮血料腻子（雕刻处帚血料腻子）→磨腻子→垫光油→光二道油→边抹雕刻包油黄胶→打金胶油→贴金→匾（字堂）心打金胶油→匾（字堂）心扫青→扣油→封匾。

2. 拓铜字→起卸铜字→拓扒掌

参照本书 7.5 节。

3. 斩砍见木→撕缝→支油浆

参照实行本书 3.4 节基层处理和本书 3.7.6 节基层处理的相应施工要点。汁浆材料配合比见表 2-2-5。

4. 捉缝灰→通灰→使麻→磨麻→压麻灰→中灰→细灰→磨细灰→钻生桐油

参照实行本书 3.4.3 ～ 3.4.12 节的相应施工要点。油灰地仗材料配合比见表 2-2-5。斗子匾框钻生见彩图 7-6-1。

5. 磨生→刮浆灰→磨浆灰

钻生桐油干燥后，用 1½ 号砂纸或砂布进行通磨光滑，打扫干净，平面用铁板靠骨刮浆灰，不得漏刮，干燥后，用 1½ 号砂纸或砂布进行通磨光滑，打扫干净。

6. 拓原字样

此指将原字样纸翻过来，一般用炭铅笔在纸背面将字迹与扒掌勾描出轮廓，按原位置固定匾额心中，用布擦拓于匾额上，如字迹不太清楚再用炭铅笔在匾额上拓描一次。

7. 剔槽→安装

在匾额字堂地仗表面用木凿子按扒掌的轮廓线剔槽，槽的深度略深于扒掌的厚度，然后将铜字按字迹摆好，待扒掌入槽卧好，再用螺丝刀将扒掌以木螺丝拧紧，铜字便固定好，要求铜字背面与地仗平，扒掌不得外露。

8. 找补地仗→磨细找补生桐油

字堂剔槽安装铜字后，将槽剔多的部分地仗和扒掌外露的部分，用粗、中、细灰找补平整，然后磨细找补生桐油。参照实行本书 3.4 节相应的施工要点。油灰材料配合比见表 2-2-5。

9. 找补浆灰→磨浆灰→刮血料腻子（雕刻处帚血料腻子）→磨腻子

参照实行本书 4.4 节相应的施工要点，材料配合比见表 2-4-2。

10. 垫光油→光二道油→扣油

参照实行本书 4.4 节相应的施工要点。

11. 边抹雕刻或铜字包油黄胶→打金胶油→贴金

参照实行本书 5.4 节相应的施工要点。

12. 匾（字堂）心打金胶油（光油）→匾心扫青→扣油→封匾

匾（字堂）心扫青参见本书 7.9 节；扣油（指朱红油）参见本书 4.4 节。

7.7 灰刻镂阳字匾油饰施工技术要点

1. 灰刻镂阳字匾油饰主要施工工序

拓字→斩砍见木→撕缝→支油浆→捉缝灰→通灰→使麻→磨麻→压麻灰→中灰→渗灰→细灰→磨细灰→钻生桐油→磨生→过水→粘字样→刻字→闷水起纸→找补生桐油→刮浆灰→磨浆灰→刮腻子→磨腻子→进行油皮（油漆）工艺（大漆工艺和

贴金工艺，或进行磨退工艺和贴金工艺）。

2. 拓字

参见本书 7.5 节。

3. 斩砍见木→撕缝→支油浆：

参见本书 3.4 节。汁浆材料配合比见表 2-2-5。

4. 捉缝灰→通灰→使麻→磨麻→压麻灰：

参见本书 3.4 节。油灰地仗材料配合比见表 2-2-5。

5. 匾背面

进行中灰→细灰→磨细灰→钻生桐油→油皮（油漆）：

参见本书 3.4 节，油灰地仗材料配合比见表 2-2-5。匾背面油皮（油漆）参见本书 4.4 节。

6. 匾正面中灰

中灰前用金刚石磨压麻灰，应打磨平整、光洁，扫净浮灰粉尘后，湿布掸净。中灰应使用铁板刮靠骨灰，要平整，不得长灰。油灰地仗材料配合比见表 2-2-5。

7. 匾正面渗灰

渗灰前磨中灰，用金刚石块穿磨平整、光洁，扫净浮灰粉尘后，支水浆一遍。

渗灰材料配合比见表 2-2-5 的 15 项，其光油的比例改成 3 ～ 4，大匾需掺入微量籽灰。匾面渗灰前为便于掌握渗灰的厚度，均可用铁板找细灰贴出板口，干后进行渗灰，用皮子抹严抹实，覆灰要均匀，再用灰板通长刮平，厚度 3 ～ 5mm（以字样大小而定），搭水糊刷或水箸帚做划痕，阴干、再细灰。渗灰表面有个别龟裂应撕成 V 字形，用铁板将渗灰捉补掖实；渗灰表面有严重龟裂时，应铲净操稀生油干后重新渗灰。

8. 匾正面细灰

渗灰曝干后，用铁板细灰时，先细四口，平面用铁板干刮细灰，待四口细灰干后，细面用皮子抹严抹实，覆灰要均匀，用灰板通长刮平，阴干。表面要平整，不得有蜂窝麻面、扫道、接头、龟裂、空鼓、脱层等缺陷。细灰材料配合比见表 2-2-5 的第 15 项，其光油的比例改成 3 ～ 4。

9. 匾正面磨细灰

用大块平整的细金刚石穿磨，要长磨细灰，应横穿竖磨或竖穿横磨，要磨断斑，表面平整、四口方正直顺、光洁、整齐，不得出现龟裂纹、漏磨、划痕等缺陷。

10. 匾正面钻生桐油

匾面钻生油时，先将磨下来的细灰面围堆在匾的四边，倒入原生桐油均匀覆盖匾面，数小时钻透细灰层后，用麻头擦净浮油，在室内阴干。匾面垂直无法放平时，钻生桐油参见本书 3.4.12 节。匾面钻生后八九成干时即能刻字。

11. 灰刻铲阳字

匾面灰刻锓阳字分六个步骤：磨生油→过水布→粘贴字样→刻字→闷纸→找补生油。钻生桐油干后，磨生后满过水布，干后找准字样刷稀糨糊，粘贴字样（也有在匾额刻字部位擦立德粉，画十字线垫复写纸，摆放字样，用圆珠笔或铅笔沿字的边缘描画，撤走字样，字体显留在匾额面上，但字体白粉易擦掉刻字易走样）要上下留天地左右留边，位置准确、端正匀称，用刻刀刻字先刻字外围，而字墙微有倾斜度，其字墙的锓口角度约 25° 角，注意字墙深度和锓口角度一致，铲坡弧度不宜一手持刻刀，字面坡弧度圆滑与字体大小、笔锋协调，不得反刻斜插刀，否则崩掉字墙及走样，笔锋和碎笔处不得刻乱。刻完后刷水闷纸起净，找补生油。

12. 灰刻锓阳字匾表面质量要求

位置准确，端正匀称，匾地平整光洁，字体光洁，色泽一致，字墙深度和字面坡弧度圆滑应与字体大小及笔锋协调，字棱和字秧直顺、流畅、清晰、整齐，字墙深度和锓口角度一致，刻字忠于原字样，不走样，无龟裂、麻面、砂眼、划痕等缺陷；表面洁净，清晰、美观。检验方法：观察检查并与原字样对照。

13. 刮浆灰→磨浆灰

找补生油干后，磨生用 1½ 号砂纸或砂布通磨光滑，打扫干净，以铁板进行满刮浆灰。应靠骨刮浆灰，以一去一回操作，不得有接头。刮浆灰时连灰刻锓阳字一起埋没，最后用小铁板或竹刀，刮字面和剔字秧，干后磨砂纸。材料配合比见表 2-4-2。

14. 刮腻子→磨腻子

参照实行本书 4.4 节相应的施工要点，材料配合比见表 2-4-2。

15. 匾面施涂油皮（油漆）工艺（大漆工艺参见本书 8.4 节）

涂饰黑醇酸磁漆不少于四道进行磨退工艺，字面打金胶油、贴金参照实行本书 5.4 节的施工要点。

16. 匾面喷漆操作工艺

工艺顺序为喷刷头道底漆及打磨→喷刷二道底漆及打磨→喷涂黑硝基磁漆及打磨→磨退→打砂蜡→擦蜡出亮→打金胶油→贴金→封匾。

（1）喷刷头道底漆及打磨：

打磨血料腻子及掸净后，喷涂或刷涂醇酸底漆要均匀，干后如有复找腻子处，可用原子灰腻子复找，腻子干燥后用 300 号水砂纸蘸水打磨光滑，并用湿布擦净。

（2）喷刷二道底漆及打磨：

喷涂或刷涂醇酸二道底漆（细腻，以填平补齐砂眼、划痕或纹道）要均匀，干后用 320 号水砂纸蘸水打磨光滑，并用湿布擦净。

（3）喷涂黑硝基磁漆及打磨：

喷涂黑硝基磁漆用香蕉水稀释，喷涂不少于五遍以达到磨退质量要求为准，前后遍喷漆要横竖交错、光亮均匀一致，最后一遍喷漆应丰满。每遍喷漆干后要用320号水砂纸打磨平整光滑，并擦干净。喷涂时喷嘴距离物面过远，会出现无光泽的漆膜（似粉状物），达不到磨退的质量要求。喷嘴距离物面过近易出现流坠，可控制在30cm左右，气压控制在0.3～0.4MPa之间，每遍喷漆应后枪压前枪一半（喷过的漆面范围重叠一半）喷成活，使漆膜饱满光亮，达到磨退的质量要求。

（4）磨退→打砂蜡→擦蜡出亮：

最后一遍喷漆干后，用380～400号水砂纸蘸水或蘸煤油打磨平整光滑，擦干净后无亮星、无挡手感。打砂蜡时将砂蜡内加入少许煤油，用纱布包干净的棉纱蘸砂蜡在漆面上有顺序地来回擦，将每个局部摩擦发热并出亮，再用干净的棉纱擦净匾面和字面的砂蜡，然后用干净的棉纱在漆面上打上光蜡或擦核桃油，用洁净的细白棉布或毛巾反复擦蜡发热，直至漆面光亮柔和，光滑平整，无挡手感。

（5）打金胶油→贴金→封匾：

字面打金胶油前用干净的棉纱蘸汽油擦净蜡质，打金胶油、贴金参见本书5.4节，贴金后用洁净的白棉布或毛巾擦净匾面浮物用绵纸封匾。

7.8　匾额堆字油饰施工技术要点

（1）匾额堆字油饰主要施工工序：拓字→斩砍见木→撕缝→支油浆→捉缝灰→通灰→使麻→磨麻→压麻灰→中灰→（根据需要渗灰）→细灰→磨细灰→钻生桐油→磨生→过水布→拓原字样→剔槽→做字胎→字胎地仗（操油、捉缝灰→通灰→糊布和磨布→压布灰→细灰→磨细灰、钻生桐油）→磨生→过水布→刮浆灰→磨浆灰→刮腻子→磨腻子→进行油皮（油漆）工艺（大漆工艺和贴金工艺，或进行磨退工艺和贴金工艺）。

（2）堆字地仗施工，参照实行本书7.7节灰刻镏阳字匾额地仗第2、3、4、5、6、8、9、10、11项的相应施工要点。

（3）要求成品木制字胎卧槽时，参照实行本书7.6节第7项的相应施工要点。

（4）拓原字样是将原字样纸翻过来，一般用炭铅笔在纸背面将字迹拓描出轮廓，按原位置固定匾额心中，用布擦拓于匾额上，如字迹不太清楚再用炭铅笔在匾额上拓描一次。字样不得遗失。

（5）如要求灰堆字的木制字胎卧槽时，先剔槽，用木扁铲按拓于匾额上的字迹轮廓线外围刻，要求字墙深度一致，铲坡度落平不宜一次到位，卧槽的深度3mm左右；

不得反刻斜插刀，否则会崩掉字墙及走样，笔锋处不得刻乱。

（6）做字胎：卧槽木制字胎或匾面直接做木字胎，先按字的笔画宽度和高度做成统一标准的木条，但是木条宽度和高度应小于原字样，然后按字的笔画长短截断，用木钻打眼、木条打眼的底部涂油满，按字的笔画粘于槽内或匾面，再将长于木条高度 15 ～ 20mm 的圆竹钉涂胶下于木条打眼处，油满与乳胶干后，用木扁铲及木锉修整字胎的字形及笔锋。

另外一种做字胎的方法是，在匾面拓描出字迹轮廓上钉钉子，再在钉子上缠绕线麻，做灰；油灰应与线麻和填揎的木条黏结牢固，其他工序同第 7 项的字胎地仗。颐和园仁寿殿博缝板的梅花钉，是按原位置的钉子缠麻，做油灰堆成梅花钉的。

（7）字胎地仗：

1）字胎支油浆或操油均匀，干后，用大小斜直铁板捉缝灰，按字形直、曲、圆捉齐补缺。如捉钉子上缠绕线麻的字胎，用大籽灰捉堆。干后用金刚石通磨打扫干净。油灰地仗材料配合比见表 2-2-5。

2）通灰，按字体笔画宽窄制成大小不同的月牙形竹轧子进行通灰，拣净野灰，表面光洁、整齐，干后用金刚石通磨打扫干净。油灰地仗材料配合比见表 2-2-5。

3）糊布，用夏布或绸布或高丽纸剪成条糊，开头浆要均匀一致，糊布应拉对接缝，整理活者用硬皮子整理布面，要求布面平整、严实牢固、搭接严紧、不露籽灰、不露白、秧角严实，不得有窝浆、崩秧、干布、空鼓等缺陷。头浆配比参照表 2-2-5。

磨布用砂布磨，要求断斑（磨破浆皮），不得磨破布层或遗漏，扫净浮灰粉尘后，湿布掸净。

4)压布灰，用鱼籽中灰压布，以大小不同的月牙形竹轧子进行压布灰。拣净野灰，干后用金刚石通磨接头、余灰，并用湿布掸干净。油灰地仗材料配合比见表 2-2-5。

5）细灰，用小皮子抹细灰，先将细灰抹严复细灰要均匀，然后用湿布条以两拇指掐住字体笔画的两侧秧角勒光滑，拣净野灰。油灰地仗材料配合比见表 2-2-5。

6）磨细灰、钻生桐油，用 1½ 号砂纸或砂布按字形细磨，磨断斑光洁后，用小刷子一次性钻透生桐油，不得漏刷。

（8）匾额堆字表面的质量应符合下列要求：

位置准确，端正匀称，匾地平整光洁，字体光洁，色泽一致；字面弧度和高度应与字体大小及笔锋协调，字秧直顺、流畅，整齐，清晰，堆字忠于原字样，不走样；无龟裂纹、麻面、砂眼、划痕，表面洁净、清晰、美观。

（9）刮浆灰→磨浆灰→刮腻子→磨腻子→进行油皮贴金参见本书 7.7 节第 13 ～ 15 项（或见大漆工程和见饰金工艺）。

7.9 颜料筛扫施工技术要点

7.9.1 匾额扫青施工技术要点

匾额字堂扫青时，要求颜料干燥有利于筛扫与光油黏结。由于佛（大）青颜料体轻、细腻，因此筛扫佛（大）青时，应掌握“湿扫青”的操作技术要领。筛扫时，应待额字贴金后，进行筛扫，见彩图 7-3-1 ～彩图 7-3-9。

（1）主要施工工序：字堂磨生→刮浆灰→磨浆灰→刮腻子→磨腻子→垫光浅蓝油→光二道浅蓝油→铜字刷底漆→包黄胶→打金胶油→贴金→扣光油→筛扫→整理→扣油→封匾额或挂匾额。

（2）匾额字堂磨生→刮浆灰→磨浆灰→刮腻子→磨腻子→垫光蓝油→光二道蓝油：参照实行本书 4.4 节油漆（油皮）相应的施工要点。材料配合比见表 2-4-2。

（3）铜字刷底漆→包黄胶→打金胶油→贴金：匾字堂的铜字需贴金时，刷底漆，应刷铁红环氧底漆或铁红醇酸底漆，包黄胶前用旧砂纸或旧砂布将蓝油地和底漆打磨光滑，擦干净，打金胶油前应用旧砂纸或旧砂布将包黄胶打磨光滑，擦干净，呛粉，参照实行本书 5.4 节贴金施工技术要点。

（4）扣光油：字堂面积大于手处用丝头蘸光油搓均匀，再用油栓及大小捻子或大小筷子笔顺油齐字边。表面要饱满均匀一致、到位、整齐，栓路直顺，不得有超亮、皱纹、漏刷、污染等缺陷。

（5）筛扫：字堂蓝油地扣完光油即可筛扫，是将箩内的佛（大）青在额地上筛均匀，筛至颜料不洇油为止，即可进行太阳光暴晒使其速干。切记，不宜用较细腻（轻）的群青颜料，因其不易有绒感且易褪色。

（6）整理：筛扫速干后，用羊毛板刷或排笔将表面多余的颜料扫净，不得损伤及污染金面，色彩沉稳有绒感，色泽一致。如要求刷青时（表面且无绒感），字贴金后刷青应颜色均匀、色泽一致，无刷纹，不得掉粉，不得损伤及污染金面。

（7）扣油：用毛笔和羊毛板刷将匾额的贴金和扣油处的浮物清除干净，进行扣朱红油，方法同 4 项扣光油并要求颜色一致、整齐，无透底缺陷。

（8）封匾额或挂匾额：匾额扣油干后，用绵纸封匾额或挂匾额。

7.9.2 牌匾烫蜡、扫绿施工技术要点

牌匾做扫绿做法时，要求颜料干燥有利于筛扫与油黏结。由于洋绿颜料体重、粉末细，因此筛扫洋绿（鸡牌绿颜料见彩图 7-9-1）时，应掌握“干扫绿”的操作技术要领。筛扫时，应待牌匾地做烫蜡抛光后进行筛扫。

（1）主要施工工序：做清色活本木色施工工序：磨白茬→撒蜡→烫蜡→擦蜡→清扫干净→起蜡→翻蜡→清扫干净→出亮→绿油扣字→磨砂纸→清扫干净→光油齐字→筛扫→阴干→整理→封匾或挂匾。

（2）磨白茬：用 1½ 号砂纸或砂布包方木块顺木纹进行打磨平整、光滑并掸干净，表面不得有污迹。

（3）做清色活本木色烫蜡出亮施工工序及操作方法见本书 6.2 节及 6.3 节。匾面如做清漆活施工工序及操作方法见本书 6.4 节。

（4）绿油齐字：刷浅绿油齐字前，先用汽油将匾字地内的蜡擦干净，用大小捻子或大小筷子笔蘸浅绿油齐字，表面均匀颜色一致、整齐，栓路直顺，不得有超亮、皱纹、漏刷、透底、污染等缺陷。

（5）光油齐字：浅绿油干后，用旧砂纸或旧砂布打磨光滑，擦干净。用大小捻子或大小筷子笔蘸光油齐字，表面要饱满、均匀一致，到位、整齐、栓路直顺，不得有超亮、皱纹、漏刷、污染等缺陷。

（6）筛扫：浅绿油字地扣完光油待六七成干时进行筛扫，先将箩内的洋绿在字地上筛均匀，筛至颜料不洇油为止，进行阴干。字面需涂刷绿字时，不需光油齐字工序，直接涂刷胶泚绿颜料即可，但表面无绒感。

（7）整理：阴干后，用羊毛板刷或排笔将表面多余的颜料轻扫干净，色彩鲜明有绒感，色泽一致、到位、整齐。再用干净布将蜡面浮物擦净出亮，明亮一致。用绵纸封匾或挂匾。

7.10 匾托施工技术要点

匾托成对主要用于托匾，还起装饰作用，有铁制匾托、铜制匾托、木制匾托。铁制铜制匾托多为桃型、如意型等，木制匾托多为雕刻花纹，式样多种，其工艺一般随匾额工艺一起完成。铁制匾托一般做除锈，刷红丹防锈漆一道，再刷两道朱红油，挂匾后打点即可。木雕匾托同匾额工艺，匾额和匾托完工后用洁净的白棉布或毛巾擦净匾面浮物，用绵纸封匾，未挂匾前应采取保护措施。挂匾时，传统上须举行仪式，俗语“揭匾”，随后揭下封匾的绵纸。匾托式样见彩图 7-3-37 ～彩图 7-3-43。

第 8 章　一般大漆施工工艺

大漆做法，工序繁复，北方地区需经过窨干，所以明、清宫殿外檐大木少用金漆做法，一般仍以使用桐油为主。古建油饰常根据气候环境涂饰油漆的几种相同术语是"漆干一口湿气、油干一阵燥风"，"漆干一口气、油干一阵风"，"油干风、漆干湿"，"油干风，漆干雨"。因此适用于古建筑、仿古建筑室内细木装修、高级木器家具、牌匾、化验台等涂刷生漆、广漆、推光漆等工程的施工。

8.1　大漆施工常用工具

斧子、挠子、铁板、皮子、板子、麻轧子、轧子、粗碗、刷子、粗细箩、砂布、砂纸、水砂纸、油桶、粗细金刚石、大小笤帚、剪刀、调灰桶、调灰板、腻子板、大中小牛角板、漆栓、排笔等。

8.2　大漆施工条件及要求

大漆施工在自然条件下场地宽敞，当温度在常温 20 ～ 35℃下，相对湿度在 80%以上时，适宜施工。如不具备温度、湿度两个条件时，应采取升温保暖和墙面挂湿草席及地面经常浇水保湿的措施，否则不宜施工。

8.3　漆灰地仗施工操作要点

1. 漆灰地仗材料要求

（1） 抄生漆用原生漆。头道抄生漆均可加汽油 10%，最后一道抄生漆不得加汽油。

（2） 捉缝灰、通灰、压布灰、细灰应用生漆加土籽灰或生漆加瓷粉，其比例为 1 ∶ 1。如使用土籽灰，在调细灰时应用碾细的土籽面。如使用瓷粉，在调压布灰和细灰时，应用碾细的瓷粉。

（3）溜缝、糊布所用的漆灰，应用三份原生漆和一份土籽灰调均匀即可。

2. 漆灰地仗的主要工序（表 8-3-1）

漆灰地仗主要工序 表 8-3-1

项次	主要工序	工艺流程
1	基层处理	旧活斩砍见木、挠、新活剁斧迹、撕缝、清扫、成品保护
2	抄生油	刷生漆、磨平、清扫掸净
3	捉缝灰	捉缝灰、磨平、清扫掸净
4	溜缝	缝子溜布条、磨平、清扫掸净
5	通灰	抹灰、刮灰、拣灰、磨平、清扫掸净
6	糊布	满糊夏布、磨平、清扫掸净
7	压布灰	抹灰、刮灰、拣灰、磨平、清扫掸净
8	细灰	找细灰、轧线、溜细灰、刮细灰、磨平、洗净
9	抄生油	刷生漆、理栓路

注：1. 基层处理时，大木构件均应下竹钉。
2. 凡做漆灰不糊布粘麻时，则不进行第 6 项工序改使麻工序。

3. 漆灰地仗施工操作要点

（1）基层处理参照麻布地仗，参见本书 3.4 节相应的施工要点。

（2）抄生漆：用漆栓蘸生漆满刷一道，应刷均匀，无流坠、漏刷。生漆干后，用 11/2 号砂纸或砂布通磨光洁，平整，应清扫掸净。

（3）捉缝灰：用铁板将缝隙横掖竖划捉饱满，缺棱补齐，捉规矩，遇缝以整铁板灰捉出布口，便于布与灰缝结合牢固。灰缝干后，用金刚石通磨平整，无飞翘、野灰等缺陷，并清扫掸净。

（4）溜缝：先剪去夏布边，再将夏布斜剪成布条，宽度可窄于铁板提出的缝隙布口。按缝隙（含结构缝）布口刷糊布漆，应薄厚均匀，可用轧子将布条轧实贴牢，不得出现崩秧、窝漆。干后用金刚石磨平，无疙瘩为止，随后清扫掸净。

（5）通灰：平面的面积小用铁板通灰一道，圆面用皮子，面积大用板子，应衬平、刮直、找圆，干后应金刚石磨平，清扫水布掸净。

（6）糊布：先剪去夏布边，按木件木纹方向横糊夏布一道，并拉秧、拉节点，不得漏糊。表面刷糊布漆，应薄厚均匀，糊圆柱时应缠绕糊，可用轧子将夏布轧实贴牢，不得出现崩秧、窝漆、空鼓、干布。干后用金刚石磨光，清扫水布掸净。（糊布或使麻遍数根据做法而定），如糊两道布应一横一竖为宜，糊布漆见材料要求（3）。

（7）压布灰：用皮子、板子、铁板横压布一道，应刮平，衬圆，找直。干透后以铲刀修整，金刚石磨平，清扫，水布掸净。

（8）细灰：以铁板找漆灰，将棱角找出规矩（贴秧找棱），各种线用轧子轧成型。圆面用皮子溜、接头位置应与压布灰错开。大平面用板子过平、小面以铁板细平。

接头应平整，细漆灰厚度约 2mm，细瓷粉漆灰由压布灰至细灰需刮二、三道为宜。

（9）磨细漆灰：细漆灰干透后，用细金刚石蘸水磨平、直、圆，棱角整齐，清水洗净。

（10）抄生漆：生漆应刷均匀，无流坠、漏刷。该道抄生漆应随刷随用皮子或水布理开栓路。

（11）漆灰地仗表面的质量见本书 3.10 节。

8.4 大漆涂饰工艺与质量要求

（1）涂饰大漆做油灰麻布地仗、单披灰油灰地仗的施工主要工序见表 3-4-1 和表 3-7-1，材料配比见表 2-2-5 和表 2-2-6。

（2）涂饰大漆做漆灰地仗见本书 8.3 节。

（3）涂饰大漆的主要工序见表 8-4-1。

涂饰大漆主要工序　　表 8-4-1

序号	主要工序	工艺流程	中级	高级	地仗	
					中级	高级
1	地仗浆灰	地仗打磨、浆漆灰			+	+
2	底层处理	起钉子、除铲灰砂污垢等	+	+		
3	打磨	磨砂纸、清扫掸净	+	+	+	+
4	满刮腻子	刮腻子	+	+	+	+
5	打磨	磨砂纸、清扫掸净	+	+	+	+
6	找补腻子	找补腻子、磨砂纸、掸净	+	+	+	+
7	抄面漆	涂第一遍漆	+	+	+	+
8	打磨	磨水砂纸	+	+	+	+
9	垫光漆	涂第二遍漆	+	+	+	+
10	打磨	磨水砂纸	+	+	+	+
11	罩面漆	涂第三遍漆	+	+	+	+
12	水磨	磨水砂纸		+		+
13	退光	磨瓦灰浆		+		+
14	打蜡	打上光蜡、擦理上光		+		+

（4）涂饰大漆所用材料要求：

1）地仗浆灰：漆灰地仗的浆漆灰配比为生漆∶细土籽面 =1 ∶ 1，传统油灰地仗的浆灰配比见表 2-4-2。

2）地仗漆腻子：用生漆加团粉（淀粉）或加石粉，其配合比为生漆：团粉 =1 ：1.5。

3）大漆品种的选用、质量、做法应符合设计要求和有关规定。

（5）涂饰大漆工艺：

1）地仗干透后用 1½ 号砂纸或砂布打磨平整光洁，不得漏磨，清扫干净后用湿布掸净浮尘。

2）地仗浆灰：平面用铁板，圆面用皮子，批刮浆灰应满靠骨刮，平整光洁，无飞翘、接头和漏刮缺陷，干后用 1 号砂纸打磨光洁平整，用湿布掸净浮尘。

3）地仗漆腻子：同批刮浆灰，干后应用 0 号砂纸打磨光滑平整，用湿布掸净浮尘。

4）底层处理应将表面灰砂、铁锈、污垢、毛刺等缺陷除铲干净，如有钉子应起掉，使表面平整光滑。如有胶迹应用温热水浸胀，刮磨干净。

5）满刮腻子前掸净粉尘应将木缝、钉眼、凹坑、缺棱等严重缺陷处嵌补找平，待干后经打磨清理干净后再进行满刮腻子。刮时应将牛角刮翘压紧一去一回，腻子应收净；表面无残余腻子，无半棕眼现象，线脚花纹干净利落，无漏刮现象，如有缺陷直至找平为止。

6）腻子干燥后，应用 1 号砂纸仔细的打磨腻子，表面光滑平整，无残余腻子。如对木纹有特殊要求时，木纹要清晰。如榆木擦漆做法不得磨掉底色，腻子磨好后应掸净粉尘，如有不平整和缺陷处，则应进行复补腻子直至无缺陷，再用砂纸打磨平整光滑为止。

7）涂饰头道生漆、二道生漆，用漆刷上漆、理漆方法同传统理顺光油，入阴（入窨）干后应进行打磨，用 0 号旧砂布或 320 号水砂纸顺木纹打磨，应磨到、磨平、不得遗漏，严禁磨透底。

8）罩面漆：上推（退）光漆，用牛角刮翘批漆（开漆），再用漆刷横竖理顺刷理均匀一致。

9）磨退应待罩面漆入窨（温湿度不宜太高，以防漆面出白斑）干透后（约 2 ～ 3 天实干）。水磨应用 320 号至 400 号水砂纸蘸水打磨，应顺木纹磨、长度适宜、刷纹（栓路）平整、光滑为准，棱角轻磨，不得磨透底（磨穿）。退光应用 400 号以上的旧水砂纸或头发团成把蘸瓦灰浆细磨，不得遗漏，直至灰浆变色，手感光滑，漆膜呈现暗光时，再用手掌按住瓦灰浆，将每个局部摩擦发热出亮。

10）打上光蜡或川蜡薄片撒在漆面上，用洁净的细白棉布或毛巾反复擦蜡发热，直至漆面光亮柔和，光滑平整，无挡手感。

11）匾面推光漆磨退、字贴金：可涂饰一道生漆、推（退）光漆 3 ～ 4 道，每涂饰一道推光漆需水磨擦净，最后一道推光漆入窨干透后，均可用羊肝石或灰条蘸水细磨，将亮光磨断斑不得磨透底（磨穿）。出亮时用头发团成把蘸杉木炭粉和水，将每个局部摩擦出亮后擦净，再用手掌摩擦发热出亮。然后进行匾字打油金胶或打漆金胶，贴金，或匾面再擦核桃油出亮；最后用绵纸封匾或挂匾。

（6）大漆涂饰表面质量要求：

1）涂饰大漆主控项目质量要求

① 大漆涂饰所用大漆和半成品材料的种类、颜色、性能必须符合设计要求和现行材料标准的规定。

② 大漆涂饰的工艺做法应符合设计要求和有关标准的规定，严禁出现脱皮、空鼓、裂缝、漏刷等缺陷。

检验方法：观察、鼻闻、手试并检查产品出厂日期、合格证。

2）涂饰大漆一般项目表面质量要求，见表 8-4-2。

涂饰大漆一般项目表面质量要求 表 8-4-2

项次	项目	表面质量要求	
		中级	高级
1	流坠、皱皮	大面无，小面无皱皮、无明显流坠	大、小面无
2	光亮、光滑	大面光亮光滑，小面有轻微缺陷	光亮均匀一致，光滑无挡手感
3	颜色、刷纹	颜色一致，无明显刷纹	颜色一致，无刷纹
4	划痕、针孔	大面无，小面不超过 3 处	大面无，小面不超过 2 处
5	相邻部位洁净度	基本洁净	洁净

注：1. 级指罩面漆成活，高级指罩面漆后磨退成活。
2. 大面指上、下架大木表面、隔扇、木器、家具、牌匾、化验台及装修的里外面，其他为小面。小面明显处，指视线所见到的地方。
3. 划痕是指打磨时留下的痕迹。
4. 针孔在工艺设备、化验台及防护功能的物体大漆涂饰中不得出现。

8.5 擦漆涂饰工艺与质量要求

榆木擦漆：是大漆工艺中的一种工程做法，将榆木制品通过上色、刷生猪血、刮漆腻子擦漆、揩漆、罩面漆、撑平等工序做成红中透黑、黑中透红的木器制品。

（1）榆木擦（揩）漆的主要工序应符合以下要求。

基层处理→磨白茬→第一遍刷色→刷生猪血→第一遍满刮漆腻子→通磨→第二遍刷色→第二遍满刮漆腻子→通磨→第三遍刷色或修色→擦漆→细磨→擦漆（2 ～ 4 遍）及细磨。

（2）基层处理，有钉子应起掉，用锋利的快刀或玻璃片将油污、墨线等刮掉；有的木材需用热水擦，使木毛刺、棕眼膨胀，以利于砂纸打磨，如有胶迹应用温热水浸胀，刮磨干净。

（3）磨白茬：用 1½ 号砂纸或砂布顺木纹打磨，平面包裹木块打磨平整光滑。表面无木刺、刨迹、绒毛，棱角无尖棱，无铅笔印、水锈痕迹等缺陷。

（4）刷色，用酸性大红加水煮搅动溶解，如用酸性品红染料上色可加入微量品绿及墨汁，刷色用羊毛刷涂刷均匀，不得裹棱，应颜色一致，不得有漏刷、流坠等缺陷，干后严禁溅水点。

（5）刷生猪血不可稠，要求同刷色。干后用乏旧细砂纸轻磨一遍，不得磨透，并用擦布揩擦干净。干后严禁溅水点，否则易使颜色发花。

（6）满刮漆腻子前掸净粉尘应将木缝、钉眼、凹坑、缺棱等缺陷处嵌补找平，待干后经打磨清理干净后再进行满刮腻子。刮时应将牛角刮翘压紧一去一回，腻子应收净，表面无残余腻子，无半棕眼现象，线脚花纹干净利落，无漏刮现象，如有缺陷直至找平为止。

漆腻子，用生漆加石膏粉和适量颜料水色与适量剩余的水色，基本比例为 4 ∶ 3 ∶ 0.5 ∶ 1.6，调漆腻子时生漆不宜少，刮时腻子发散还易卷皮，使颜色发花。

（7）腻子干燥后，用 1 号砂纸仔细的打磨腻子，表面光滑平整，无残余腻子，木纹要清晰，不得磨掉底色及磨露棱角，腻子磨好后应掸净粉尘，如有不平整和缺陷处，则应进行复补腻子直至无缺陷，再用砂纸打磨平整光滑为止。

（8）第二遍刷色，可在第一遍刷色的基础上加入适量黑纳粉，方法同第一遍刷色。刷色时不得重刷子，色浅的部件可再刷，使整体颜色达到一致。

（9）第二遍满刮漆腻子及打磨腻子同第一遍满刮漆腻子，打磨可用 0 号砂纸。

（10）第三遍刷色或修色同第二遍刷色，修色的水色可略淡些，也可用酒色进行修色，但不宜使用碱性染料，颜色达到设计要求和整体颜色一致的效果。

（11）如两遍满刮漆腻子，棕眼饱满平整，可不刮第三遍漆腻子，如满刮漆腻子，漆腻子可稀些，满刮应干净利落，无漏刮，干后磨腻子要用 0 号砂纸，腻子磨好后应掸净粉尘。

（12）擦漆的生漆应事先过滤，小面擦漆用漆刷逐面上漆，刷理要均匀。平面大时用丝棉团擦漆，可用牛角刮翘批漆（开漆）。然后用丝棉团揩擦，擦漆、揩漆（同清喷漆擦理方法），生漆干燥快时可掺入适量豆油，揩擦的漆膜要薄而均匀一致，雕刻花活及各种线秧不得有窝漆、流坠、皱纹。

（13）擦漆入阴（入窨）干后，用乏旧细砂纸磨光滑，不得磨露底层，磨好后擦净。

（14）擦漆不少于两遍多则四遍，一般三遍，第二遍擦漆入阴（入窨）干后，可用 380 号水砂纸蘸水细磨、擦净，擦面漆经漆刷理漆后，再用髹板刷进一步理顺，可用手掌紧压漆面，顺木纹将漆来回揩抹均匀、平整，雕刻花活及各种线秧处用手指肚揩抹平，达到无栓路，漆面光滑平整，光亮如镜，漆面干透后黑中透红、红中透黑的效果。

（15）擦漆质量要求：棕眼饱满，光亮柔和一致，光滑细腻，无挡手感，严禁有漏刷、脱皮、斑迹，不得有裹棱、流坠、皱皮，相邻部位洁净。

第9章　粉刷施工工艺

粉刷工程分传统粉刷（自制涂料）工程和涂料（乳液型）工程，其中水性涂料（乳液型）工程的材料应符合装饰工程的要求。

适用于古建筑的麻刀灰面、仿古建筑的内、外顶墙混凝土面、抹灰面基层粉刷工程的施工。

9.1　粉刷常用工具

粉刷常用工具有开刀、刮板、排笔、小扫帚、小捻子、粗碗、筷子笔、细箩、砂纸、半截大桶、水桶、大小油桶、喷浆机、高凳等。

9.2　粉刷施工条件及要求

（1）粉刷工程所用水性涂料（乳液型）、自制涂料和颜色及墙面花边、色边、花纹和颜色、粉线尺寸应符合文物工程和设计的要求，基层面的质量应符合粉刷工程的相应等级的规定，特别是新基层表面不得有鼓包（灰包）缺陷并认真进行工种交接验收。

（2）粉刷工程的基层面充分干燥后方可施工，基层的含水率不宜大于10%，环境温度不得低于5℃。

（3）所用腻子的可塑性应满足施工操作要求，应按配合比调制和使用，保证腻子与基层和面层的黏结强度，并按施涂材料的性质配套使用；底腻子、复找腻子应充分干燥后，经打磨光滑平整，除净粉尘方可涂刷底、面层涂料。

（4）涂刷水性涂料（乳液型）的基层面疏松时，在刮腻子前后要涂刷界面剂或底油一遍，增强涂层附着力。色浆或色涂料在涂刷前应做样板，符合设计要求后方可大面积施工。

（5）文物粉刷工程做包金土色水性涂料，墙边刷色、拉线做法或红白线切活勾填纹饰等做法时，不宜采用滚涂包金土色水性涂料。仿古建如进行滚涂法的涂料必须流平性好，不得有滚涂凸点，以防拉线、切活勾填纹饰不整齐。凡用水性涂料配兑包金土色时，不宜用较白的水性涂料，用普通白涂料即可，以防包金土的色头不准达不到传统要求。

（6）粉刷工程凡室内吊顶各种板面露有金属螺丝钉时，钉帽不得高于板面，应涂刷防锈漆。胶合板、石膏板等对接缝宽度不得少于 3mm，嵌缝腻子不宜过软最好适量加入乳胶，提高黏结度，防止一条缝变两条缝，嵌缝干燥后应进行缝处涂乳胶糊粘 50mm 宽的白色涤棉布带，并黏结牢固。凡吊顶板面与大木连接缝处应操油，以便地仗施工同时进行连接缝处的施工，使麻或糊布时应进行接缝处的拉接。

（7）室内粉刷工程应待地仗工程钻生桐油干燥后或头道油漆完成后进行，室内有彩画时应在刷色前完成两遍浆或两遍涂料。

9.3 粉刷施工工艺

1. 施工工艺

麻刀灰面、混凝土面、抹灰面施涂内外墙涂料（含自制涂料）施工主要工序见表 9-3-1。

麻刀灰面、混凝土面、抹灰面施涂内外墙涂料（含自制涂料）施工主要工序　　表 9-3-1

序号	主要工序	工艺流程	内墙涂料	外墙涂料
1	除铲	除铲清理、扫净浮砂灰	+	+
2	套胶	拘水石膏，套胶一道	+	+
3	刮腻子	满刮腻子一道	+	+
4	打磨	细砂纸打磨平整、扫净浮尘	+	+
5	刮腻子	满刮腻子一道	+	
6	打磨	细砂纸打磨平整、扫净浮尘	+	
7	第一遍涂料	涂刷第一遍涂料	+	+
8	第二遍涂料	干燥后轻磨、除浮尘、涂刷第二遍涂料	+	+
9	第三遍涂料	涂刷第三遍涂料成活或喷刷成活	+	+
10	墙边刷色、拉线	刷绿大边，拉红、白粉线成活	+	

注：1. 表中“+”表示应进行的工序。
2. 外檐墙面必须使用外用标识的涂料，如需加入颜料，应使用矿物质颜料。
3. 机械喷涂可不受表面遍数限制，以达到质量要求为准。

2. 基层处理

新顶墙混凝土面、抹灰面应除净浮砂、灰尘、灰包、污垢，砂纸打磨光滑平整；

旧墙面除净旧浆底和附着力差的旧涂料，不得遗漏，表面不得有旧腻子和粉末，不得出现铲伤墙面灰皮现象。旧墙面有反碱咬黄处可涂刷一道银粉漆或白油漆。

3. 拘水石膏

先将缺陷处涂刷清水，旧麻刀灰面的缺陷处涂刷乳胶水，然后用开刀将粗碗内的生石膏粉加入适量清水和乳胶搅拌均匀，在未凝固前嵌找缝隙和凹坑及缺棱，每次用多少调多少，嵌找不得高于墙表面，干后打磨平整。

4. 套胶

旧墙面满刷底胶一道，配比为乳胶：水 =3 ∶ 7；如旧抹灰墙面强度低时可操底油一道，配比为光油和松香水 =3 ∶ （5 ～ 7）；混凝土面、水泥砂浆抹灰面要涂界面剂配合比众霸 II 型：清水 =1 ∶ （0.5 ～ 1）；涂刷时应刷严刷到，不得漏刷。

5. 刮腻子

用钢皮刮板满刮腻子两道，常用自制腻子的调配及用途见本书 2.7.3 节，或用防水腻子。外墙混凝土面、水泥砂浆抹灰面应用众霸水泥腻子或用防水腻子，外墙麻刀灰抹灰面选用防水腻子或用血料腻子。室内墙面和廊步墙心头道干后经打磨光滑刮第二道，刮严刮到，不得遗漏，表面平整光洁，宜薄不宜厚，表面和秧角干净利落，边角、棱角直顺，整齐，不得有扫道（划痕）脱层、翘皮等现象。

6. 磨砂纸

刮腻子干燥后，用 0 号或 1 号砂纸或砂布打磨平整光滑，边角、秧角、棱角直顺，整齐，无扫道（划痕）、砂眼，不得漏磨，除净粉尘。

7. 刷头遍浆或刷头遍涂料

内墙面刷浆或刷涂料一般采用排笔刷，外墙面要求滚涂时，先上后下，涂面基本均匀，刷纹通顺，不得有接头、流坠、明显刷纹或滚点等缺陷，无咬色、反碱、污染现象。

8. 复找腻子

头遍涂料干后用开刀找腻子，色浆或色涂料的腻子内适量加入颜色，色腻子应浅于色浆或色涂料，将砂眼和轻微不平处、划痕、缺棱短角找平、补齐，复找腻子不宜片大。腻子复找干后，用旧砂纸轻磨平整，表面打磨光滑并清扫干净。

9. 刷二遍浆或刷二遍涂料

涂刷头遍浆或涂料干燥后，二遍浆后不得有凹坑、划痕等缺陷。打磨光滑后，再进行涂刷第三遍浆或涂料，涂刷墙面应上下接好，避免出现接头，涂刷吊顶应顺房间方向刷。涂层均匀，表面平整、光滑，色浆或色涂料颜色一致，与相邻部位分色直顺，整齐，秧角、棱角直顺，整齐，无明显刷痕，滚点、砂眼、划痕。不得有接头，流坠、掉粉、透底、咬色、反碱、漏刷、污染等缺陷。

10. 喷浆

喷浆成活的墙面应事先刷好分色线及口圈，喷浆内要适量加入古胶水或乳胶，喷涂最后一遍浆需多加入适量古胶水或乳胶，但要防止外焦里嫩和表面胶花。喷点散布均匀，不得流坠、掉粉、透底、咬色、反碱、虚花、污染等缺陷。

11. 墙边刷色、拉线做法和质量要求

（1）清《工程做法则例》中墙边刷色、拉线做法为“画描墙边衬二绿刷大绿界红白线”“墙边刷大绿界白粉黑线”。墙心刷包金土色浆，墙边刷绿色（绿边宽度根据墙面高宽定，常规绿边宽度有120mm、100mm，少有90mm。象眼绿边宽度同墙面，如象眼小其绿边宽度视情况而定，但要比例协调、匀称、交圈），红白线宽度视墙面高宽而定，常见3分线约10mm和5分线为16mm，两线风路为一线宽。少见高等级墙边做法有：青绿边纹饰沥粉贴金红白线及切活勾填纹饰红白线，墙心为包金土色。绿墙边拉白粉黑线不可乱用。墙边做法见彩图9-3-1～彩图9-3-5。

（2）墙边刷色、拉线表面平整，粉线肩角交圈，线条横平竖直，宽窄一致，图案纹饰规矩，整齐，颜色一致，无接头、错位、虚花等缺陷，严禁掉粉、透底。

9.4 粉刷表面质量要求

1. 墙面施涂内外墙涂料（含自制涂料）主控项目质量要求

（1）墙面粉刷工程的做法及材料品名、种类、质量、颜色和花墙边、色墙边拉线的做法、图案、颜色应符合设计要求和选定样品的要求及文物建筑操作工艺的要求（新产品应附有使用说明书）。

（2）墙面粉刷工程和墙面花边、色墙边、拉线应涂饰均匀，黏结牢固，严禁脱层、空鼓、裂缝、漏刷、起皮、接头、虚花、透底、掉粉。

检验方法：观察、手摸检查并检查产品合格证、性能检测报告和进场验收记录。

2. 墙面施涂内外墙涂料（含自制涂料）一般项目表面质量要求（表9-4-1）

墙面施涂内外墙涂料（含自制涂料）一般项目表面质量要求　　表9-4-1

项次	项　目	一般项目质量要求		
		自制内外墙浆料	外墙涂料	内墙涂料
1	反碱、咬色、疙瘩	允许少量	允许轻微少量	不允许
2	流坠、划痕、砂眼	允许少量	允许轻微少量	不允许
3	颜色、刷纹	颜色均匀一致，无明显刷纹	颜色一致，基本无刷纹	颜色一致，无刷纹
4	分色线平直	允许偏差外3mm，内2mm	允许偏差2mm	允许偏差1mm

续表

项次	项　目	一般项目质量要求		
		自制内外墙浆料	外墙涂料	内墙涂料
5	与相邻部位洁净度	洁净无明显缺陷	洁净无明显缺陷	洁净

注：1. 表中内外墙涂料指成品内外墙涂料（含乳胶漆）或经配色的成品涂料。

2. 外檐墙面必须使用外用标识的涂料，应使用矿物质颜料。

3. 外墙水性涂料或自制水性涂料颜色一般为红土色即大红墙色、瓦灰或浅灰色，内墙水性涂料或自制水性涂料颜色一般为白色、米黄色、包金土色、喇嘛黄色等。

4. 粉刷工程无墙边做法时，滚涂的滚点疏密均匀，1m 处正、斜视滚点均匀，不允许连片。

第10章　清式古建油作混线技术

古建槛框混线技术包括所起线路规格、线形、锓口、工具制作和操作工艺等内容。

这门独特的混线技术，是我国清代的匠师们不断总结、发展的基础上逐步形成的，其线形、宽度以及锓口都是有规矩的。但长期以来，由于掌握在极少数匠师中，技艺基本互不交流（1963年天安门修缮时，下架大木隔扇前后两面分两个班组进行油饰施工，当时18岁的我察觉到前后两面的轧线师傅互不观摩……），甚至没有统一的规定，20世纪80年代发现槛框混线的轧法五花八门，极不规则，这样，不仅失掉了传统原貌，还有碍古建筑物的美观和质量。因此，有必要对这一技术进行研究总结。

10.1　古建槛框混线线路的规格确定和要求

槛框混线，俗称“框线”，它是古建筑槛框边角上的装饰线。它以八字锓口线做基础，将油灰抹在所需灰层的八字基础线上，通过所需规格的线型模具（俗称轧子）轧成型的。工艺中称“轧框线”。框线分鱼籽中灰线、细灰线两次定型，磨细钻生桐油干燥修整后，进行油饰贴金。

古建槛框混线的线路，由于抱框和门框的尺寸不同，使用部位不同，同时受建筑物主次的影响，其规格较多。槛框混线的线路规格一般分成2分线、2.1分线、2.2分线、2.3分线、2.4分线、2.5分线……4.5分线等常见规格尺寸。4.6分线至5分线为不常见的特殊线路。

1. 确定槛框混线线路规格尺寸的依据和方法

古建传统地仗工程的下架槛框起混线时，线路规格尺寸应以明间立抱框的面宽或大门门框的面宽为依据。立抱框的宽度，以距地1200mm处为准。

确定框线规格尺寸时，均以120mm（约营造尺4寸）抱框宽度为2分线，并以此为基数。抱框面宽每增宽10mm，其框线宽度应增宽1mm。确定槛框混线线路规格尺寸的计算公式为：

槛框需起混线线路规格尺寸＝混线基数规格尺寸＋增宽混线尺寸

增宽混线尺寸＝每增宽混线尺寸 ×（实测框面尺寸－框面基数尺寸）÷
每增宽框面尺寸

式中：混线（框线）基数规格尺寸 =2 分线（20mm）；

每增宽混线尺寸 =1mm；

框面基数尺寸 =120mm（清营造尺 4 寸等于 128mm）；

每增宽框面尺寸 =10mm（清营造尺 3 分等于 9.6mm）。

例：测得某古建筑下架明间立抱框距地 1200mm 处抱框面宽为 220mm（清营造尺 7 寸等于 224mm），问槛框需起混线线路规格的尺寸应是多少？

方法一：

增宽混线尺寸 =1×（220－120）÷10=10mm

增宽混线尺寸 =10mm

方法二：

增宽混线尺寸 =1×（224－128）÷9.6=10mm

增宽混线尺寸 =10mm

槛框需起混线规格尺寸 =20mm + 10mm=30mm（3 分线）

答：该古建筑下架槛框混线规格尺寸是 30mm（3 分线）。

以上两种方法计算结果相同，实际中运用方法一更广泛。

2. 古建槛框混线线路规格的要求

古建油饰工程地仗施工，凡古建筑下架槛框需起框线时，槛框线路的规格应符合以下要求：

（1）文物古建筑槛框线路规格应符合文物原貌。文物无特殊规定时，应符合传统起混线规则。

（2）仿古建筑的槛框线路规格应符合传统起混线规则。设计另有特殊要求时，应符合设计要求。

（3）抱框面宽尺寸较窄时，槛框线路的规格尺寸做适当调整。遇此种情况时，其槛框线路规格尺寸均以 80mm 框面宽度 / 20mm 框线为基本模数，抱框面宽尺寸按每增宽 10mm，其框线宽度应增宽 1mm。

（4）古建群体的槛框线路规格，应结合建筑的主次协调框线宽度。如主座的槛框线路规格，均可与大门的规格一致或略窄于大门的线路规格；配房的槛框线路规格应一致，但应略窄于主座的线路规格；厢房的槛框线路规格略窄于配房，其他附属用房相应类推。

（5）古建筑各间的上槛、短抱框、横陂间框及中槛的上线路的规格尺寸，应与立抱框的规格尺寸一致。围脊板和象眼等四周另起套线的规格尺寸，均可略窄于立抱框的线路规格（按视觉应略大于立抱框的线路规格或取得一致）。文物另有特殊规定时，应符合文物要求。

（6）槛框混线均以大木彩画的主线路饰金为起混线和贴金的依据。如墨线大点金彩画或相应等级者，均可根据古建筑物的等级起混线贴金或起混线不贴金或不起混线。彩画等级较低者或者说彩画无金活者不宜起混线，特殊要求除外。

10.2　槛框混线的线形规则

古建筑的线形种类很多，其中有框线、云盘线、绦环线、皮条线、两炷香、井口线、梅花线、平口线等，这些线形的运用应根据不同部位的要求而定。其中框线的线形常见的一种称“三停三平形”见彩图 10-5-2，另外一种不常见的可称为“两停两平形”。

1. “三停三平线形”

“三停”是指框线的两个线膀宽度与线肚底宽尺寸相等，即为框线尺寸三等分。“三平”是指框线的两个线膀肩角高度与线肚高度一致见彩图 10-5-2。从传统框线的竹轧子制作所要求的三停三平线形规则分析，其线膀的内肩角为 90° 夹角，即为传统框线的特征。外线膀的内肩角为 136° 夹角，两个线膀的坡度按三平线的夹角为 22°，见彩图 10-5-2。

2. “两停两平线形”

为“三停三平线形”的一种特殊形式。线形的“两停”是指框线的两个线膀宽度相等，略宽于线肚底宽的 1/10。“两平”是指框线的线肚高度略低于两个线膀的肩角。从传统框线的竹轧子制作所要求的两停两平线型规则分析，其内线膀的内肩角为 85° 夹角，外线膀的内肩角为 131° 夹角，两个线膀的坡度与两平线的夹角为 27°。此线形突出线路宽度，立体感强，一般用于 8 寸以上板门的门框边角上，如随墙门、掖门、宫门。因该线形贴金易出现崩秧和绽口，地仗施工很少轧此线形。

10.3　槛框混线的镘口

“镘口”是指框线的倾斜角度。框线施工，除应控制八字基础线口外还应对框线的镘口进行控制。框线角度越大金线的看面越窄，角度越小立体效果越差，角度过大或过小都不符合要求。传统框线的镘口一般为 22° 角，看面宽度是线路规格尺寸的 90%～93%为宜，见彩图 10-5-2。为便于掌握运用，特列尺寸表（见本书 3.4.14 节表 3-4-2）供参考。

10.4 八字基础线宽度与锓口的控制

古建地仗工程框线施工，首先要进行八字基础线的施工，八字基础线工艺程序包括砍修线口，捉裹灰线口或轧八字基础线口、掐裹线口等。传统工艺中，要求谁轧框线谁砍修线口或轧八字基础线口。砍修八字基础线的宽度或锓口的准确程度，对槛框地仗或框线有直接影响。所以严格控制砍修轧八字基础线的宽度和锓口是十分重要的，传统古建下架大木（起混线）地仗工程操作工艺流程见本书 3.4.1 节表 3-4-1。

1. 砍修八字基础线宽度与锓口的控制

下架地仗施工、首先是对木基层的表面进行处理，即“斩砍见木”，俗称砍活。砍修八字基础线，应在确定的框线尺寸的基础上，增加 20%的宽度，为八字基础线的看面尺寸，框线宽度的 1/2，为八字基础线侧视面（小面）尺寸，其斜面（线口）尺寸应是框线规格尺寸的 1.3 倍，斜边与看面夹角为 22°，即八字基础线的宽度和锓口。掌握了框线规格与八字基础线的宽度和锓口的关系，便知早期匠师为什么砍线口了，框线与基础线的关系见彩图 10-4-1 ～彩图 10-4-3 和彩图 10-5-2。

（1）砍修线口前先弹线，应按确定的八字基础线口尺寸要求，分别在槛框的看面（大面）和进深（小面）上弹出墨线，作为砍修基础线的依据，槛框交接对角处尺寸应交圈。

（2）槛框弹线后，用特制的小斧子，斧刃要锋利，沿槛框的正侧两面的墨线进行砍修，砍线口时应由下至上，由左至右砍，砍一段修平找直一段。注意用力要一致，斧子深度应一致，不得过深，避免出线损伤木骨。槛框交接处的线角应方正、交圈。

2. 轧八字基础线宽度与锓口的控制

槛框的八字基础线经砍修、清理及支油浆后，开始地仗的捉缝灰工序。八字基础线有两种捉灰方式，一是传统使用铁板捉裹灰线口的方式；二是采用白铁制成的轧子轧八字锓口线的方式。传统捉裹灰线口主要针对使用竹轧子，由于使用铁板捉裹灰线口速度慢，不如轧八字基础线口规矩，自采用白铁轧子后，在轧八字基础线前，捉裹灰线口只是将不直顺的缺陷处捉裹规矩，缺棱掉角补齐。制作轧子和轧八字基础线如下：

（1）在制作八字基础线轧子时，应选用马口铁或镀锌白铁，白铁厚度应根据所确定的八字基础线宽度而定。防止厚度不适而造成轧子变形，导致线形走样。因此，凡混线规格尺寸在 25mm 以内时，八字基础线轧子不宜选用小于 0.5mm 厚度的白铁；混线规格尺寸在 25 ～ 35mm 时，基础线轧子不宜选用小于 0.75mm 厚度的白铁；混线规格尺寸在 35mm 以上时，基础线轧子应选用 1mm 厚度的白铁。

（2）八字基础线轧子分正反轧子，正轧子使用于中、上槛的下线和右抱框的线，反轧子使用于风槛、中槛的上线和左抱框的线。轧子制作时，将选好的马口铁用铁剪子剪成宽 80 ～ 100mm，长 100 ～ 120mm 左右的长方形铁片两块。在铁片的窄面选直顺的边做轧口并磨光滑（防止轧线出现麻面），画中线剪成象铲子 T 形的轧坯见彩图 10-5-1，在轧坯的中线处画八字基础线宽度尺寸，其线口宽度为混线规格尺寸的 1.3 倍。用铁板的口对准轧坯线的两侧线印窝肩角。内线膀肩角控制在 112° 夹角，外线膀肩角为 158° 夹角，再窝靠尺棍的志子，正反八字基础线轧子对口一致，见彩图 10-5-2。

（3）轧八字基础线须三人操作，其中有抹灰者、轧线者和拣灰者。轧线前应按槛框的长短准备好尺棍，抹灰者用小皮子将捉缝灰抹在八字线口上，应由上至下、由左至右抹严造实，复灰均匀。轧线者靠好尺棍、手持反轧子，由左抱框的上面至下让灰，找准线口的位置后，固定尺棍稳住手腕由上至下轧好。再手持正轧子由中槛的下线左边至右抱框转圈轧下来。拣灰者在后用小铁板将线口两则野灰刮净，再将线角和线脚处拣出线口，不得拣高。线路要直顺、饱满、整齐、光洁，线角交圈，线路看面宽度不小于线口宽度的 90%、不大于 93%，无断裂等缺陷。

（4）对于文物古建筑修缮中的槛框线口若不符合混线要求，又不得砍修线口的情况下。将八字基础线轧子的外线膀肩角相应小于 158° 夹角，使轧子的外膀臂与槛框面贴实，但必须随时检查轧子内线膀的肩角是否控制在 112° 夹角。目的是将不同程度的粗灰层厚度控制在麻层以下工序中，确保地仗和框线的质量。

10.5　槛框混线轧子的制作

混线轧子是根据需要临时制作的，传统是谁轧线谁做轧子。轧子由两种材料做成，一种是毛竹板，一种由马口铁或镀锌白铁做成。采用毛竹板挖成的轧子称“竹轧子”，是传统的轧线工具。因使用毛竹板挖的轧子经过锯、泡、砍、锉、挖、修等程序，由于制作工艺复杂，操作速度慢，轧线易磨损、变形，不利于大多数人所掌握，但采用毛竹板挖的云盘线轧子，用于轧云盘线、绦环线效果最佳。采用马口铁或镀锌白铁制作轧子称“窝轧子”。轧子需制作一对，分为反正，反正轧子的制作和使用见窝混线轧子。中灰（粗灰）轧子应略小于细灰轧子 1 ～ 2mm。

（1）制作白铁轧子时，应准备的工具有铁剪子、尖嘴钳、盒尺、圆形钢筋头

$\phi 6 \sim \phi 15$ 不等。

（2）轧坯制作时，将选用的白铁剪成长 200 ～ 240mm，宽 70 ～ 120mm 的矩形。在矩形的白铁上取中划十字线，再剪成图五形状，称“轧坯”，见彩图 10-5-1。

（3）轧坯的画线，参照彩图 10-5-2 的图五，是轧子制作的主要环节，也是处理好线型的规格尺寸及三停和三平关系的关键所在。

1）混线轧子的计算方法：

轧子的计算，应以明间抱框或门框确定的规格尺寸为依据，计算出混线轧子的两个线胯下料宽度（三停中的两份尺寸）和线鼓肚下料尺寸，即为混线尺寸。然后加上基本固定尺寸，（内线膀的膀臂为 15 ～ 25mm 外线膀的膀臂和志子尺寸为 25 ～ 35mm），即为混线轧子的总下料宽度。可按以下简便方法计算：

简便计算公式：

混线轧子（轧坯）总下料宽度＝两个线膀尺寸十线鼓肚尺寸十基本固定尺寸。

线膀下料尺寸＝ B/3，两个线膀尺寸＝ 2×B/3

线鼓肚尺寸＝ B/2，B ＝混线规格尺寸

基本固定尺寸：根据操作者个人习惯控制在 40 ～ 60mm 之间为宜。

2）轧坯剪好后，将计算出的尺寸在轧坯的十字线上用钢针划出线鼓肚尺寸的准确位置。然后在线肚尺寸的线印两侧向外量出线膀尺寸，用钢针划出准确位置。其余是内外线膀膀臂和志子尺寸部分。线画好后，见图例 10-5-2，即可从轧坯的中线用铁剪子剪开，分成正反两个轧坯。

（4）窝轧子，轧坯画线后，先将其中一个轧坯起线鼓肚的部位对准圆度适宜的圆钢筋棍，两手摁住两侧用力向下窝成半圆，用鸭嘴钳子夹住线膀的内线印，向起圆鼓肚的方向窝好，再用鸭嘴钳子夹住内线膀的外线印向下窝，其内肩角达到 90°为宜，再将外线膀的外线印向下窝成 136° 。然后在外线膀的肩角向外量不少于 20mm 处，用钳子窝出靠尺棍的志子，高度 8mm 左右，在轧子基本成型时将硬角剪圆防止伤手。再校验轧子的三停、三平、规格、镘口、肩角角度、线鼓肚等，此轧子校验合格后再按同样方法窝另一个轧子。待正反轧子符合要求并对口一致即可使用，正轧子使用于中、上槛的下线和右抱框的线，反轧子使用于风槛、中槛的上线和左抱框的线，见彩图 10-5-3 和彩图 10-5-4。

10.6　轧混线操作工艺

1. 灰料配合比（重量比）

鱼籽中灰线胎为：油满∶血料∶砖灰＝1 ∶ 1.5 ∶ 2.5[砖灰（小鱼籽∶中灰＝

4 ∶ 6）]。

细灰定型线为：油满∶血料∶砖灰（细灰面）∶光油∶水＝5% ∶ 10 ∶ 40 ∶ 3 ∶ 适量。

2. 工具准备

轧线时，应准备混线轧子，轧子分鱼籽中灰轧子和细灰轧子，另外还有清水桶，尺棍（以槛框长短而定）、斜刀子（用它修整竹轧子）、铲刀、灰碗、小皮子、小铁板、把桶等。

3. 轧线操作工艺

轧线前应将线口（八字基础线）周围的粗灰（压麻灰）或中灰，用石片或金刚石进行通磨。线路、接头，线角和线脚处应修磨平直，磨完后应由上至下清扫掸净浮尘。如轧细灰定型线前，用糊刷支水浆一道和控制调细灰的可塑性。

轧线时，由一人抹灰，一人轧线，一人在后拣灰。其操作分工如下。

（1）抹灰者：根据轧线者所使用的轧子种类，采用不同的操作方法。如采用铁片轧子时，应从左框上至下用小皮子开始抹灰，再由左上至右转圈抹下来。抹灰时应抹严造实（细灰抹实）再覆灰，灰要饱满均匀。如使用竹轧子时，应由左框下至上抹灰，再从左上至右转圈抹下来。

（2）轧线者：右手持反手铁片轧子，由左框上起手，将轧子的内线膀膀臂卡住框口，坡着轧子让灰，让灰均匀后靠尺棍。轧子在尺棍的上端和下端找准锓口后，固定尺棍，再由上戳起轧子稳住手腕向下拉轧子轧好后，再手持正手轧子由中槛的下线左边向右转圈至右框轧下来。使用传统竹轧子轧线时，应由左框下起手，将轧子大牙卡住框口，坡着轧子让灰，再从左框下戳起轧子稳住手腕向上提轧子。向右转圈至右框轧下来。轧混线的线路要直顺、饱满，线口看面宽度不小于线口宽度的90%、不大于93%，无断裂等缺陷。轧线时应注意框与槛的线路锓口一致，否则不交圈不方正。为确保线型清晰、光洁、美观，随时用清水清洗轧子。反手混线轧子见彩图 10-5-3，正手混线轧子见彩图 10-5-4。

（3）拣灰者：在轧过线的部位，用小铁板将线路两侧的野灰和飞翅刮净，不得碰伤线膀。然后拣线角，分“湿拣”和“干拣”。传统湿拣线角是用小铁板，将未干的槛框两条线路交接处，直接填灰按线型找好规矩。干拣线角是指所有线路轧完干燥后，进行拣线角，方法同湿拣。两种拣线角的方法必须掌握“粗拣低细拣高”的技术要点，虽然干拣线角不易碰伤线路的线型，并能以线路和线型做志子，而且比湿拣线角速度快，线型较规矩。但仍不如采用对角轧子轧的线角规矩、速度快。为促进施工速度提高工艺质量，古建单位工程间次多时均应使用对角轧子。拣线角方法详见本书 3.4.10 节的拣线角。

4. 对角混线轧子的轧坯制作和画线方法

将所选用的马口铁或镀锌白铁用剪子剪成长方形，长度为 180 ～ 200mm，宽度为 90 ～ 100mm。按长方形白铁取中划十字线，在宽度尺寸的中线处画正方形，再画对角线。将计算好的下料尺寸沿对角线的十字线画平行线及简单的轧坯外形，再用铁剪子沿对角线剪开，将轧坯外形剪好，即成正反两个轧坯。再按混线轧子的制作方法窝成对角混线轧子，见彩图 10-5-2。

10.7 框线的磨细和钻生

下架细灰工艺完成并干燥后，进行磨细灰工艺。线路应派专人磨，磨时用金刚石先磨线路的两则，宽度不少于 50mm，不得损伤线膀。线口应用麻头擦磨，线角处均可暂不磨。由下至上磨完第一步架时，即可钻生，生桐油应一次性连续钻透。当天必须将表面的浮油用麻头擦净。

10.8 修整线角与线形

地仗全部钻生七八成干时，派专人进行槛框交接处的修整，俗称修线角。修整线角与线脚时，应带规格不小于 2 寸半的铁板（要求直顺、方正）和斜刀。将铁板的 90° 角对准槛框交接处横竖线路的外线膀肩角，用斜刀轻划 90° 白线印。再用斜刀在方形的白线印内按线型修整。先修外线膀找准坡度和 45° 角，再修内线膀坡度和 45° 角，最后修圆线肚接通 45° 角。线角的线路交圈方正平直和线脚直顺后，将全部修整的线角找补生油，轧框线的地仗工艺即完工。

10.9 混线的质量要求

混线的线路饱满，光洁，横平竖直，偏差不大于 1.5mm，宽度不小于确定尺寸。允许正偏差 1mm，线型三停三平，正视面宽度在线口宽度的 90%～ 93%，不得大于 94%或小于 87%，线角交圈方正，棱角整齐，清晰美观，无接头、断裂、龟裂、空鼓、脱层等缺陷。群体建筑的槛框线路规格主次分明、协调。

槛框混线通过油饰贴金，使古建筑物下架部位间次的轮廓更加突出协调，富有立体感。

第 11 章　古建油饰工程施工的基本技能

古建油漆工，应熟悉掌握常见古建筑木构件、木装修、花活（雕刻）等与本工种的相关知识及文物保护知识。在进行油饰工程施工时，要具备的基本技能可用估、砍、磨、配、刷、粘、贴、刮、拉、溜、擦、修等 12 个字来概括。

11.1　估

即：掌握古建油饰工程各种工艺的不同做法。熟悉预算定额常识，并能正确使用及查用定额。

掌握各种不同形体的物面展开面积的计算方法和一些经验估算方法。如山花板不同地仗油漆贴金计量面积为底长乘高除以 2，博缝板不同地仗油漆正面计量面积按中心线全长乘宽，连檐瓦口不同地仗油漆计量面积按檐头长乘大连檐高乘以 1.5 倍，椽头地仗彩画贴金计量面积按檐头长乘以椽头竖向高等。

掌握各种工艺的各种做法的施工面积数据，如同做法同面积因部位工艺差别，其用工和用料数量也不同；如同工艺同做法同部位，因斗口的口份不同，其施工面积也不同；如同类涂料因颜色、重量不同，其涂刷面积不同。根据各种工艺的不同做法的材料消耗量，准确地估出用工和用料数量及种类，以及油饰施工所需要的时间。

掌握油饰工程常规施工所需要的时间和组织一般的油饰施工及工序搭接与其他工种的配合。例如一般古建筑在气温 20 ～ 25℃时完成地仗、油皮（油漆）、粉刷施工全工序的时间一般为 40 ～ 45 天。如穿叉低中等级的彩画及贴金一般不少于 45 天，3 ～ 4 月和阴雨季节及 10 ～ 11 月施工可延长。

掌握传统工艺在施工中每做一道工序或每施工一个单位工程都能预先估量到环境的温湿度高低、暴晒、酸雨等因素对施工质量的影响，对使用寿命的影响，并有预防措施、避免返工、使其提高质量。

11.2　砍

即：油饰工程的各种基层处理为砍活阶段要掌握油饰工程和涂饰工程各种做法

的基层处理方法及应具备的施工质量要求。

掌握木材面各种做法的基层处理方法和应具备的施工质量要求。并正确使用工具和维护保管方法。如部分地仗做法的基层处理即砍活湿挠（砍除全部旧油灰皮），找补砍除旧地仗和找补掂砍至压麻灰，掂挠清除旧油灰皮，湿挠清除旧油灰皮，新旧活清理除铲，匾额雕刻边框湿剔、刻、挠清除旧油灰皮等。

掌握斩砍见木、撕缝、下竹钉、楦缝、剁斧迹、砍线口、操油、支油浆、楦攒角等操作方法和质量要求及作用。如“横砍、竖挠”的操作要领，针对第一道工序斩砍见木（基层处理）掌握的操作方法及质量要求。所谓“横砍”是指砍活时，用古建油工专用的小斧子横着（垂直）木纹砍掉旧油灰皮。不得将斧刃顺木纹砍，用力不得忽大忽小，以斧刃触木为度，否则损伤木骨，所以要求“横砍”;所谓“竖挠”是指挠活时，用古建油工专用的挠子顺着构件木纹挠，必要时可采取顺木茬斜挠，将所遗留的旧油灰皮及灰迹（污垢）挠至见新木茬为止。不得横着（垂直）木纹挠，否则易损伤木骨，所以要求“竖挠”。砍活的质量要求，掌握“砍净挠白，不伤木骨”的操作要领。

掌握砍线口的八字基础线口尺寸、看面尺寸、小面尺寸和楦攒角（翼角）的梯形错台尺寸、椽档凹面尺寸的计算方法和尺寸要求。

掌握砍修八字基础线的宽度和看面的宽度及小面的宽度与槛框地仗和混线的质量相互关系。

掌握混凝土面、抹灰面做传统地仗和胶溶性地仗及粉刷工程基层处理的方法及应具备的施工质量要求。

掌握山花、花活（雕刻）、金属面（钢铁、镀锌、铜）等基层处理的方法及应具备的施工质量要求。

11.3 磨

即：掌握不同油饰工艺、涂饰工艺的施工方法；正确使用不同粗细的金刚石和各种不同型号的砂纸、砂布、水砂纸。

磨（划拉）粗灰掌握铲除残存野灰、磨去浮籽；但磨中灰时不称划拉灰，磨接头和残存野灰处要透磨。表面平整光洁，以不将本工序的缺陷转移到下道工序为原则。

磨麻时要掌握“长磨细灰、短磨麻”的操作要领。磨寸麻表面断斑出绒、不伤麻丝。

磨细灰时要掌握“长磨细灰、短磨麻”的操作要领。长磨细灰表面断斑、直顺平整（画活部位无麻面、砂眼等）光洁、棱角秧角整齐、线形规矩，不露籽。

做清色活木材面磨白茬要掌握“顺木纹磨，磨退活包木块磨，倒棱不伤线”等操作要领。表面平整、光滑、洁净。

打磨腻子时要掌握“长磨腻子、短磨麻”的操作要领。长磨腻子磨去残存、划痕，表面平整光洁、棱角整齐、线形规矩。

掌握罩油和末道油及面漆以下各道油膜或漆膜打磨的要求和方法及作用。例如油皮表面打磨要呛粉，否则，发涩发黏甚至划伤油膜等，油皮表面呛粉后，用乏旧砂纸打磨要长磨、磨全、磨到，表面平整光滑、不露底、不伤棱线。

掌握各种不同打磨的方法，并掌握蘸水磨、蘸肥皂水磨、蘸煤油磨的作用。

熟记并掌握古建油饰工程施工十活九磨的操作技术术语含义和技法。

11.4 配

即:熟悉各种预加工材料的（熬制光油、灰油）方法与掺加辅助材料比例和作用。并掌握发血料的方法和作用。

地仗施工掌握各种地仗做法（部位）的材料配合比（打油满、汁浆、操油、头浆、潲生和各遍油灰等）及调配方法与地仗成活质量的相互关系；如打油满的石灰水浓度和温度的要求及作用。如调配操油以使用生桐油为主料，操油配比为生桐油：汽油＝1 ：（1 ～ 3)，操油的浓度根据木质的水锈及风化松散（糟朽）程度调整配比，并以涂刷不结膜、耐腐蚀性好、增加木质强度为准。

掌握常用浆灰和胶粘材料及腻子的种类、性能及调配、使用方法。腻子种类如血料腻子、光油石膏腻子（油石膏腻子)、胶油腻子、胶腻子、嵌缝腻子、罩面腻子、防水腻子、漆片腻子、大漆腻子、喷漆底腻子、喷漆腻子等。

掌握各种颜料的性能和颜料研细出水串油的方法及颜料研细直接串油的方法与成活质量的关系。

熟悉贴金的金胶油预加工方法与成活质量的关系。如预加工特制光油的熬制方法，豆油煎熬成坯的方法，定粉（中国铅粉）炒之成糊粉的方法；按季节配制金胶油时掌握隔夜金胶油或爆打爆贴金胶油的调配方法与成活质量的关系。

掌握调配各种不同涂料（溶剂型涂料、水性涂料）的性能与相互关系，正确选用稀释剂及掺加材料。

掌握多种颜料密度和各种颜色的色素组合，正确区分主色与次色及配料时各色掺加的次序。配料时要掌握“油要浅、浆要深”，“浅色要色稳、深色要色艳”，“有余而不多”，“先浅而后深”，“少加而次多”等要点。

掌握做清色活对于了解或熟悉木材的基本特征（纹理、硬度、密度、颜色等）和外观来识别其种类与涂饰成活的质量关系和作用。

掌握木材面做清色活时调配水粉、油粉、水色、酒色、油色的颜料品种和调配方法。

11.5 刷

即：掌握各种规格棕刷和刷具的正确使用方法及技巧。根据搓刷光油的部位要求和刷色、扣油（齐金和齐边）要求及各种涂料的要求不同，正确使用不同型号和不同新旧程度的刷具。

掌握涂刷的操作要领："刷油要少蘸而次多或少蘸、多刷、勤鐾"，"大面刷油先开油、再横油和斜油、后理油"。刷油者掌握理（顺）油的刷纹方向不得与木纹方向交叉垂直，竖木件先横后竖，横木件先竖后横，并掌握油的肥瘦而不流不坠不皱。

掌握古建搓顺油和新建涂刷油主要因何原因使其不同？因传统使用的光油较黏稠而成品油漆黏稠度适中因而涂刷方法和刷具则不同。例如，古建至少两人作业因光油较黏稠，搓油者需用生丝头先蘸水润软甩净，再蘸油喂匀，搓油时要少蘸将油迈匀抹严，随后要搓成干、到、匀的芝麻油，顺油者用油栓先粗顺再横着和斜着木纹方向登油，随后细顺至肥瘦均匀一致；新建由一人作业因成品树脂油漆黏稠度适中适宜涂刷，刷油者用刷子蘸油先开（迈）油，再横油和斜油，随后理（顺）油至肥瘦均匀一致。例如，传统使用的光油虽然较黏稠，还不允许加入适量稀释剂稀释。而成品树脂油漆黏稠度适中适宜涂刷（如醇酸漆），还允许加入微量稀释剂调整油漆黏度，以利操作和涂膜质量的要求。但大多数油漆品种末道出亮时不允许稀释。

下架大木（柱子槛框、栈板墙）和大门扇及山花无论是搓刷光油还是涂刷油漆，掌握各层脚手架的各当配合及注意的质量问题。如上下层搓油者和顺油者或涂刷油漆者掌握顺理油的肥瘦和接头的搭接及预防落尘等。如上下层搓刷末道油或涂刷面漆的肥瘦不一致将出现饱满度和光亮度的不一致，或顺理油时遇微有轻松打滑感而不进行重顺将造成皱纹、流坠现象，既影响质量必导致重刷一道而造成浪费油漆材料。

掌握涂刷门窗并熟记涂刷的要点：先上后下、先难后易、先左后右、先外后里（窗）、先里后外（门）。但窗向里开启的要先里后外，门向外开启的要先外后里，并掌握先浅后深。

掌握涂刷大漆的一般工艺标准和操作方法及预防生漆过敏知识。

木材面做清色活时掌握刷虫胶清漆、水色、酒色、油色的操作方法和技巧与成活质量的关系，正确选择和使用工具。

掌握高级涂饰与温度和湿度的关系。例如：涂刷虫胶清漆时，温度高、干燥则适当多加点酒精；温度低、湿度大则少加点酒精，提高虫胶清漆的浓度，否则饰面会泛白；涂饰硝基漆也要避免湿热或低温天气，防止饰面泛白的弊病。

掌握库金箔、赤金箔、铜箔的罩油或罩漆（库金箔、银箔罩漆）及打金胶油的方法和要求及选用涂刷工具。

11.6 粘

即：掌握地仗灰施操前对那些相邻的成品部位进行保护的目的和正确选用胶粘材料及粘纸宽度与竣工清除的关系。

掌握加工线麻、布的方法和正确选用线麻、布的质量与地仗成活质量的相互关系及作用。

掌握古建筑木构件和木装修的接点连接缝与使麻、糊布成活质量的相互关系。并掌握使麻、糊布的木构件与不使麻、不糊布的木件交接处的麻布搭接长度和使麻、糊布的木构件与不使麻、不糊布的边抹交接处的麻布搭接长度。

掌握粘麻的麻丝长度要与木件的木丝交叉垂直拉结（例如：横拉木件、横拉木丝、横拉铁箍，木件的断截面拉乱麻）、麻丝要与木件的连接缝交叉垂直拉结与地仗成活质量的相互关系及作用。

掌握隔扇粘麻的操作步骤和要求：①先粘大边麻裹口拉抹头；②后粘抹头麻；③再粘云盘线的麻和粘绦环线的麻；④最后粘心地麻。隔扇边抹粘麻的麻须要搭在死仔屉边抹的边沿及死扇要搭过秧。隔扇粘麻的麻丝长度，要分别按边抹、云盘线、绦环线、心地的尺寸截麻，边抹的麻丝长度要让出裹五分拉秧的尺寸。

掌握使麻工序的操作步骤即开头浆、粘麻、砸干轧、潲生、水翻轧、整理活的操作方法和技巧及配合关系，正确使用工具。

掌握糊布的步骤和顺序的操作方法和技巧及要求。如明圆柱应缠绕糊布。木件糊布顺木纹不得有对接缝和搭槎，秧角、棱角、线口处不得有对接缝和搭茬。

麻布地仗施工中，掌握“横翻、竖轧”的操作要领，主要针对使麻工序水轧时的操作方法及要求。所谓“横翻”是指在开浆、粘麻、砸干轧、潲生后，水轧（翻轧）时，用麻针横着（垂直）麻丝拨动将麻翻虚，既要检查麻层内是否有干麻、干麻包，又要将麻层拨动的不漏籽而厚薄均匀即可；所谓“竖轧”是用麻轧子将翻虚的麻层顺着麻丝挤浆轧实，使浆浸透麻层更加密实平整。再经整理活抻补、找平、轧实，达到使麻的质量要求。

掌握旧彩画地仗的回粘修补方法和正确选用胶粘材料与粘补质量的相互关系。

11.7　贴

即：掌握贴金工程的施工环境、温湿度对贴金质量的影响和贴金对光油面、油漆面、包色黄胶面等基层面的要求与贴金成活质量的相互关系。

掌握扫金、描金、贴金工艺（撒金、点金、片金、两色金、浑金）的操作方法，并正确使用工具。

掌握贴金时按季节预先试验金胶油。并掌握施贴部位试验隔夜金胶油或爆打爆贴金胶油的样板与扫金、贴金的最佳时间及金胶油内掺加微量红黄调合漆的作用与扫金、贴金成活质量的关系。

掌握金箔、赤金箔、银箔、铜箔的规格和质量要求及彩画种类的等级做法与贴金部位及工序搭接关系。

掌握贴金工程的质量要求和检验评定标准并掌握贴金质量通病的预防措施及质量事故的处理方法。

掌握并熟记打金胶的操作要点：先打上后打下，先打里后打外，先打左后打右，先打难后打易。

掌握并熟记贴金的操作要领：撕金宽窄度要准，划金的劲头要准，夹子插金口要准，贴金时不偏要准，金纸崩直紧跟手，一去一回无绽口，风时贴顶不贴顺，刮风贴金必挡帐。

掌握并熟记贴金的操作要点：先贴下后贴上，先贴外后贴里，先贴左后贴右，先贴直后贴弯，先贴宽后贴窄，先贴整后贴破，贴整条不贴豆金，先贴难后贴易。

11.8　刮

即：地仗施工时掌握各种地仗做法的各道工序的操作方法与地仗成活质量的相互关系。正确选用工具及使用工具与地仗成活质量的关系。

各种地仗做法（部位）的捉缝灰时掌握“横掖、竖划”的操作要领。并熟练掌握补缺，衬平，借圆，贴秧、贴边棱，找直，找规矩（含山花绶带、花活等雕刻纹饰的补缺成形），分次衬垫，裹灰线口、裹檩背、裹枋肩及合楞、裹柱头、裹柱根、裹椽头，贴椽秧、盘椽根等方法和技巧（注：分次衬垫时文物建筑木构件有明显弯曲、变形缺陷者，表面平整度以平顺为准，棱角、秧角、合楞平直度以顺平顺直为准）。

上下架大木通灰、压麻灰、细灰（平面构件宽度大于铁板长度）过板子时掌握

“竖扫荡、横压麻”，“左皮子、右板子”，“粗拣低、细拣高”等操作要领和正确选用工具及使用工具。其灰板有大、中、小三种规格，过板子者根据构件体面掌握选用，过板子时一般需用大小或中小两种规格。

通灰和压麻灰或压布灰时“竖扫荡、横压麻”针对两道粗灰工序过板子者掌握的操作方法及质量要求。所谓“竖扫荡”是指通灰（清早期就称通灰，俗称竖扫荡）工序在过板子时，顺着木纹的方向刮灰，檩、柱等圆形木构件，因经多次重修达不到平、直、圆，需横着（垂直）木纹的方向过板刮灰。早期新营建的古建筑，因檩、柱圆形木构件平、直、圆，通灰工序时不过板子，而是使用牛皮制作的皮子进行“竖扫荡”；所谓“横压麻”是指压麻灰工序在过板子时，横着（垂直）木纹方向顺着麻丝滚籽刮灰，其板口应与檩、柱圆形木构件通灰的板口错开。通过横竖过板刮灰，达到平、直、圆的最佳效果。

在通灰、压麻灰、压布灰和细灰工序时“左皮子、右板子”针对操作者使用皮子和板子掌握的操作方法和要领。所谓“右板子”，是指由过板子完成灰遍成活的操作程序，即为“右板子”。在过板子时，搽灰者用皮子由右至左搽灰和复灰，过板者手持板子左右让灰，将灰让均匀后，再手持板子由右向左刮灰成活。使用皮子搽灰配合过板子完成灰遍成活的操作程序时，也可称“右皮子”。

在过板子或轧各种线时“粗拣低、细拣高”，针对拣灰者掌握的操作要领。所谓“粗拣低”是指拣灰者用铁板拣粗灰时，被拣灰处的灰层面需拣平，拣不平的情况下允许拣的微低于灰层表面，但不得拣高灰层表面。如有高出的灰层及余灰、野灰等既不易铲除也不易磨平，更不易磨修平整及成型。如被拣灰处出现微低于的灰层面时，下道工序还可弥补，这就是允许“粗拣低”的道理；所谓“细拣高”是指拣灰者用铁板拣细灰时，被拣灰处的灰层面需拣平，防止收缩或拣不平要拣的略高于灰层表面，便于磨细灰工序时，确保磨细灰易磨修平整及成型，所以要求“细拣高”就是这个道理。拣灰既能弥补板子或轧子下不去地方的不足，又能处理好板口的接头和线口两侧的野灰，还能确保板口或线角的完整，使地仗达到平、直、圆和成型美观的质量要求。并要熟悉各种不同轧线的线形掌握湿拣或干拣的操作方法和技巧。

上下架大木中灰时掌握各步骤的操作方法和灰层厚度要求及正确选用油灰配比；并掌握“粗灰连根倒、细灰两头跑”的操作要领。如下架大木中灰的操作步骤和要求：①轧线；②槛框填心（轧线和填心用压麻灰的油灰配比）；③中灰，中灰时平面木件横着使用铁板直刮一去一回克骨刮平。中灰的灰层厚度以鱼籽灰或中灰粒径为准。

圆柱子粗灰（含早期的扫荡灰）、中灰工序和溜细灰程序时“粗灰连根倒、细灰两头跑”针对操作者使用皮子的操作要领。所谓“粗灰连根倒”是指圆柱子粗灰时，为防止一人高内出现多余的接头，用硬皮子由柱根至手抬高处收灰，即为“连根倒”，但中灰时手抬高处的接头应与细灰的预留接头错开。

下架大木（起混线）细灰时掌握各步骤的操作方法和灰层厚度要求。如下架大木细灰的操作步骤和要求，其操作步骤需岔开进行：即找、轧、溜、填，找细灰和轧细灰线同步进行，找细灰和轧线灰干后，再前后分别进行溜细灰和细灰填心。轧线的细灰要比找、溜、填的细灰调配要棒些，细灰操作时不得拽灰和代响，以防出水，要求细灰厚度约 2mm。

掌握连檐瓦口、椽头地仗工艺的操作方法和正确使用工具。连檐瓦口、椽头用铁板细灰时掌握三返头操作步骤的方法，一返头细水缝代雀台和飞檐椽头底帮，二返头细老檐椽头打围脖代飞檐椽头的两帮，三返头细老檐椽头代细瓦口和连檐及飞檐椽头。

掌握找、嵌、拘、攒、批、刮腻子的操作方法和技巧及使用工具。如找腻子和复找腻子用开刀、小铁板、牛角板、小足刀针对找各种活的零散接点缝、洞眼、钉眼、划痕等的小缺陷点找和遗漏与塌陷的小缺陷点找。嵌腻子用开刀针对顶板缝用嵌缝腻子嵌刮。拘水石膏用开刀针对抹灰面的裂缝、坑洞、缺棱掉角用未凝固的生石膏加水嵌刮。攒腻子用大小皮子攒刮。批腻子用板皮子批刮。刮腻子用开刀、钢皮刮板、铁板刮腻子，南方油工用抹子刮顶墙腻子。

熟练掌握腻子的种类、材料、道数及作用与目的，正确调整腻子的溏与棒。

掌握腻子中各种材料的性能与涂刷材料之间的关系。如木材面做清色活时润水粉、刷水色前和刷第一遍虫胶清漆后，找虫胶色腻子，不能使用乳胶腻子和油性腻子，润水粉应刮胶腻子，刷水色配套使用；润油粉，应刮油性腻子，刷油色；抹灰面刷油漆前可刮胶腻子，木材面刷油漆前需刮血料腻子，在操过底油和搓刷颜料光油面上及油漆面上要找刮光油石膏腻子，如找刮过的光油石膏腻子表面达不到油面平光，再找刮大白油腻子。也就是说在油饰和涂饰中要掌握“油见油、水见水”的操作要求。

11.9 拉

即：掌握古建筑槛框起混线和混线线路规格及混线贴金，要遵从文物要求和设计要求，并要熟悉传统起混线和线路规格及贴金的规则。

掌握确定群体建筑的主座槛框混线线路规格与权衡各座混线规格尺寸的关系。

掌握砍、修、轧八字基础线的宽度和看面宽度及小面宽度与槛框地仗的质量关系，并掌握不砍线口和不砍修线口，而进行轧八字基础线和轧鱼籽中灰线胎及轧细灰定型线与槛框地仗质量的关系。

掌握槛框混线饰金面宽窄和线形立体效果及建筑物间次的轮廓与混线规格宽度的相互关系。

熟悉各种线形掌握制作各种轧线工具，正确选用马口铁和镀锌白铁的薄厚与轧线成活质量的关系。轧线的线形有八字基础线、混线、云盘线、绦环线、梅花线、泥鳅背线（月牙线）、一炷香线、两炷香线、皮条线、指甲线、平口线等。

掌握地仗各道工序轧各种线的操作方法和油灰配比与地仗成活质量的关系，正确调整轧线油灰的棒度。

掌握制作云盘线、绦环线的竹轧子，正确使用竹轧子轧云盘线、绦环线的各道油灰。

掌握隔扇地仗施工的操作步骤和轧线的操作方法及轧各种线的质量要求。

掌握拉油线、拉水线的操作方法和材料调配，并正确使用工具和维护方法。如拉线工具有五分广东栓、捻子（以拉线宽窄选号码）。

11.10 溜

即：掌握上下架大木细灰工序的操作步骤和细灰配比的要求与成活质量的关系。

檩、柱等圆形木构件中灰（含早期的通灰）和溜细灰时，掌握“左皮子、右板子”的操作要领和技巧及灰层厚度的要求。“左皮子、右板子”针对操作者使用皮子和板子掌握的操作要领。所谓“左皮子”主要是指从左插手由左至右用皮子完成灰遍成活的操作程序，即为“左皮子”。如开间的上桁条（檩）用细灰皮子溜细灰留一个接头时，俗称两皮子活，先溜左边的细灰，后溜右边的细灰，其接头应放在偏中。如上桁条（檩）溜细灰留两个接头时，俗称三皮子活，可采取“细灰两头跑”的操作方法，先溜中间的细灰，待中间的细灰曝干时再溜两头的细灰。均可先溜两头的细灰，后溜中间的细灰，但也要待两头的细灰曝干时，再溜中间的细灰，要求细灰灰层厚度约 2mm。

圆柱子溜细灰时掌握“粗灰连根倒、细灰两头跑”的操作要领和技巧及灰层厚度的要求。如“粗灰连根倒、细灰两头跑”针对圆柱子粗灰（含早期的扫荡灰）、中灰工序和溜细灰程序操作的要领。所谓“细灰两头跑”是指用细灰皮子溜圆柱子细灰时，先溜膝盖以上至手抬高处，要上过头顶下过膝，上下接头放在找细灰打围脖预留接头上（如上下接头未找细灰， 抹灰者抹灰时在上下接头处先打围脖），待此段细灰曝干时，分别溜柱子的上段（上步架子）细灰和柱根处（膝盖以下）的细灰，即为“细灰两头跑”。由于溜细灰是由上至下收灰，膝盖以下不易掌握细灰的厚度，因此采取“细灰两头跑”的操作方法。在明圆柱子溜细灰时，应从暗处由右向左抹灰、复灰、收灰成活，收灰时要看着后皮口收，并掌握皮咎（皮口）的直顺度，大面要整皮子活，竖接头和半皮子活应放在明圆柱的暗处，檐柱或金柱的半皮子活应放在柱秧处，细灰灰层厚度约 2mm，溜细灰时不得拽灰和代响，以防出水。

11.11 擦

即：掌握传统搓光油的操作要领："搓油先将生丝团蘸水润软甩净，再蘸油喂匀，搓油时少蘸、多搓，要干、到、匀的芝麻油"，"顺油要多顺、勤鐾，横登竖顺和竖登横顺，顺油时栓路（刷纹）方向不得与木纹方向交叉垂直，遇竖木件横登竖顺，遇横木件竖登横顺，使油肥瘦均匀而不流不坠不皱"。

掌握传统搓光油的操作方法：搓油先将生丝团蘸水润软甩净，再蘸油喂匀，搓油时要少蘸先将油迈匀抹严，再多搓逐渐将油缕搓开搓到搓匀，搓成均匀的芝麻油（似撒的均匀的白芝麻）即可，顺油者用油栓先与木件木纹方向横着反复登油再交叉登油，如登油时油栓发涩蘸油补后登匀，油栓打滑要反复登顺随时将多余的油鐾出至均匀，最后顺着木纹方向将油理顺至肥瘦均匀一致。

掌握木材面做清色活不同上色的润水粉、润油粉、擦油色的揩擦方法，并熟练做到快速、均匀、洁净的要领。

掌握烫硬蜡的操作方法及蜡质加工方法和不同性能上蜡的揩擦方法及作用，如擦砂蜡（打砂蜡）擦软蜡（打上光蜡）。

掌握擦腊克的揩擦方法和技巧及要求，并正确使用工具。如木制品施涂硝基清漆工艺要求的理平见光或显孔和填孔亚光清漆工艺硝基清漆打底时要求的理平。因此揩涂工艺的要求为：对揩涂工艺有初、中、高级之分，一般来说初级为揩涂一遍，多在普通工艺中揩涂一遍；中级为揩涂两遍，一般在理平见光工艺中要求揩涂两遍；高级为揩涂三遍，在磨退工艺中要求揩涂三遍。

掌握揩擦工艺的正确使用工具。如麻头、生丝头、棉丝、毡条、白棉布、棉纱布、棉花、麂皮、棕刷等。

熟悉榆木擦漆的工艺操作方法及预防生漆过敏知识。

了解搓生油的操作方法，在 20 世纪 70 年代前地仗磨细钻生桐油时，不用刷子以丝头搓生油为主；掌握地仗磨细钻生桐油后擦生油的最佳时间和操作方法及作用。

11.12 修

即：掌握制作各种轧线的工具和铁板、皮子、麻轧子、金夹子、油栓、抿尺等工具，并掌握本工种使用的工具、机具维修（拾掇）及保管。

掌握木构件、木装修、花活（雕刻纹饰）等缺损、翘茬、糟朽等以灰整形修补方法。包括捉缝灰时补缺成形至各道灰及地仗磨细钻生后的纹饰不走样。

掌握混线的基础线砍修方法和大于鱼籽中灰线胎及细灰定型线的作用与地仗成活的质量关系。

掌握各种轧线的线形、线角、线脚的修整方法和要求及正确使用工具。

掌握灰刻镘阳字和印章的阴刻、阳刻操作方法。并掌握匾额的油饰色彩、字形、拓放字样、摆放字样的位置和堆字、筛扫等工艺做法的修复及正确使用工具。

掌握清色活涂饰中拼色、修色的方法。并掌握硬木三色弊病的处理方法。

掌握因材料及配兑、气候、老化、基层含水率、操作方法等原因造成的各种质量疵病的修补方法。

在古建油饰工程的施工中不仅要具备12个字的技能，还要具备“喷”“刻”“画”等技能。如“喷”即掌握喷油漆、喷硝基漆、喷（大白浆）涂料的操作方法与成活质量的关系；喷油漆、喷硝基漆掌握因加稀释剂多少、气压大小、喷嘴距离物面远近等原因造成的各种质量疵病的修补方法；如平面匾额喷涂硝基漆时喷嘴距离被喷表面过近易流坠，过远漆膜出现无光泽的点状粉末，达不到磨退出亮的要求。如“刻”即掌握刻镘阳字匾、刻制图案或标识字的漏版方法，根据彩色图案的颜色刻制漏版的套数；“画”即掌握做假木纹（彩图11-1-1、彩图11-1-2）假石纹的操作方法和技巧。总之，在古建当代装饰手段中作为古建油漆工，不但掌握一般理论知识，还要有所发展和突破。

第 12 章 古建油饰工程质量通病产生与预防及治理方法

古建油饰工程施工常见出现地仗裂缝、龟裂纹、钻生颜色不一致、翘皮、超亮、油皮长白毛与起泡、金木、金面爆皮、掉粉等各种质量缺陷，这些质量缺陷的出现，其一是使用的原材料、加工配制材料以及油漆、光油、金胶油等本身质量有问题或性能不够稳定；其二是油饰施工环境的温度高低、干湿、暴晒、酸雨等因素会使地仗的麻灰层产生裂变、缩变以及涂刷后的油漆、光油、金胶油成膜容易产生化学反应而促使早期老化或粉化；其三是对原材料、加工配制材料以及油漆、光油、金胶油性能不了解、使用不当以及操作技术不熟练等等上述原因都会造成各种质量缺陷。为了提高油饰施工的基本技能与质量预防，有利于文物建筑保护为主、合理利用阶段，并保证每次大修文物建筑的修缮质量延长其使用寿命，减少大修修缮次数，是我们的愿望。因此，根据本人的实践经验将常见的所谓质量通病产生原因与预防及治理方法作简单介绍，供参考。

12.1 地仗工程质量通病产生与预防及治理方法

12.1.1 裂缝

1. 现象

地仗施工中和磨细钻生干燥后，或在地仗上涂饰油漆、绘制彩画、饰金后，其表面出现裂纹、缝子的缺陷即为裂缝。轻微的细如发丝，严重的宽度几毫米，其长度不等，逐渐翘皮脱落，严重影响地仗工程质量及使用寿命。

2. 原因分析

（1）木基层含水率高使木材变形、劈裂及构件缝松动、节点缝开裂、拼接缝开胶或受气候影响等易造成油饰彩画表面裂缝。

（2）柱、枋、挂落板、博风板等部位的预埋铁件卧槽浅，因受气候、日照热胀冷缩的影响油饰彩画表面产生裂缝。

（3）旧斗栱木质老化，地仗前未操油或钻生桐油时掺入汽油多或钻生桐油没浸透细灰层，做彩画刷大色中的水气闷透（浸入）木质，在彩画即将完工中或完工后，木材干缩彩画表面易产生细裂纹。

（4）木基层处理时，对木基层缝隙未进行撕缝、下竹钉，或楦缝的木条、竹扁及下竹钉不实不牢固，因受季节性气候影响地仗施工中或油漆彩画后，其表面易造成裂缝。

（5）地仗施工时在捉缝灰工序中捉蒙头灰或缝内旧灰、浮尘未清理干净，造成油灰不生根，易产生裂缝。或单披灰地仗施工时， 先用木条楦缝再捉缝灰， 因受季节性气候影响地仗施工中或油漆彩画后，其表面易造成一条缝隙两道裂缝。

（6）麻布以上灰层轧中灰线胎使用的灰溏（软），线路油灰干缩后易造成横裂纹及断裂纹，这些线路的裂纹未经彻底铲除，就进行下道工序至油漆或贴金后显现暗裂，因受季节性气候影响仍然收缩、裂变由暗裂至明显的大小横裂纹及断裂纹，慢慢翘皮、脱落，见彩图 12-1-1、12-1-2。

（7）使麻、糊布工序中，使用了质量较差的麻或不符合要求的布，或使麻的麻层过薄、漏籽，或结构缝处使麻、糊布操作方法不当未拉麻、拉布，或麻层薄厚不匀以及不密实，因受季节性气候影响地仗施工中或油饰彩画后的表面都易造成裂缝，隔扇边抹油皮表面造成横裂纹（顺麻丝裂纹）。

（8）在磨麻、磨布时遇有秧角崩秧、窝浆的麻或麻布割断后，未做补麻、糊布处理，就进行下道工序，因受季节性气候影响，地仗施工中或油漆彩画后，其表面易造成裂缝。

（9） 修补旧地仗其灰口处未操三七生油，或修补地仗时新旧地仗衔接不牢，油漆彩画前后其表面易造成裂缝。

3．预防措施

（1）地仗工程施工的基层含水率控制在：木基层面做传统油灰地仗含水率不宜大于 12%；混凝土面做传统油灰地仗含水率不宜大于 8%，做胶溶性地仗含水率不宜大于 10%。

（2）木基层处理时，遇有劈裂、戗槎、脱层应用钉子钉牢，遇有膘皮应铲掉。接缝开胶或结构缝松动或不该使用的轮裂木构件劈裂、翘裂、脱层应与木作协调处理后，再进行下道工序。

（3）木基层表面的缝隙应用铲刀撕成 V 字形，并撕全撕到，缝内遇有旧油灰应剔净。撕缝后应下竹钉，竹钉间距 15cm 左右一个，如一尺缝隙应下三个竹钉，缝隙的两头和中间各下一个，并同时下击。如遇并排缝时竹钉应成梅花形，竹钉应钉牢固。缝隙较大时竹钉之间应楦竹扁或干木条，并楦牢固。

（4）做地仗前应对木质水锈、老化、风化糟朽处和部位，进行操底油封闭，操生油的稀稠度以增加油质和强度为宜。对修补旧地仗的灰层或灰口处应操三七生油增加强度。

（5）木基层表面铁箍等预埋件的卧槽深度应距木基层面3～5mm，做地仗前先铁箍除锈涂刷醇酸底漆后，再刮3～5mm厚的附着力强的耐热性好的油性底腻子，配比为生石膏粉：光油：白铅油：醇酸底漆：松香水：清水=5：2.5：1.2：0.5：0.3：3，干后做地仗，起隔热作用。

（6）捉缝灰工序时，对于木基层面的小缝隙和结构缝，应用铁板横掖竖划，将油灰填实捉饱满。凡捉10mm以上缝隙灰时，应先捉灰后将木条楦入缝内再捉规矩，严禁捉蒙头灰。

（7）使麻时不使用糟朽的、拉力差的线麻，操作时应横着（垂直）木纹方向粘麻，遇横竖木纹交接处（结构缝）应先粘拉缝麻。如柱头与额枋的交接缝，应先使柱头麻，麻丝搭在额枋上不少于10cm，在使额枋的麻时，应垂直于木纹压柱头搭过来的麻丝。麻层厚度应按规定的用麻量使麻，不得少于1.5～2mm 厚度，麻层应密实、厚度均匀一致。对于柱、枋、上槛与框使麻顺序参见彩图12-1-4。对于柱、框、风槛与踏板处使麻顺序参见彩图12-1-3。

（8）仿古建筑木构与混凝土混合结构的 麻布地仗施工，木基层面使麻糊布时，对于木混结构缝的麻布搭接，其宽度不得少于30mm。

（9）磨麻磨布时，遇有崩秧、窝浆的麻布将其割断后，应做补浆粘麻、糊布处理，然后进行下道工序。

（10）凡麻布以上灰层轧各种线时，应使用棒灰（稍硬点）防止线路干裂。凡轧各种线其线路不成型，应铲掉重轧及时调整轧线灰，防止线路灰干缩后产生横裂纹或断裂纹，否则影响到油漆、贴金质量和使用寿命。轧中灰线胎或细灰定型线裂纹导致线路金面暗裂纹见彩图12-1-1、彩图12-1-2，随着时间推移而裂变直至脱落影响使用寿命，应引起重视。

4. 治理方法

（1）单披灰地仗及其油饰彩画贴金表面的裂缝修理，根据裂缝深度、宽度，用铲刀顺裂缝两侧撕成V字形，然后分别按地仗及其油漆、彩画、贴金的操作工艺进行修补。裂缝宽度3mm以上时治理方法同下条麻布地仗。

（2）麻布地仗及其油饰彩画贴金表面的裂缝修理，根据裂缝深度，砍到麻布面或木质面，需颠砍到麻布面时不得损伤麻布层，其灰口宽度不少于50mm，但灰口应有坡槎，旧麻布地仗其灰口处应操稀生油，然后分别按麻布地仗及其油漆、彩画、贴金的操作工艺进行修补。

12.1.2 龟裂纹

1. 现象

龟裂纹又称激炸纹、鸡爪纹，指地仗施工中各遍灰层表面、磨细灰钻生桐油的表面及油皮（漆膜）表面呈现出不规则的细小裂纹，逐渐翘皮、脱落，严重影响油漆彩画的观感质量，更是缩短油漆彩画工程使用寿命的严重隐患。

2．原因分析

（1）捉缝灰、通灰工序的调灰比例及所选用砖灰的灰粒级配不准，或调灰时使用了棒血料，造成灰层干缩后产生龟裂纹。

（2）捉缝灰时，对基层表面缺陷处，未进行分层分次补缺、衬平、找圆、找直，会造成通灰的灰层过厚或平整度差，灰层过厚干缩或麻布以上灰层过厚干缩会产生龟裂纹。

（3）通灰层有不平、不直、不圆或麻层有窝浆、薄厚不均和麻缕不平，造成压麻灰、压布灰和中灰的灰层过厚，灰层干缩后易产生龟裂纹，致使渗透于细灰层及油皮表面，将严重影响使用寿命，见彩图 12-1-5。

（4）槛框起混线时，由于砍、修、轧的八字基础线宽度和镖口不准，在轧线胎（此时修整线口为时过晚）时纠正，造成槛框麻布以上灰层过厚，灰层干缩后产生龟裂纹，致使渗透于细灰层及油皮表面。

（5）调制压麻灰、压布灰和中灰的配合比不准，如灰溏、砖灰级配不准、使用了棒血料、满少料大（油满少血料多），造成灰层干缩后产生明显的或不明显的龟裂纹，未采取根除继续细灰工序，磨细虽未发现龟裂纹和风裂纹，钻生时呈现成片的或大面积的暗龟裂纹，油饰彩画后或早或晚逐渐裂变产生或明或暗的龟裂纹，随时间推移逐步明显，加之时刻受到有害气体的侵蚀而慢慢卷翘、脱落，见彩图 12-1-6。

（6）调制细灰配合比不准，如细灰溏（稀）、使用的血料黏度小、掺入光油量少，细灰时灰层厚，灰层干缩后都易产生龟裂纹，是影响油饰彩画质量的隐患。

（7）细灰工序时，暴晒部位的灰层会速干变脆而裂变，易出现龟裂纹，细灰的强度低，在刮风的环境中磨细灰易出现风裂纹。这类龟裂纹、风裂纹未采取措施根除，油漆彩画后易产生龟裂纹，将严重影响使用寿命。

（8）地仗钻生使用了干燥快的生桐油，特别是生桐油内掺有干燥快的材料，不易钻透细灰层，或钻生干透后晾晒时间过长，未及时油饰彩画，地仗干缩易产生裂变出现或暗或明的龟裂纹，油饰彩画后逐渐裂变使龟裂纹逐步明显而慢慢卷翘、脱落。

（9）混凝土面有龟裂纹做单披灰地仗和油饰彩画后，因受气候影响混凝土面的龟裂纹逐渐产生裂变，在油饰彩画表面呈现出龟裂纹，慢慢翘皮至脱落。

（10）在地仗工程施工前未详细制定施工方案，特别是对引起龟裂纹的不利因素，事先未采取预防措施。

3．预防措施

（1）调制地仗油灰除掌握工程做法外，还应掌握建筑物的构件大小及缺陷情况，应严格控制砖灰的灰粒级配和调灰比例，不使用或不掺用发老的过期（泻）的血料调灰。所调配的各种灰应满足油灰的和易性、可塑性和工艺质量的要求。

（2）捉缝灰时除进行捉缝外，还应衬平、补缺、找规矩，捉缝灰干燥后，应用70cm左右长度的尺棍检查基层缺陷，用不同规格的灰板，将不平、不圆、不直的缺陷处，分层分次的衬垫找平、圆、直。衬垫灰干燥后，通灰达到滚籽过板刮灰基本圆平直。且不可将缺陷例外转序到压麻灰、压布灰，中灰及细灰工序中。

（3）凡槛框起混线时，砍、修、轧的八字基础线宽度为混线规格的1.3倍，正视面宽度为混线规格的1.2倍，侧视面（小面或称进深）为混线规格的1/2，防止槛框的麻布以上灰层过厚，确保传统的混线质量要求。

（4）使麻糊布前，通灰的平、圆、直应符合要求。如通灰表面出现龟裂纹时，应用通灰刮平整。如单披灰的通灰、中灰表面有龟裂纹时，应挠掉龟裂纹重新刮通灰、中灰。使麻的麻层厚度应使均匀，并用麻轧子轧平轧密实，不得有麻缕、麻疙瘩、窝浆等缺陷。

（5）调制压麻灰、压布灰及中灰应严格控制砖灰的灰粒级配和调灰比例，不使用或不掺用发老的过期（泻）的血料调灰，天热干燥、湿度低、风大可适量增油满或撤血料。压麻灰、压布灰工序时应滚籽刮灰，灰层宜薄不宜厚，中灰工序应刮克骨灰。如压麻灰、压布灰和中灰表面出现轻微龟裂纹时，应将出现龟裂纹部位的压麻灰、压布灰和中灰及时挠净，或将出现龟裂纹部位的压麻灰、压布灰表面重新糊布，再进行中灰、细灰工序。

（6）调制细灰时，应使用专用的细灰料（有黏性的血料），可适量增加光油和白坯满的比例，严格按大木细灰、轧线细灰、椽望细灰等配合比调灰，确保细灰的强度，但细灰应棒不宜溏。

（7）细灰工序时，最好选择多云天或阴天细灰，避开阳光暴晒的时间段。细灰的部位面积不宜细的过多，所细的细灰干燥后，能在半日或一日内磨细钻生完成，再细为宜。在操作中不得任意行龙（加水）或拽灰，严禁使用出水的细灰。

（8）磨细灰工序时，最好选择多云天，避开刮风的时间段，钻生油时，应随磨随钻合格的生桐油，并连续钻透细灰层。在擦生桐油时如室内发现极个别处有轻微的风裂纹，随时用砂纸蘸油揉磨无风裂纹为止，再用麻头擦净浮油。

（9）地仗钻生桐油干燥后，应及时油饰彩画，因彩画或其他工种影响施工进度时，应将需油漆的地仗部分涂刷两道油漆，待竣工前再进行交活油饰。

（10）混凝土面有暗龟裂纹做地仗时，需在通灰工序（胶溶性通灰干后应满操稀油一道）干燥后增加满糊布一道。

（11）在地仗工程施工前，应详细地制定施工方案，针对引起龟裂纹的不利因素，事先采取相应周密的预防措施，做到未雨绸缪，防患于未然。

4. 治理方法

（1）凡磨细灰前后发现有较多的或大面积的龟裂纹、风裂纹及钻生时呈现的暗龟裂纹（不规则暗纹）应及时铲除细灰层，不留后患（它是影响油饰彩画美观的隐患和减少使用寿命的隐患），重新细灰。钻生后严禁用细灰粉面擦饰风裂纹及浮生油（为掩蔽龟裂纹，即治标不治本）。凡钻生时呈现较多的或大面积的暗龟裂纹，需及时颠砍至压麻灰，操稀生油或颠疏密均匀的斧痕操稀生油，再按操作工艺重新做一布四灰地仗。

（2）单披灰地仗在油饰彩画前后出现龟裂纹时，根据龟裂纹的宽度和深度及面积的大小，将其局部或全部的灰层颠砍到木基层，清理干净，操稀生油干后，按操作工艺重新地仗施工。

（3）麻布地仗在油饰彩画前后出现龟裂纹时，根据龟裂纹的宽度和深度及面积的大小，确定修理方法。龟裂纹轻微时（有明显龟裂纹痕迹但无缝隙）按治标不治本的方法，如彩画后应先通磨满操稀生油，如油漆彩画前，满刮浆灰一道，通磨浆灰后再满操稀生油，但不得有亮光；龟裂纹严重时（有成片的细微缝隙或明显缝隙），将其局部或全部的细灰层、中灰层颠砍掉，清理干净应操稀生油后，按一布四灰地仗、油饰彩画操作工艺重新施工。

（4）地仗表面油饰后出现龟裂纹，可根据龟裂纹的严重程度和面积大小治理，如轻微时（有明显龟裂纹痕迹但无缝隙）按治标不治本的方法，用砂纸打磨后，刮一道油石膏腻子，再进行涂饰油饰；龟裂纹严重（旧麻布地仗油漆表面龟裂纹有缝隙或明显缝隙）时，将其局部或全部的细灰层、中灰层颠砍掉，清理干净应在压麻灰上操稀生油后，按一布四灰地仗、油饰操作工艺重新施工。

12.1.3 空鼓

1. 现象

个别处或局部地仗与基层之间，或灰层与灰层之间，或灰层与麻布之间剥离而不实产生的地仗空鼓，严重影响地仗工程质量及使用寿命。

2. 原因分析

（1）木基层的包镶部位或拼帮部位的松动不实使地仗空鼓。

（2）木基层的劈裂、轮裂及膘皮未进行处理，地仗施工后，易造成地仗空鼓，甚至开裂翘皮。

（3）混凝土面抹灰或找补抹灰黏结不牢，导致地仗空鼓。

（4）使麻、糊布时，由于操作不当所产生的干麻包、窝浆现象，造成地仗空鼓。

（5）在磨各遍灰（划拉灰时）或磨麻布时，有漏磨或磨后未清理或清理不干净，或各道灰操作时未造严实，使局部灰层与灰层之间或灰层与麻布之间粘结不牢，导致灰层空鼓。

3. 预防措施

（1）木基层处理时，对包镶或拼帮处，有松动处用钉子钉牢，戗槎和劈裂处同时钉牢，膘皮应铲掉，轮裂的构件与木作协调解决后，再进行地仗施工。

（2）对混凝土面抹灰的构件，有空鼓而不裂时，其面积不得大于 200cm^2 范围，空鼓面积超出范围或有裂纹时，应重新抹灰。

（3）使麻糊布时，开头浆应均匀，粘麻应厚度一致，砸干轧后有干麻处进行潲生，水轧应使底浆充分浸透麻或布面，用麻针翻麻确无干麻、干麻包后，再用麻轧子将阴阳角和大面赶轧密实、平整。

（4）地仗施工中的灰层、麻布层必须干燥，经打磨、清扫掸净浮尘后（麻布地仗的中灰遍透磨后，清扫干净后需支水浆一道或用湿布通掸干净），进行抹灰时应造严造实，防止局部灰层与麻布层之间、灰层与灰层之间粘结不牢而造成空鼓。

（5）在地仗施工中磨灰、磨麻布时发现声音不实或翘裂，应及时用铲刀将不实或翘裂的灰层铲除，进行操稀底油、补油灰修整。

4. 治理方法

根据地仗空鼓面积大小进行分析治理，如地仗空鼓面积大或空鼓处有裂纹，将其空鼓的灰层颠砍掉，甚至砍到基层，清理干净应操稀生油后，然后分别按地仗、油漆、彩画、贴金的操作工艺进行修补。

12.1.4 脱层与翘皮

1. 现象

地仗与基层之间或灰层与灰层之间及灰层与麻或布之间粘结不牢固，导致脱层开裂、翘皮现象，严重影响地仗工程质量及使用寿命。

2. 原因分析

（1）地仗施工时气候环境湿度大，灰层未干透就进行下道工序，致使地仗霉变，造成地仗脱层、开裂、翘皮。或木基层含水率大，致使地仗开裂后，雨季进水造成地仗脱层翘皮。

（2）木基层处理时，对水锈、糟朽、旧油灰的污垢未处理，或处理得不干净。支油浆时该部位的支油浆材料或材料配比不正确，致使地仗与基层附着不牢，造成脱层开裂翘皮。

（3）混凝土面、抹灰面的基层处理时，对油污、尘土、砂浆、隔离剂等污垢未清除，或清除不干净。基层表面光滑或未达到施工强度（起砂）。支油浆时的材料与地仗灰不配套或支油浆的配合比不正确，或支油浆未按操作要求进行，致使地仗与基层附着不牢，造成脱层、开裂、翘皮。

（4）地仗材料和配比不正确，或与基层面不配套，易造成地仗脱层、开裂、翘皮。

（5）在磨各遍灰（划拉灰时）或磨麻布时，有漏磨或磨后未清理或清理不干净，或各道灰操作时未造严实，或底层灰因各种原因降低了强度，便进行了新的麻布或灰层，使局部灰层与灰层之间或灰层与麻布之间粘结不牢，导致脱层、开裂、翘皮。

（6）地仗使麻或糊布后，经较长时间的停工或没有及时磨麻（布）和压麻（布）灰，而麻布层受到风吹雨打日晒的影响使头浆（胶粘剂）产生粉化现象，降低了黏结强度，进行压麻（布）灰时，由于新的灰层黏结强度大，使灰层与麻布之间粘结不牢，导致脱层、开裂、翘皮。

3．预防措施

（1）地仗工程施工的基层含水率的要求：木基层面做传统油灰地仗含水率不宜大于 12%；混凝土面、抹灰面做传统油灰地仗含水率不宜大于 8%，做胶溶性灰地仗含水率不宜大于 10%。

（2）在气候湿度大的环境中施工，木基层面选择传统做法油水应大些，混凝土面、抹灰面选择胶溶性灰地仗。操作时在确保灰配比的情况下，灰层不得过厚，灰层干燥后再进行下道工序，钻生桐油时应按操作规程进行。

（3）混凝土面、抹灰面的基层强度应符合相应标准合格的基础上进行地仗施工，其表面有灰尘、泥浆等应清除干净。如有隔离剂，油污等应用 5% ～ 10% 的火碱溶液涂刷 1 ～ 2 遍，再用清水冲洗净，干后进行地仗施工。

（4）木基层面处理时，表面有灰尘、泥浆、旧灰皮等污垢应清理干净，表面如有水锈、糟朽层，用挠子挠至见新木槎，涂一遍操油，其配比为灰油或生桐油：汽油＝1 ：（2 ～ 3），施涂后的表面不得有结膜现象并确保基层强度。

（5）各基层面地仗施工，其地仗材料及配比与支油浆材料及配比和基层面应配套施工，支油浆时，基层面较光滑或有轻微起砂应调整浆液的稀稠度，如混凝土面做传统地仗前应操油，做胶溶性地仗前应涂界面剂，表面不得结膜和确保基层强度。

（6）地仗施工中的灰层、麻布层必须干燥，经打磨、清扫掸净浮尘后（麻布地仗的中灰遍透磨后，需支水浆一道或清扫干净后用湿布通掸干净），进行抹灰时应造严造实，防止局部灰层与麻布层之间、灰层与灰层之间粘结不牢而造成脱层。

（7）在地仗施工中磨灰、磨麻布时发现声音不实或翘裂或易磨、微有松软，应及时用铲刀将不实或翘裂的灰层铲除，进行操稀底油、补灰、补麻修整，希望提高技术素质引起重视。

（8）麻布地仗工程施工中遇特殊原因需停工时，应在捉缝灰、通灰工序后停工，不得搁置在麻遍或布遍或压麻灰、压布灰及其以上工序，防止压麻灰或压布灰附着不牢及灰层裂变，而造成麻布及其以上灰层脱落及龟裂。

4．治理方法

油饰彩画后发现地仗裂纹有空鼓、脱层、翘皮时，分析原因，用斧子、挠子、铲刀将其脱层、翘皮的灰层清除干净，进行操稀底油、重新修补地仗和油饰彩画。

12.1.5 混线达不到三停三平传统要求

1．现象

古建油饰工程中槛框混线往往出现“三停”尺寸符合要求而忽略“三平”,“三平”符合要求而忽略“三停”尺寸,符合“三停三平”要求而达不到混线的规格尺寸等缺陷。特别是达不到“三平”而出现线肚高于两个线膀肩角的缺陷较为严重，严重影响观感质量。

2．原因分析

（1）地仗施工中轧线者在制作轧子时，对“挖竹轧子”或“窝马口铁轧子”的传统规则不掌握，或马虎从事，或使用不符合要求的轧子轧线，造成达不到传统规则的混线。

（2）地仗施工中轧线者在制作“马口铁轧子”时,反正轧子窝的不成对、大小不一，或采用的马口铁或镀锌白铁较薄，为了好窝轧子，在轧线时轧子变形走样，造成达不到传统规则的混线。

（3）地仗施工中轧线者在轧线时，虽然使用了符合传统规则的混线轧子，由于不掌握操作要领而用力过大使轧子变形走样仍使用，造成达不到传统规则的混线。

（4）地仗施工中轧线者在轧线时，虽然使用了符合传统规则的混线轧子，由于使用了不符合要求的中灰、细灰，所轧的中灰线胎和细灰定型线因干燥后受缩而变形走样，或磨细灰定型线时磨走样，造成达不到传统规则的混线。

3．预防措施

（1）制作混线轧子时，首先掌握“三停三平形”的规则，三停是指框线的两个线膀宽度与线肚底宽尺寸相等，即为框线尺寸三等分。三平是指框线的两个线膀肩角高度与线肚高度一致，见图 12-1-1。从传统框线的竹轧子所要求的三停三平线形规则分析，其线膀的内肩角为90° 夹角，即为传统框线的特征。外线膀的内肩角为136° 夹角，两个线膀的坡度按三平线的夹角为22° ，见图 12-1-1、图 12-1-2。

（2）轧线时为了防止轧子变形，导致线形走样。制作轧子前所选用的马口铁或镀锌白铁，其厚度应根据所确定的混线规格宽度而定。因此，凡混线规格尺寸在30mm 以内时，应选用0.5mm厚度的白铁;混线规格尺寸在31～40mm时，应选用0.75mm厚的白铁；混线规格尺寸在 40mm 以上时，应选用 1mm 厚度的白铁。

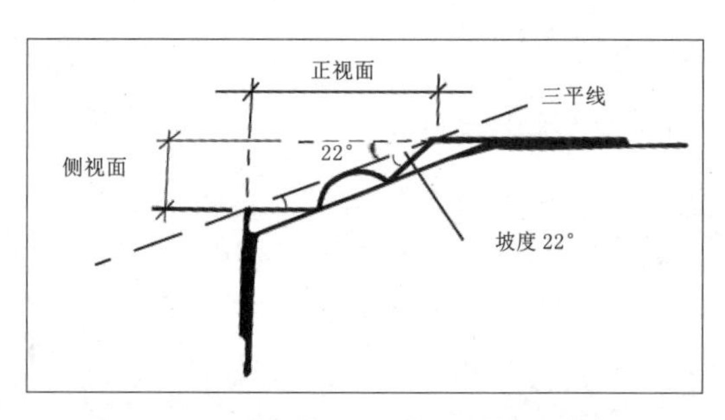

图 12-1-1 “三停三平形”混线锓口视图

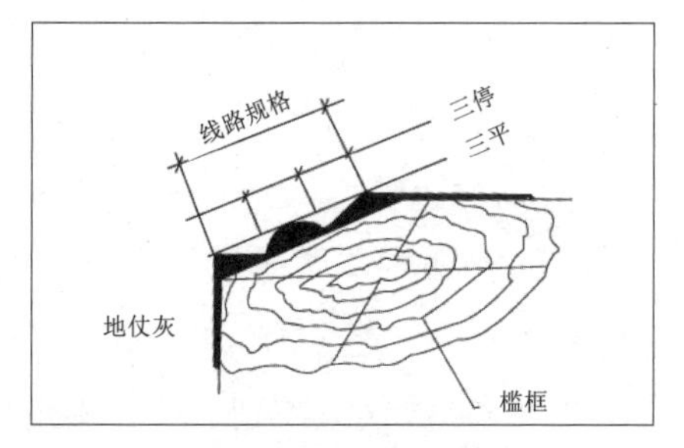

图 12-1-2 “三停三平形”混线线口视图

（3）轧线者在制作“马口铁轧子”时，应严格掌握三停与三平和规格尺寸的关系，也就是轧坯的画线，是轧子制作的主要环节，也是处理好线型的规格尺寸及三停和三平关系的关键所在。更重要的是掌握简便计算公式：混线轧子（轧坯）总下料宽度＝两个线膀尺寸＋线鼓肚尺寸＋基本固定尺寸。线膀下料尺寸＝B÷3，两个线膀尺寸＝2×（B÷3），线鼓肚尺寸＝B÷2，B 为混线规格尺寸。基本固定尺寸：根据操作者个人习惯控制在 40 ～ 60mm 之间为宜， 正反轧坯的长度控制在 200 ～ 240mm 之间。轧坯剪好后，将计算出的尺寸在轧坯的十字线上用钢针划出线鼓肚尺寸的准确位置。然后在线肚尺寸的线印两侧向外量出线膀尺寸，用钢针划出准确位置。其余是内外线膀膀臂和志子尺寸部分。然后窝正反轧子，符合要求并对口一致即可使用，见图 12-1-3 和图 12-1-4，或见彩图 10-5-3 和彩图 10-5-4。

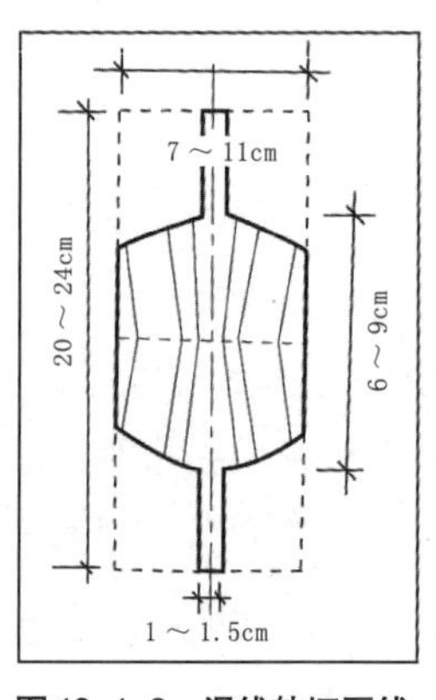

图 12-1-3 混线轧坯画线

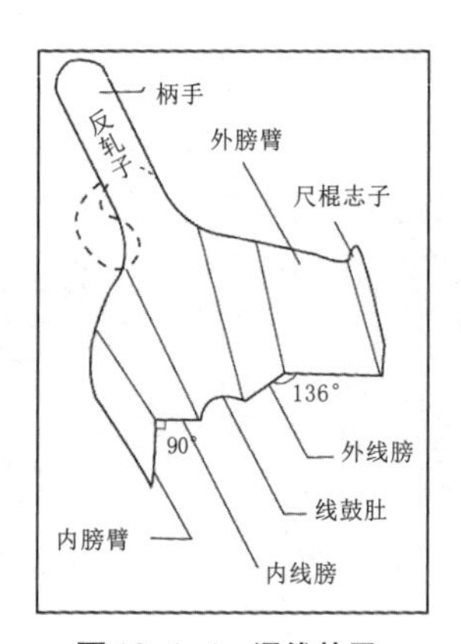

图 12-1-4 混线轧子

（4）轧线者在轧线时：应采用嫩豆腐状有黏度的血料调灰，轧线灰易棒（硬）不宜溏（软）；轧线时，右手持铁片轧子，由左框上起手，将轧子的内线膀膀臂卡住框口，坡着轧子让细灰，灰让均匀后靠尺棍。持轧子在尺棍的两端找准锓口后，固定尺棍。再由上戳起轧子稳住手腕向下拉轧子，向右转圈至右框轧下来。使用传统竹轧子轧线时，应由左框下起手，将轧子大牙卡住框口，坡着轧子让灰，再从左框下戳起轧子稳住手腕向上提轧子，向右转圈至右框轧下来。特别是轧线时用力要均匀，随时检查轧子的三平和线膀的内肩角是否是90° 夹角，得到及时纠正。

（5）磨线路时，下架细灰工艺完成并干燥后，进行磨细灰工艺。线路应派专人磨。磨时用金刚石先磨线路的两则，宽度不少于50mm，不得损伤线膀。应用麻头擦磨线口，线角处均可暂不磨（待修好线角时找补钻生）。由下至上磨完第一步架时，即可钻生，生桐油应一次性连续钻透。当天必须将表面的浮油用麻头擦净。

4. 治理方法

地仗施工中不符合传统规则的混线治理，主要掌握轧坯选厚不选薄、轧子的线肚可低1mm不许高、轧线灰易棒不宜溏。在轧线时，随时检查所轧的鱼籽中灰线胎或细灰定型线不符合（达不到三停和三平，或线肚高、不成形而龟裂、断裂等）传统规则应随时铲掉重轧。

12.1.6 混线的锓口达不到要求

1. 现象

古建油饰工程中槛框混线往往出现“锓口”（倾斜的角度）忽大或忽小，混线角度越大饰金面的看面（正视面）越窄，混线角度越小立体效果越差，角度过大或过小都不符合传统规则的要求。特别是出现混线锓口大，贴金后使古建筑物下架间次的轮廓不突出，更不协调，严重影响观感质量。

2. 原因分析

（1）地仗施工中轧线者对传统混线的“锓口”（倾斜的角度）不掌握，或有模糊概念，造成达不到传统要求的混线锓口。

（2）槛框起混线前，由于对砍、修、轧的八字基础线的线口宽度和锓口与混线的关系不掌握，或没有控制。在轧线胎时或轧细灰定型线时，发现线口的宽度和锓口不准，此时修整线口为时过晚，因此将产生以下两种后果：如纠正线口宽度和锓口则耗费工力和造成槛框麻布以上灰层过厚，灰层干缩后产生龟裂纹，致使渗透于细灰层及油皮表面；如不纠正线口宽度和锓口则造成达不到传统要求的混线锓口。

（3）在地仗施工中，由于未控制槛框交接处的平整度，或砍、修、轧八字基础线时，未控制槛框交接处的线角交圈方正，或轧线胎时或轧细灰定型线时，忽略槛框交接处的线角交圈方正，造成上槛或中槛或风槛与抱框的混线锓口达不到一致。

3. 预防措施

（1）轧线者首先对传统混线的“锓口”（倾斜的角度）了如指掌，传统混线的线口倾斜的角度为22° 左右，见图12-1-1、图12-1-2，为便于掌握和控制锓口的大小，均按混线线口宽度的 90%为最佳角度，也就是混线线口的看面尺寸可控制在 87%～93%之间。

（2）在基础处理时，首先对砍、修的八字基础线尺寸进行换算再砍、修。其尺寸应在确定的框线尺寸的基础上，增加 20%的宽度，为八字基础线的看面尺寸，框线宽度的 1/2，为八字基础线侧视面（小面）尺寸，其斜边（线口）尺寸应是框线规格尺寸的 1.3 倍，斜边与看面夹角为 22°，即八字基础线的宽度和镗口，见图 12-1-5。

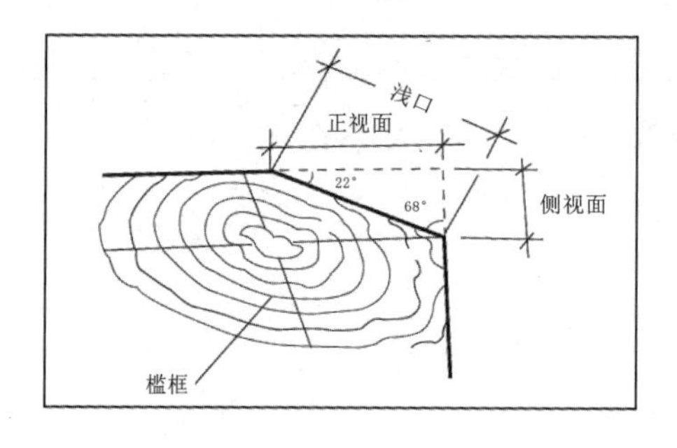

图 12-1-5　槛框八字基础线

（3）在轧八字基础线时，其轧子的线口宽度应控制在混线规格尺寸的 1.3 倍。内线膀的内夹角控制在 112°，外线膀的内夹角控制在 158°，见图 12-1-6。对于文物古建筑修缮中的槛框线口如不符合混线要求，又不得砍修线口的情况下。将八字基础线轧子外线膀的内夹角相应小于 158°，使轧子的外膀臂与槛框面贴实，但必须随时检查轧子内线膀的内夹角是否控制在 112°。目的是将不同程度的粗灰层厚度控制在麻层以下工序中，确保地仗和框线的质量。

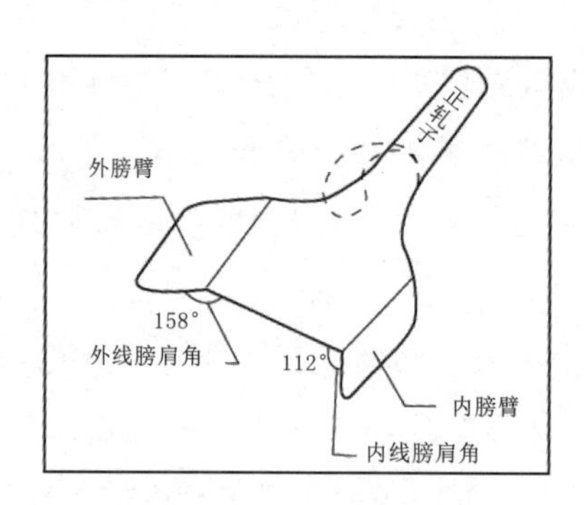

图 12-1-6　八字基础线轧子

（4）地仗施工中，在捉缝灰时对槛框交接处发现不平，应进行衬平处理，通灰时用灰板将不平处斜板刮灰找平；轧八字基础线时或轧线胎时或轧细灰定型线时，对槛框交接处的线角应轧的交圈方正，其锓口达到一致（在轧线胎或轧细灰定型线前，槛框交接处的线角采用对角混线轧子时，轧坯的画线及成型可参考图 12-1-7 和图 12-1-8)；修线角时，地仗全部钻生七八成干时，派专人进行槛框交接处的修整，用直顺、方正的铁板和斜凿，将线角的线路与主线路接通成型，并交圈方正平直，线角全部修整符合混线要求后找补生油。

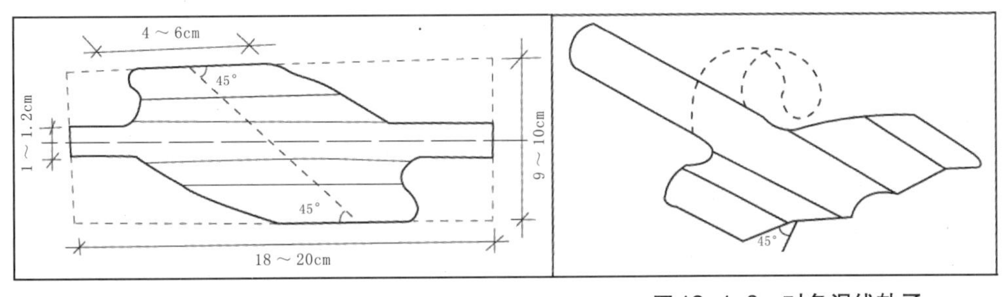

图 12-1-7 对角混线轧坯画线

图 12-1-8 对角混线轧子

4. 治理方法

地仗施工中不符合锓口规则的混线治理，主要控制凡砍、修的八字基础线锓口不符合传统要求时，不得进行灰遍工序。凡轧八字基础线时，锓口仍不符合传统要求，应随时铲掉重轧。严禁转序到通灰填槽程序。确保麻层或布层以上灰层的地仗质量和三停三平混线的锓口（角度）要求。

12.1.7 地仗钻生桐油达不到色泽要求

1. 现象

地仗细灰干燥后磨完一部分细灰或即将磨完细灰时，随之搓或刷生桐油后，其地仗表面色泽局部或全部较浅或深浅不一致。甚至为了地仗表面色泽一致，而将生桐油内掺入颜料或色漆。严重影响地仗工程质量及使用寿命。

2. 原因分析

(1) 地仗钻生由于使用了不合格的生桐油（包括生桐油内掺入成品油漆或掺入稀释剂及掺入熟桐油)，搓或刷第一遍生桐油时，生桐油未被钻进地仗而在表层成膜，使第二遍生桐油钻不进地仗细灰层内部，造成地仗表面色泽局部或全部较浅或深浅不一致。

(2) 地仗钻生由于未按操作规程操作，搓涂或刷涂第一遍生桐油与第二遍生桐油间隔过久，或只刷涂一遍生桐油，或搓涂或刷涂生桐油不均匀，造成地仗表面色泽局部或全部较浅或深浅不一致。

（3）由于地仗磨细灰未按操作规程操作，细灰表面未磨断斑就搓涂或刷涂生桐油，造成地仗表面色泽局部或全部较浅或深浅不一致。

3. 预防措施

（1）地仗工程施工应使用合格的生桐油，钻生桐油中且不宜掺加光油或其他干性快的油料和稀释剂及其颜料或色漆。否则影响地仗工程质量及使用寿命。

（2）地仗钻生应按操作规程操作，搓涂或刷涂生桐油不得间断，应一次性连续钻透细灰层为准，遍数不限以黑褐色并达到一致为宜。并要求上午钻的生桐油中午前将表面的浮油用麻头擦净，下午钻的生桐油下班前将表面的浮油用麻头擦净，以防地仗表面生桐油挂甲。

（3）地仗磨细灰应按操作规程操作，细灰表面必须磨断斑至平、直、圆，再搓涂或刷涂生桐油时，严禁出现色泽深浅不一致现象。且不可使用机械器具钻生桐油（除菱花心屉外，但不含仔边抹）。

4. 治理方法

凡地仗钻生的细灰层（或表皮或磨细未断斑）未钻透或钻生的表皮干燥后色泽较浅，或钻生的生桐油内掺入了大量其他材料，待钻生的部位干燥后通磨，再用小斧子以斧尖剁成基本均匀的小坑（斧痕）其深度 2 ～ 3mm，除净粉尘，操稀生油干燥后，克骨满刮中灰干燥后，通磨中灰并除净粉尘，重新细灰、磨细钻生。

12.2 油皮（油漆）工程质量通病产生与预防及治理方法

12.2.1 顶生

1. 现象

地仗表面搓刷光油或油漆后，局部出现成片的小鼓包，呈鸡皮状，油皮或油漆表面严重呈现橘皮状或疥蛤蟆皮状，彩画后其表面出现局部咬色、深浅不一致，称顶生，严重影响观感质量。

2. 原因分析

（1）生桐油的油质不合格，钻生后形成外焦里嫩，未进行磨生晾干，就搓刷光油或涂刷油漆易产生顶生缺陷。

（2）地仗表面钻生后，未彻底干透，未进行磨生晾干，搓刷光油或涂刷油漆后易产生顶生。

（3）有时建设单位追求市场经济效益，要求的工期越来越短，而施工单位为保证工期，违背地仗施工客观规律，在地仗磨细钻生后，局部未干或部分未干透，就进行油饰彩画，易产生油膜不干及顶生或彩画颜色不一致的缺陷。

3. 预防措施

（1）地仗工程施工应使用合格的生桐油，并将生桐油做干燥性试验，钻生桐油中且不宜掺加光油或其他干性快或干性慢的油料。否则防止了顶生而缩短了工程使用寿命。

（2）地仗钻生桐油干后，用指甲划出白印即为干，再用 1.5 号砂纸进行全面磨生，确无溢油现象时，清扫过水布后，再油饰彩画。凡地仗钻生桐油干后，应提前进行全面“晾生”即磨生，如出现溢油现象时，应晾干后再进行油饰彩画。

4. 治理方法

油皮表面出现轻微橘皮时，用 1 号砂纸或 200 号水砂纸彻底打磨平整，刮油血料腻子，干燥后打磨光滑重新油饰。如橘皮严重时可先用细金刚石穿磨，再用 1 号砂纸打磨平整，清扫干净后，刮石膏光油腻子，干燥后打磨光滑重新油饰。

12.2.2 超亮

1. 现象

又称倒光、失光，俗称冷超、热超。光油、金胶油、成品油漆刷后在短时间内，光泽逐渐消失或局部消失或有一层白雾凝聚在油皮面上，呈半透明乳色或浑浊乳色胶状物，严重影响工程质量及使用寿命。

2. 原因分析

（1）搓颜料光油、罩光油、打金胶油和涂刷油漆后，遇雾气、寒霜、水蒸气、冷或热空气（冷或热气流）及烟气的侵袭，在油漆面上或罩光油面上凝聚造成超亮、失光。

（2）油皮内掺入了不干性溶剂或掺入稀释剂过多，刷后油漆表面有层油雾。颜料光油、光油、金胶油内掺入了稀释剂，搓刷后表面造成失光。

（3）被涂刷的物面粗糙，而吸油造成失光；水泥面上含有碱性物质会使油漆膜皂化失光。

（4）前道油皮、颜料光油未干透，就涂刷面漆或罩光油，而底层的油漆或颜料光油会把面层的光泽吸收而造成失光；油漆中含有较强的溶剂，涂刷后容易使底层油漆回软而失光。

3. 预防措施

（1）在有雾气、水蒸气、寒霜、烟气和湿度大的环境中，不宜搓刷颜料光油、罩光油、打金胶油，也不宜涂刷成品油漆和虫胶清漆。必须涂刷时，应在太阳升起 9 点钟以后和下午 4 点钟以前施涂（除水蒸气、烟气、湿度大的环境）。

（2）油饰工程施工应对不干性溶剂、油料和强溶剂及稀释剂严格控制，防止胡掺乱兑。

（3）不在物面粗糙面上涂刷面漆和罩面油；涂刷面漆和罩光油必须在前遍油漆、颜料光油干透后进行。

（4）搓刷末道颜料光油、罩光油和涂刷成品油漆的面漆少掺或不掺稀释剂，打金胶油严禁掺入稀释剂。传统的颜料光油、罩光油，由熬配制及搓刷不掺任何稀释剂。

4．治理方法

（1）搓光油和打金胶油出现超亮（呈半透明乳色或浑浊乳色胶状物）时，用砂纸打磨干净或用稀释剂擦洗干净，重新搓油或打金胶油。

（2）因成品油漆内掺入了不干性溶剂，刷后油漆表面有层油雾而产生的失光，可用软棉布蘸清水擦洗或用胡麻油、醋和甲醇的混合液揩擦，再用清水擦净，干后再涂刷一遍面漆；成品油漆因空气湿度大或水蒸气产生的失光，可用远红外线照射，促使漆膜干燥，失光也可自行消失。

（3）搓刷末道颜料光油和罩光油及打金胶油出现超亮（失光）时，用乏旧砂纸打磨光滑并擦干净，重新搓油或打金胶油。

12.2.3 流坠

1．现象

又称流淌、泪痕、流痕，油皮（油漆）表面严重的似挂幕下垂形状。多发生在建筑垂直部位的物面及秧角处，严重影响观感质量。

2．原因分析

（1）油漆中加稀释剂过量或使用的稀释剂挥发性慢，而油漆流动性太大，容易发生流淌下坠。

（2）施工环境温度低、湿度大或油漆干性较差也易形成流坠。

（3）选用的刷具毛长、毛软、软薄，或涂刷时蘸油过多造成薄厚不均匀，容易形成流坠。

（4）油漆太稠，涂膜较厚，干燥结膜慢（聚合与氧化作用未完成前），由于油漆自重容易造成流坠。

（5）喷涂油漆时，喷枪距离物面太近或喷枪移动速度太慢，选用的喷嘴也太大或喷漆的气压大小不一，造成油漆流坠。

3．预防措施

（1）油漆的黏度选用应适当，根据施工环境温度高时黏度可大些，温度低时黏度可小些。

（2）选用涂刷工具应适当，一般涂刷底漆或黏度小的油漆可选用新刷子，涂刷黏度大的油漆或面漆可选用半口刷子（七八成新的旧刷子），物体面积大时可选用大刷子，打金胶油也要根据具体物面大小或线条宽窄等选用不同规格的板栓、捻子、油画笔。

（3）涂刷操作时，蘸油的刷子毛不宜过半，少蘸而次多，再把握好开油、横油、斜油、顺油的方法，要厚薄均匀，勤回头检查，出现流坠用刷子口戳理开。

（4）喷涂时，空气压力一般在 2 ～ 4 kg /cm^2 范围内，喷嘴孔径不宜过大，喷距保持在 20cm 左右，喷枪移动速度要均匀。

4．治理方法

轻微流坠待漆膜干透后用砂纸或水砂纸打磨平整即可。严重流坠待漆膜基本干燥时，可用铲刀铲除流坠，或铲除后出现凹坑时，用铁板或开刀找光油石膏腻子，干燥后用砂纸打磨平整，腻子处找补油漆，再搓刷光油（涂刷油漆）成活。

12.2.4 皱皮与炸纹

1．现象

又称起皱、皱纹、串秧，搓刷颜料光油、罩光油或涂刷油漆、金胶油后，油膜干燥中收缩形成许多高低不平的折皱或秧角形成成串的芝麻大小的油珠。或油膜干燥以后收缩裂变形成许多高低不平的炸纹、龟裂状的折皱至蛤蟆斑，严重影响观感质量。但颜料光油的油皮年久后产生龟裂状折皱，随着时间的推移呈蛤蟆斑状，是传统光油的一种病态，这种现象多呈现在背阴的部位，虽然严重影响观感质量，但不列为质量通病是年久老化的体现，见彩图 12-2-1。

2．原因分析

（1）颜料光油、罩光油、金胶油在熬炼火候不够、聚合不佳或土籽比例不准易形成皱皮。

（2）干性慢和干性快的油漆掺和或油漆、光油掺用了挥发快的稀释剂，易产生皱皮。

（3）刷油、搓油、打金胶油时或搓刷打完后，受高温或暴晒，油膜内外干燥不匀，使表面油膜提前干燥而封皮，而内部尚未干燥会形成皱皮、串秧。

（4）油漆或搓油、金胶油黏度大，涂刷不均匀，个别处及秧角处油膜厚，易皱皮、穿秧。

（5）涂刷底层油漆太厚，未干透就涂面漆（扣油或罩油），易外焦里嫩形成皱皮。

（6）使用的底面漆（油）不配套，底层涂刷油性漆而面漆涂刷醇酸漆。或底层搓刷颜料光油而罩光油内含松香脂，或罩光油内掺了不等量的清漆或直接罩清漆，受暴晒、高低温变化或酸雨的因素影响，油膜易产生化学反应形成外脆里软，而内部油膜胀缩促使外部无弹性的油膜或早或晚出现炸纹，见彩图 12-2-2。

3．预防措施

（1）选购和熬制的光油、金胶油应经样板试验合格后，方可使用。

（2）油饰工程应掌握油漆品种和性能及稀释剂的选用。

（3）搓油、打金胶油、刷油漆时涂刷要均匀，并要避免阳光暴晒。

（4）涂刷底层油漆干透后，再涂刷下遍油漆，并掌握油漆的黏度和涂刷的薄厚均匀度。

（5）使用底面漆（油）应配套，园林古建筑（亭子、长廊）要选购或熬制含松香脂的颜料光油、罩光油。不宜使用不含松香脂的颜料光油打底，而使用含松香脂（清漆）的光油罩油，否则罩油干燥后（根据光油内掺清漆的多少罩油后）或早或晚出现炸纹，见彩图 12-2-2。仿古建可采用醇酸漆打底，使用含或不含松香脂的光油作罩油，可延长使用期。

4. 治理方法

涂饰油漆或面漆（罩油或扣油）干燥后，出现轻微皱纹、穿秧待油膜干透后用砂纸或水砂纸打磨平整即可。出现严重皱皮待油膜基本干燥时，可用铲刀铲除起皱，或铲除后出现凹洼不平时，用铁板或开刀将不平处找补油石膏腻子，干燥后用砂纸磨平磨光，腻子处找补原色油漆，再重新搓刷光油（涂饰油漆）成活。

12.2.5 翘皮

1. 现象

翘皮又称变脆、炸纹、开裂、卷皮。油漆膜开裂破碎成小片，逐渐卷皮后慢慢脱落，严重影响工程质量及使用寿命，见彩图 12-2-3。

2. 原因分析

（1）在木基层面或水泥类抹灰面上未操底油就攒刮腻子，或油漆膜失光颜料粉化未打磨干净就涂刷油漆，都会使油漆膜翘皮。

（2）攒刮腻子前未磨生或磨生后未清理干净，使用了滑石粉调配的血料腻子，或者使用了 821 腻子，油漆（搓油）后由于腻子附着力差都会造成油皮（油漆）开裂翘皮，见彩图 12-2-3。

（3）油皮（油漆）表面批刮的腻子油质少或腻子太厚，涂饰的面漆或使用了过期的面漆（油质少树脂多）成膜后漆膜容易脆裂翘皮，见彩图 12-2-3。

（4）被涂物面上沾有各种油污或物面太光滑，油漆结膜后附着力不佳，易开裂翘皮。

（5）基层含水率高或地仗平、直、圆差和细灰面粗糙，攒刮腻子厚进行油饰后，易空鼓开裂至翘皮，见彩图 12-2-3。

（6）基层面与底漆、面漆不配套或配套而操作不当，易造成脱层翘皮。

（7）油皮表面满刮原子灰后太光滑，批刮的腻子油性小而厚，涂刷油漆或搓刷光油干燥后易开裂翘皮，见彩图 12-2-3。

3. 预防措施

（1）油饰工程的基层含水率要求：木基层面要求含水率不大于12%，混凝土面要求含水率不大于8%。

（2）油饰工程的基层面、底漆或底油、腻子、面漆应配套使用，并按操作要求施工。如基面为镀锌铁皮时，经打磨擦净污垢后，应涂刷锌黄醇酸底漆一遍，7～10天内必须涂刷面漆。其面漆为浅色油漆时，应施涂三遍，深色油漆可施涂两遍。

（3）油皮面除严格控制地仗的平、直、圆外，油皮上找刮腻子时，应使用油石膏腻子，用胶油细腻子应油大些，但不得刮厚。但油皮上找刮的腻子打磨后，需补刷合色油漆。

（4）油饰工程应控制所使用的油漆品种的性能、出厂日期及配兑。

（5）地仗钻生桐油干燥后，在油饰前应细致的磨生、过水布，应使用土粉子调配的血料腻子，攒刮血料腻子时宜薄不宜厚；在攒刮血料腻子中强度低时，应随时加入适量光油增加强度。

（6）油皮表面刮原子灰后，应通磨光洁，再刮油性适宜的薄腻子，打磨光洁后进行油饰。

4．治理方法

油皮面层局部有油皮卷皮、脱皮，应除铲干净进行操底油干后，找刮油石膏腻子干后，打磨光平仍有砂眼、麻面处，进行复找干后磨光平，补刷合色颜料光油或油漆，再满搓刷成活。

12.2.6 椽望红帮绿底尺寸达不到传统要求

1．现象

椽望涂饰红帮绿底油漆后，其色彩分配的尺寸，往往出现清早、中期的彩画其红帮绿底按传统（清晚期至今）红帮绿底做法油饰。老檐椽与飞檐椽、廊步和长廊、大门内檐及室内椽与外檐椽的红帮绿底尺寸分不规矩。翼角绿椽肚的通线弧度和绿椽帮及肩角不规矩，甚至不分椽当或四角八面不一致等缺陷，而达不到文物要求和设计要求或传统做法的要求，严重影响观感质量以及违反文物建筑修缮原则精神。

2．原因分析

（1）文物工程现状勘测不清，或施工技术交底不明确，或操作者对油饰工程的椽望红帮绿底做法与文物的关系不清楚，或文物意识淡薄，达不到文物要求和设计要求及传统做法的要求。

（2）操作者未经技术培训或技术不熟练就上岗操作，而造成涂饰椽望红帮绿底时达不到文物要求和设计要求及传统做法的质量要求。其翼角与窝角椽当绿椽肚正确与错误见彩图12-2-4、彩图12-2-5。

（3）刷绿椽帮和绿椽肚前，计算尺寸或弹线马虎从事，或刷绿椽帮和绿椽肚时不按规矩刷，甚至难刷部位有的绿椽帮不刷，造成不懂规矩者视为传统，而达不到文物要求和设计要求及传统做法的质量要求。

3．预防措施

（1）文物工程施工前，现状勘测记录要清楚全面，施工技术交底要细致明确，要使用文物意识强技术素质高的施工队伍。

（2）施工操作人员除掌握油饰工程的椽望色彩分配和尺寸外，还应符合文物要求和设计要求。传统的红帮绿底要求绿椽帮高为椽高（径）的 45%，绿椽肚长为椽长的 4/5，大门内檐和室内的绿椽肚无红椽根，廊步依据檐檩有燕窝（里口木）者外留内无红椽根，无燕窝者外无内留红椽根，翼角通线弧度应与小连檐弧度取得一致。廊子的红椽根一般檐檩外有内无，皇家园林的（如颐和园）长廊只限于飞檐椽有红椽根。如嵩祝寺、历代帝王庙红帮绿底按清中期遗留痕迹恢复的，其老檐椽无红椽根，飞檐椽红椽根为椽长的 1/10，绿椽帮高同传统椽高（径）的 45%。翼角绿椽肚的通线随小连檐弧度。

（3）椽望搓刷或涂刷绿椽肚前，应按文物要求和设计要求及传统要求的尺寸，先弹绿椽根通线后弹椽帮分色线。弹线时，先弹正身椽，后弹翼角椽。在弹正身椽时，其绿椽根的通线长度不少于一间，在弹翼角椽时，其绿椽根的通线长度应控制在 2 ～ 3 根斜椽之间。

（4）椽望揩搓或涂刷绿椽肚时，分色界线应规矩、直顺、整齐，颜色一致，漆膜饱满，光亮，椽肚通线与小连檐的弧度一致，无透底、流坠、接头、超亮、皱纹、漏刷等缺陷。

4．治理方法

刷椽望红帮绿底后，出现不符合文物要求和设计要求及传统要求的尺寸时，应按预防措施的第二条尺寸进行修整。如绿椽肚的长度不足或椽肚通线与小连檐的弧度不一致或翼角椽的绿椽肚未分椽当时，应重新按尺寸弹绿椽根通线，打磨砂纸后，用绿油刷绿椽肚或用红油涂刷红椽根。如绿椽帮的高度不足，应重新按尺寸弹线或画线，打磨砂纸后，用绿油刷绿椽帮的高度。如翼角椽的绿椽肚未分椽当，应重新弹线刷红油分椽当，有未刷的绿椽帮应画线后用绿油补刷绿椽帮。

12.2.7　油皮表面长白毛与起泡

1．现象

搓刷颜料光油或涂刷成品油漆后，在一段时间内地仗霉变油皮表面长白毛，严重时白毛咬黄返碱，甚至造成木质腐烂、起泡（鼓水泡）、脱层、开裂、翘皮等质量缺陷。

2．原因分析

（1）古建、仿古建当年的土建工程，屋顶（面）的木基层（望板）未做防潮、防水，而直接做苫背（护板灰、泥背和灰背）时，其檐头的望板、连檐瓦口、椽头部位，当年进行地仗、油皮（油漆）工程施工，易造成地仗灰腐烂或附着力差、裂缝、鼓泡、翘皮、脱落、油漆长白毛、返碱咬黄等缺陷，甚至导致连檐瓦口、望板木质腐烂，新木构件含水率高同样出现此类缺陷。

（2）地仗施工时木基层含水率偏高，搓刷颜料光油或涂刷成品油漆后，使木基层水分封闭得不到蒸发，在气候湿度大的环境中，易造成地仗霉变和油皮表面长白毛、返碱咬黄。

（3）地仗施工时气候环境湿度大，搓刷颜料光油或涂刷成品油漆后，霉雨季节檐头瓦面泥灰背漏雨，或柱根、下槛等地仗以被雨水浸透，使木基层的水分封闭得不到蒸发，易造成地仗霉变和油皮表面长白毛、返碱咬黄，甚至鼓水泡、木材腐烂、脱层、开裂、翘皮。

3．预防措施

（1）凡古建、仿古建当年的土建工程，屋顶（面）的木基层（望板）未做防潮、防水，而直接做苫背（护板灰、泥背和灰背）时，其檐头的望板、连檐瓦口、椽头部位不宜地仗、油皮（油漆）工程施工，应待来年再进行油饰工程施工。

（2）凡古建、仿古建当年的土建工程，要求油饰彩画当年完成的工程时，其木基层含水率不得大于12%，屋顶（面）的木基层（望板）建议做防潮、防水处理。如椽子含水率基本符合要求时，建议连檐瓦口、椽头和椽望的椽子做地仗、油皮（油漆），其望板可刷色胶应与椽子油漆颜色近似。这样做既确保望板不腐朽，又能焕然一新，便于下次再修缮。

（3）凡油饰彩画工程施工，预计霉雨季节后竣工时，凡属柱根、下槛等地仗易被雨水浸透处，地仗施工前应提前进行操稀生桐油封闭，并做好雨施防护措施。

4．治理方法

（1）凡椽望的望板油皮表面长白毛或轻微咬黄返碱处，可用粗布将白毛擦干净即可。

（2）油皮表面凡有长白毛而严重咬黄返碱处，应先检测地仗是否湿软或腐烂，如有湿软或腐烂应按第三条治理；如只是硬化的咬黄返碱，应用砂布将污垢打磨干净，重新涂饰油漆。

（3）连檐瓦口、椽头、椽望的望板等部位，凡发现有起泡、脱层、开裂、翘皮等缺陷，应提前用铲刀或挠子将缺陷处的灰皮油皮清除干净晾干，待9月份空气干燥时，进行操稀生桐油干燥后，重新修补地仗搓刷光油（涂饰油漆）成活。

12.2.8 返黏

1．现象

油漆涂刷后，油漆膜超过规定时间仍未干燥，属慢干。油漆成膜后，但仍有黏指现象，称返黏（但搓刷颜料光油、罩光油干燥后，微有涩感或黏指感而不粘手为正常情况，如油膜干燥后微有爽滑感即为加松香的光油或掺入了树脂漆），或搓刷颜料光油、罩光油一周后仍有黏指感，均称返黏，严重影响施工进度或使用功能。

2．原因分析

（1）被涂物面不干净，涂刷油漆后受蜡质、油垢、酸碱物、肥皂、盐的影响，容易产生慢干或返黏。

（2）油漆制造过程中使用了挥发性很差的溶剂，或混用了半干性和不干性油质，或熬制光油时火候不够或配比不准，都会产生油漆慢干或返黏。

（3）油漆储存时间过久，催干剂而被颜料吸收失去作用；或油漆封闭不严，溶剂挥发而胶化，由于性质已起变化，加入稀释剂有时虽能油饰，但油漆膜易产生慢干或返黏。

（4）基层含水率未达到油饰要求（特别是含水泥的基层面），就进行油漆，易造成油漆慢干和脱落。

（5）搓刷颜料光油或涂刷油漆的环境气温低、气温高湿度大（含雨、雾、露环境），空气不流通，都会产生返黏现象；特别是在气温高湿度大的环境搓刷含松香脂的光油，也会产生黏指感现象。

（6）涂刷油漆时，前遍油漆未干透，就进行下遍油漆，或涂刷的太厚，会使油漆膜长时间柔软不能干燥。

3．预防措施

（1）油漆施工应选用优良的油漆，对于不了解的油漆性能和贮存时间长的油漆，使用前要先试验或做样板，合格后再使用在工程上。

（2）熬制光油应严格控制火候和土籽及黄丹的用量；油基漆需加催干剂时，除控制催干剂的用量外，还要配合使用好铅、钴、锰催干剂。

（3）基层面涂刷油漆的含水率要求：木材面含水率不宜大于12%，混凝土面、抹灰面含水率不宜大于8 %；木材面上的不干油质应清除干净，松脂和节疤处要用虫胶清漆封闭。

（4）被涂物面上有蜡、油、盐、酸、碱、肥皂等时必须清洗干净；尽可能不在低温、潮湿、雨、露、雾天油漆施工；在室内油饰应空气流通；在旧油漆上油饰，经打磨后用淡碱水清洗，再用清水洗净，或打磨后刷一遍稀血料水。

（5）涂刷油漆应待前遍油漆干燥后再进行下遍油漆，每遍油漆要涂刷均匀一致；

面油漆出现轻微或返黏时，可适当提高温度，加强通风。

（6）园林古建筑（亭子、长廊）要选购或熬制含松香脂的颜料光油、罩光油。不宜使用不含松香脂的颜料光油打底和使用不含松香脂的光油罩油，否则油面干燥后易出现返黏。仿古建可采用醇酸漆打底，使用含或不含松香脂的光油罩油。

4．治理方法

油漆和光油成膜几天后（指风和日丽）仍有轻微返黏时，需满呛粉用乏砂纸满轻磨后，再进行下遍油漆。如光油或油漆膜超过规定时间（指风和日丽）仍未干燥有黏指油时，可用脱漆剂或强溶剂（硝基稀料）脱洗掉，重新油饰。

12.2.9 颗粒与油痱子（粗糙）

1．现象

涂刷在物体表面的成品油漆、颜料光油、罩光油、金胶油干燥后，油漆膜中颗粒、油痱子明显或局部较多，手感粗糙，严重影响美观质量。

2．原因分析

（1）颜料光油、罩光油、金胶油和成品油漆在制造过程中，颜料粗细不一致，用油少；或配兑和使用前，搅拌不均匀，过滤不细致或未过滤就涂刷，都能造成油漆面不光滑而粗糙。

（2）施涂油漆前，上遍油漆表面未打磨或打磨不光滑，浮尘、灰尘、砂粒未清除干净。

（3）施涂现场不清洁，或油漆未干遇刮风将粒砂、灰尘粘污在未干的油漆膜上而不光滑粗糙。

（4）施涂油漆的工具不干净或施涂中带入杂物，造成油漆面不光滑而粗糙。

（5）喷涂时，喷枪的枪嘴口小，气压大，喷枪与物面距离太远，油漆到达物面已成颗粒状造成油漆面粗糙。

3．预防措施

（1）选择优良的油漆，标识不明或贮存时间长的油漆，应做样板试验合格后再使用。

（2）油漆使用前应搅拌均匀过滤后再涂刷，使用后应用牛皮纸掩盖好。

（3）涂刷每遍油漆干燥后，应打磨光滑用粗布掸擦干净，再进行涂刷下遍油漆或打金胶油、贴金；施涂面漆或罩光油前，应细致打磨光滑用湿布擦净后再进行；并掌握油饰施工十活九磨的术语要点，有助于前后道油漆附着牢固。

（4）施涂现场、脚手架、物面及工具应洁净并注意天气预报，打金胶或末道油漆前需将地面泼水后，并清扫干净再进行打金胶、贴金或末道油或末道油漆。

（5）喷涂时，选用适宜的气压，喷枪嘴孔径不宜过大或过小，喷枪距离物面保持在 20cm 左右，且不可忽远忽近。

4. 治理方法

凡涂刷油漆、搓刷颜料光油、罩光油、打金胶表面有明显较多的颗粒、油痱子时，应用乏旧砂纸细致打磨光滑并擦净后，重新进行打金胶或涂刷末道油漆。

12.2.10 刷纹（栓路）

1. 现象

涂刷油漆后表面留有刷痕或栓痕，使油漆成膜后仍有高低不平的丝缕，油漆膜厚薄不匀，严重影响观感质量，甚至影响使用寿命。

2. 原因分析

（1）在油漆中的颜料吸油量大，在颜料中存在水分，油漆中的油质不足或颜料光油中的光油少，涂刷后都会造成油漆、颜料光油的流平性差而显现刷纹（栓路）。

（2）油漆贮存时间较长，或涂刷油漆、颜料光油、罩光油时，在常温的风口处或过高的温度下，油漆成膜后都易留下刷纹（栓路）。

（3）油漆中挥发性溶剂过多，油漆的黏度较大，选用的刷具小与涂刷的部位面积大，或刷毛太硬，油漆成膜后都易留下刷纹（栓路）。

（4）油漆干燥的过快涂刷困难，磁漆比油性漆干燥得快，或操作不当，涂刷后容易显刷纹。

3. 预防措施

（1）要选用优质的流平性好的油漆、光油，不掺用挥发性快的溶剂，涂刷油漆的黏度调配应适宜，既要符合涂膜的厚度又要便于操作。

（2）涂刷油漆、颜料光油、罩光油时，根据操作部位选用合适的刷具，涂刷方法应得当，并避开风口处或高温暴晒部位。

（3）仿古建采用醇酸漆时，选用松油可改进油漆干燥快、涂刷困难，流平性好，但掺用量不可多。

4. 治理方法

油漆成膜干燥后，出现明显的或较严重的刷纹（栓路），纯光油的油膜栓路需呛粉后用乏旧砂纸或成品油漆需用水砂纸打磨平整光滑后，擦净粉末再涂刷一遍油漆、颜料光油、罩光油。

12.2.11 鼓包与水波纹

1. 现象

地仗表面油饰彩画后，局部有不平的水波纹，随着季节性变化个别处拱出鼓包或条状鼓包，甚至地仗收缩后油漆表面呈现更明显的凹凸不平的水波纹现象，以及刷浆（水性涂料）的表面或局部拱出鼓包，严重影响油饰彩画表面的观感质量和使用寿命。

2. 原因分析

（1）木基层表面的疤节（死节）、树脂未作处理，就进行地仗施工，由于木材受气候的影响，产生胀缩后，其死节子由于硬度大并没有随之收缩，使之地仗表面形成鼓包。

（2）混凝土面抹灰时或抹麻刀灰时，灰内掺入生石灰粒、硬土粒等杂物，在地仗施工中或粉刷涂料中使抹灰层渗入水分或潮湿的气候促使杂物膨胀，造成地仗或粉刷涂料的表面产生鼓包。

（3）木基层处理时，对于木构件的缝隙未作撕缝和下竹钉处理，地仗的油饰彩画完工后，待木质收缩的季节缝内油灰被挤出，使地仗的油饰彩画表面出现凸条状鼓包。

（4）使麻、糊布工序中，开头浆不均匀未浸透麻层或布面，水翻轧时未用麻针翻麻内含干麻包，或麻层薄厚不均匀、麻层窝浆多（麻层囊密实度差），地仗干缩后都易造成油漆彩画表面出现鼓包和不平的水波纹。

（5）地仗施工中，调配油灰使用的血料棒，砖灰级配不准或油灰灰淌，或操作不当，地仗干缩后都易造成油漆表面出现不平的水波纹。

3. 预防措施

（1）木基层处理时，凡遇有20mm以上的木疤节子（死节子），用小斧子砍深3～5mm，预防木材收缩，特别是新木材收缩率大和地仗收缩后拱鼓包。

（2）混凝土面、抹灰面施工地仗工程时，以及麻刀灰面施工粉刷涂料工程时，应严格控制基层含水率，在基层处理中发现鼓包隐患及时除铲掉。地仗施工中或竣工前发现鼓包铲掉后，进行地仗修补和油漆彩画的修补成活。粉刷涂料中或竣工前发现鼓包铲掉后，进行涂料修补成活。

（3）新营建的建筑木构件含水率经测验符合要求后，再进行地仗施工。木构件表面基层处理时，凡有缝隙撕成两撇刀为V字形，并撕全撕到，随后将撕过缝的缝隙，按15cm的间距下竹钉，并同时下击钉牢，构件的缝隙有并列缝时，除按15cm的间距外，并列缝隙的竹钉应错位，成梅花形并同时下击钉牢。

（4）使麻糊布时，开头浆应均匀，粘麻应厚度一致，砸干轧后有干麻处进行潲生，水翻轧应使底浆充分浸透麻或布面，并用麻针翻麻确无干麻、干麻包后，再用麻轧子将棱角秧角和大面赶轧和复轧密实、平整。

（5）地仗施工中，应严格控制调配油灰的配比，砖灰级配应恰当，不使用棒血料调配油灰。

（6）地仗施工中操作人员必须控制好使麻糊布前后工序的平、圆、直，大木件细灰的厚度控制在2mm，磨细灰应按长磨细灰的操作技术要点操作。地仗表面油漆前，应对易出现不平处进行找刮浆灰（如雀替金边应横着使用铁板掐直再刮平），再刮血料腻子。

4．治理方法

（1）修整鼓包或条状鼓包时，根据缺陷的大小、长短，可沿鼓包边缘砍宽5～15mm，并砍出坡口，再按操作规程进行地仗修补和油漆彩画的修补成活。

（2）油漆表面出现凹凸不平的水波纹现象，根据缺陷面积大小应横竖使用铁板找刮油石膏腻子，应找刮平整，干后打磨平光，找补垫光油，再按要求满刷成活。

12.3 贴金（铜）箔工程质量通病产生与预防及治理方法

12.3.1 绽口

1．现象

贴金箔、银箔、铜箔时，金箔因金胶油黏度不够所形成不规则的离缝，显露出底色的现象，俗称鋬口，严重影响观感质量，受雨淋日晒部位缩短使用寿命。

2．原因分析

（1）金胶油黏度小，配制时光油多，或掺色油漆多，帚金时，由于金胶油拢瓤子差（金胶油不返黏，吸金差）产生绽口、金花，见彩图12-3-1。

（2）采用清漆代替金胶油，易造成绽口、金花、金木。

（3）试验的样板金胶油与贴金地点、部位、环境不符，易造成绽口、金花、金木。

（4）贴金环境不洁净，或打金胶、贴金的操作方法不当，易造成绽口、金花。

3．预防措施

（1）贴金工程应使用熬制加工试验合格的金胶油。不宜使用清漆代替金胶油。为了防止打金胶漏刷，依据色差标识所打金胶油时，允许掺入微量（0.5%～1%）酚醛色油漆。

（2）配兑金胶油时，用稠度或黏度适宜的光油与豆油坯或糊粉配兑，应根据季节按隔夜金胶油试验配兑，9月至次年4月份使用爆打爆贴金胶油，样板试验要在贴金的部位环境中试验的为准。

（3）打金胶油时，现场及架木要洁净，打多少贴多少，且不宜多打，否则贴金时易产生绽口和金花及浪费材料和人力。

（4）有风的环境不宜打金胶、贴金，如进行施工应做围挡。

（5）打金胶和贴金时，其主要操作要点是：打金胶先打里后打外、先打上后打下，贴金先贴外后贴里、先贴下后贴上、绷直金紧跟手，不易出绽口。

（6）贴金时要根据样板试验的金胶油，掌握贴金需要的时间，在贴金中，金胶油快到预定脱滑时间前，应及时帚金，如发现有绽口及时补金并调整贴金方法（如贴框线可肚膀分贴，如贴好一个图案就帚好一个图案的金），发现有明显绽口补金不黏时，应立即停止贴金。贴金者应掌握贴金到最后既不出现绽口又见好就收的措施。

（7）凡做大面积浑金时，应使用隔夜金胶油并确保拢瓤子。否则贴金达不到浑然一体。

4. 治理方法

帚金后有明显的多处绽口时，彩画部位均可重打金胶、贴金，油活部位应重新包黄胶（浅黄油漆），干后打磨擦净后，再打金胶、贴金。

12.3.2 金木

1. 现象

俗称金面发木，是指贴金箔、铜箔等时，表面无光泽或微有光泽，甚至既无光泽又有折皱（金箔或铜箔被金胶油吃了，又称淹了）缺陷，严重影响观感质量及使用寿命。

2. 原因分析

（1）基层面粗糙或未包色黄胶和油黄胶，打金胶后被基层吸渗，贴金箔、铜箔等易产生金木。

（2）金胶油稀或掺了稀释剂，或被打金胶油落尘土、超亮等现象，贴金箔、铜箔等易产生金木。

（3）打金胶后，贴金箔、铜箔时间掌握不准，或金胶油未形成薄膜就进行贴金箔、铜箔等，易产生金木和折皱。

（4）采用成品油漆代替金胶油，由于贴金箔、铜箔时间掌握不准或控制不好，易造成绽口、金花、金木。

（5）贴赤金箔、铜箔等，罩丙烯酸清漆太早，易产生金木和折皱。

3. 预防措施

（1）金胶油经样板试验合格后，方可使用；成品油漆不宜代替金胶油使用，否则不易控制贴金时间、易造成金面绽口、金木、金花等缺陷。

（2）油漆打底的漆膜应光滑饱满可打一道金胶油，包色黄胶打底时应打两道金胶油，所打金胶的表面要光洁、光亮、饱满。

（3）贴金工程应使用隔夜金胶油；9月至次年4月使用爆打爆贴金胶油时，应认真掌握贴金时间；试贴前，以手指背在不明显处触摸金胶油，感觉既不粘指，又有返黏的手感，贴金最佳。

（4）不在刮风环境中打金胶、贴金，或做好防风、防尘措施后，再打金胶、贴金，操作应按打金胶、贴金要点进行。

（5）金胶油超亮不得贴金，罩油应在贴金（铜）12小时后进行，贴赤金箔、铜箔表面罩丙烯酸清漆待3天后金胶油彻底干燥进行。

4. 治理方法

凡贴金箔、铜箔表面出现无光泽及折皱或皱纹的金面、铜箔面等，应轻磨后重新包油黄胶，干燥后打磨光滑，再重新打金胶、贴金。

12.3.3 金花

1. 现象

又称金面发花，是指贴金箔、铜箔等时，表面出现不规则的无金缺陷，并显露底色，致使金面光泽、色泽不一致的现象，严重影响观感质量，受雨淋日晒部位缩短使用寿命。

2. 原因分析

(1) 金胶油掺入的糊粉或成品油漆过量，或采用了成品油漆代替金胶油使用，不易控制贴金时间，易产生金花、金木、绽口。

(2) 施工环境及架木不清洁，在打金胶时或打金胶后金胶被蹭掉或风尘污染，贴金易金花。

(3) 贴金时，超过样板金胶油试验时间和金胶油已有脱滑现象而继续贴，易产生金花。

(4) 样板金胶油与贴金地点、部位不符，或打金胶油局部过干（油膜太薄），易造成金花。

(5) 软天花和活天花及燕尾贴金后，摞放时未夹绵纸，或搬运不当及存放受潮，易造成金花。

3. 预防措施

(1) 金胶油的样板在贴金地点、部位试验合格后，方可使用；成品油漆不宜代替金胶油使用；为了标识打金胶或没打金胶，均可掺入微量（0.5%～1%）酚醛色漆加以区分。

(2) 贴金场地、架木在打金胶前应清扫干净；打金胶、贴金尽可能选择无风或风力较小的天气，或进行遮挡防护，方可进行。

(3) 打金胶、贴金应按操作要点进行，防止金胶油被蹭而贴花；贴金贴到所打金胶油2/3工作量时，应随贴随帚、随检查金胶油，防止金胶油脱滑、贴花。

(4) 金胶油微有脱滑（手指背触摸金胶油膜，感觉不粘指有磁性手感）现象时，应停止贴金。

(5) 软天花和活天花及燕尾贴金后，摞放时，层与层之间应夹绵纸或海绵，搬运时应轻拿轻放，存放时应放在干燥通风的房间。

4. 治理方法

金胶油出现脱滑现象打磨光滑，再重新打金胶、贴金（铜）；或出现金花现象，应轻磨后重新包油黄胶，干燥后打磨光滑，再重新打金胶、贴金（铜）。

12.3.4 煳边和煳心

1．现象

俗称变质，多指贴赤金箔、银箔、铜箔等，金面色泽不一致或整张金衔接的边沿较明显，甚至呈现不规则的黑斑及局部变黑或全部变黑，严重影响观感质量及使用寿命。

2．原因分析

（1）赤金箔、银箔、铜箔等贮存不当；进库、进现场或贴金前未检验，贴金时误用造成色泽不一致或煳边和煳心。

（2）贴赤金箔、银箔、铜箔等，环境湿度大，未及时进行罩油，或个别处及局部罩油漏刷，易造成表面色泽不一致或氧化变质。

（3）贴金（片金、两色金或大面积浑金）时，使用了贴两色金剩余的金箔或贮存不当的库金箔，易造成金面色泽不一致，甚至呈现整张金衔接的边沿（一张一张的金箔）。

3．预防措施

（1）库金箔、赤金箔、铜箔等进库应检验，合格后方可入库，贮存时应放入防潮剂；凡潮湿的地区或沿湖水、河面较近的建筑物不宜选择贴赤金箔、铜箔及涂饰金粉做法。

（2）进入现场的库金箔、赤金箔、铜箔等应检验，合格后方可使用在工程上，贴金前折金时应认真检查一次。

（3）贴金（铜）时，使用剩余的散金箔应认真注意颜色，划金中发现颜色不一致或变质（煳边、煳心）现象，不得贴到活上。

（4）贴赤金箔、银箔、铜箔等罩光油、清漆时应罩严罩到，不得遗漏，否则遇潮气、雾气等有害气体氧化变质。

（5）贴两色金做法应分别按图案打金胶；贴大面积浑金前最好预购新金箔，如使用存放时间过长的金箔，可撕掉金箔破口的三面边沿，再贴后，以防金箔破口的边沿受有害气体氧化，达到色泽一块晕。

4．治理方法

油漆面贴金出现煳边、煳心及色泽不一致处（如某条线、花纹等，彩画部位可不包油黄胶），应重新包油黄胶、打金胶、贴金箔、铜箔，不得出现补丁现象。

12.3.5 金面爆裂卷翘

1．现象

俗称金面爆皮，多发生在下架装饰线、面叶饰金面等，其表面出现不规则的金面卷翘，逐渐慢慢脱落，并显露底色，严重影响观感质量及使用寿命。

2．原因分析

（1）油漆后的装饰线未打磨砂纸，或刷油黄胶后未打磨砂纸，就打金胶、贴金箔、铜箔、罩清漆，使油黄胶或金胶油附着不牢，或金胶油选用不当，清漆成膜收缩强度大，长期受阳光暴晒，都容易产生空鼓、开裂致使金面逐渐爆皮卷翘，见彩图 12-3-2、彩图 12-2-3。

（2）打金胶油或罩油（清漆）时，空气湿度过大或有湿气凝聚在油黄胶面上或饰金面，在过高的温度下（阳光暴晒湿气膨胀），使罩油（清漆）结膜中的干缩应力受到破坏，易产生空鼓、开裂致使金面逐渐爆皮卷翘，见彩图 12-3-2、彩图 12-2-3。

（3）贴金后金胶油未干透，就进行金面罩清光油（清漆），或罩清光油（清漆）内掺松节油、醇酸稀料，使其外焦里嫩，长期受阳光暴晒，油漆膜收缩应力大易龟裂致使金面逐渐爆皮卷翘，见彩图 12-3-2、彩图 12-2-3。

3．预防措施

（1）油漆面在刷油黄胶前后，应用乏旧细砂纸打磨光滑再进行打金胶工序。

（2）金胶油应选用传统材料熬配制的金胶油，并经试验能作为隔夜金胶油使用方可施工。

（3）打金胶或金面罩清光油，需在常温环境，湿度在 60% 以下时进行。环境湿度在 60% 以上，早晨和傍晚打金胶或金面罩清光油时，最好用干棉花将装饰线、面叶表面的湿气轻轻擦拭或阳光升起湿气挥发后进行，白天要避开阳光暴晒时间段。

（4）贴金后金面罩清光油，应待金胶油干燥后进行。下架装饰线、面叶饰金面不宜使用清漆罩金，如金面罩清漆时必须待金胶油干透（最好三天）后进行。金面罩清光油（清漆）内严禁掺用稀释剂（松节油、醇酸稀料）。

4．治理方法

金面出现爆裂卷翘现象，用细砂纸将爆裂卷翘金面彻底打磨平滑后，重新刷油黄胶、打磨、边缘呛粉、打金胶、贴金箔、铜箔、罩清光油。

12.4 粉刷（水性涂料）工程质量通病产生与预防及治理方法

12.4.1 水性涂料（刷浆）起皮

1．现象

涂膜（浆膜）局部开裂或有成片状的卷皮，逐渐慢慢脱落，严重影响粉刷质量及使用寿命。

2. 原因分析

（1）在水泥面、抹灰面上未刷底胶（套胶）就批刮腻子，旧抹灰面有轻微酥碱未操底油就批刮腻子，涂刷涂料（浆料）后都会使腻子或涂膜起皮。

（2）批刮、找腻子前新基层粉尘未清理干净，使腻子附着力差，或基层干净而腻子胶性小，涂刷浆料（涂料）胶性大，都容易产生开裂起皮。

（3）旧涂料（旧浆皮）未清理干净，涂刷新涂料（浆料）后，新旧涂料（旧浆皮）强度不一致易产生开裂起皮。

（4）墙面含水率高批刮腻子或腻子太厚，涂刷涂料（浆料）后，腻子受潮失胶霉变至粉化而使涂料附着力差造成开裂起皮。

（5）基层面批刮的腻子太厚，室内空气湿度大、不流通，涂刷新涂料（浆料）后，腻子逐渐霉变至粉化而使涂料附着力差会造成开裂起皮。

（6）基层面与底胶、腻子、涂料不配套或配套而操作不当，面层涂料干缩后易造成起皮。

3. 预防措施

（1）水性涂料施工的基层含水率要求，混凝土面、抹灰面含水率不大于10%；旧墙面局部有受潮、酥碱（泛碱）应作封闭防碱（如操底油、刷银粉漆、刷白油漆）处理。

（2）基层面与底胶、腻子、涂料应配套使用，并按操作工艺要求施工。

（3）室内环境湿度大，必须涂料（刷浆）施工时，应开窗保持空气流通促使干燥。

（4）旧墙面水性涂料施工时，必须将旧有的胶腻子铲除干净，不能留存腻子痕迹；批刮腻子前必须满刷底胶（套胶）封闭。

（5）涂料（刷浆）工程所使用涂料品种的性能应符合设计要求，不使用过期的涂料。

4. 治理方法

水性涂料出现局部有起皮，应除铲干净作封闭处理后，找补腻子和涂料，再满刷涂料成活。

12.4.2 水性涂料（刷浆）掉粉

1. 现象

水性涂料（粉刷）表面用手擦就掉白粉，甚至人靠近粉刷面衣服被蹭白粉，称掉粉，严重影响粉刷质量及使用寿命。

2. 原因分析

（1）使用了过期的水性涂料（胶变质），浆液胶性较少，与基层附着力差容易产生掉粉。

（2）涂料使用时加水多，喷刷浆后环境湿度大，浆液得不到干结，而胶性走失或发霉掉粉。

3．预防措施

（1）水性涂料施工的基层含水率要求不大于10%，偏高或环境湿度大时，按涂料使用说明操作，浆液胶性要适宜，保持空气通风良好。

（2）应使用合格的水性涂料，禁用过期的涂料（胶变质），涂刷时不得随意在涂料内加水。

4．治理方法

（1）水性涂料（刷浆）出现轻微掉粉时，应将表面的浮粉浮尘掸净或用细砂纸轻轻通磨一遍，并掸净浮粉，喷刷一遍稀稠适宜的清胶液，要喷刷均匀一致，重新涂刷涂料（浆料）成活。

（2）水性涂料（刷浆）出现严重掉粉时，如腻子糠（已失去胶性）应除铲干净后，重新批刮腻子再涂刷涂料（浆料）成活。

古建油饰工程质量通病，应在油饰工程施工中加强施工管理，做好预防，不列外转序是最好的防治。特别是对使麻工序及其以上各遍灰层的龟裂纹、钻生不透等质量缺陷的控制，它是油饰彩画缩短使用寿命的根本原因。但温、湿、光、氧（有时也有有害介质）对油饰的共同作用，是油饰老化、破坏的重要原因之一。这对我们正确地选用材料及施工中注意环境的温度、湿度等要求，是相当重要的，但施工操作时避开暴晒的时段也很重要。因此，要提高我们的一般理论知识和技能水平及处理质量问题的素质，并增强责任心，凡影响油饰工程质量的因素和基层处理与地仗质量及油皮（油漆）质量的相互关系，需要引起我们的重视，这些都是亟待解决的问题。

第13章 古建油饰工程环境保护与安全施工的防护措施及要求

古建油饰工程施工中所用的原料和以有机溶剂为稀释剂的各类各种油漆涂料中，绝大部分是不但有毒、有害，而且还有一定的腐蚀性以及易燃的化学危险品。无论在传统油漆和成品油漆生产、预加工配制和施工中对环保、安全生产和身体健康有许多不利因素，长期接触一些有害物质，将其吸入体内会发生不同程度的急性或慢性中毒现象。了解有害物质的危害性和造成危害的途径，这样才能有效地做好预防工作，是环保和安全生产的基本要求。

1. 消防安全防护措施

（1）熬制灰油、光油、金胶油及烫蜡动用明火时，应具备合理、有效的消防措施（具有消防引火证），如灶台砌筑远离建筑物及易燃物，准备灭火器材和个人防护用具，掌握现场生桐油含水率以防起沫溢锅引发火灾，做好专人负责防火工作。

（2）油漆涂料和线麻及溶剂应分料房储存必须远离火源，要安全照明，通风条件良好，夏季室内温度升高30℃以上时应采取降温措施。溶剂桶开启时，严禁用铁器敲击（特别是汽油桶），以免发生火花引起爆炸，溶剂桶应随时盖紧密封。

（3）在施工现场的料房应有防火器材和安全标志，严禁吸烟及动用明火。施工现场应注意通风，架木和地面的麻须、剩余线麻应及时捡净收回。凡浸擦过（含有）桐油、灰油、油漆、汽油（溶剂）的棉纱、丝团、布子和麻头以及灰油皮子等易燃物，不得随便乱扔，必须随时清除或及时清运出现场，并妥善处理，防止因发热引起自燃起火，落实防火责任制。

（4）施工现场使用溶剂型脱漆剂清除旧油漆膜和用汽油擦洗油漆时，应切断电源，严禁吸烟及动用明火，周围不得堆积易燃物。

2. 环境保护措施

（1）在其他地区发血料（加工生猪血），应具备卫生条件及废弃物的处理条件，如在室内或搭棚封闭加工操作，废血水血渣应排入污水池。

（2）隔扇槛窗的心屉菱花、棂条等使用化学脱漆剂以碱液（火碱水）脱漆剂或水制酸性、碱性脱漆剂清除旧油漆膜时，必须戴好橡皮手套和防护眼镜及护鞋。要求用清水冲洗干净，木材面干燥后以不得出现白霜为准。凡使用以上脱漆剂有机溶剂脱漆剂（如T-1、T-2、T-3）清除旧油漆膜时，应远离易燃物和建筑物及树丛、草坪。

（3）在施工中凡料房和施工现场应做到活完料净场地清，随时清除废弃物，并对其他工种的成品（如砖墙、石材等）做好防护和防尘工作。

3. 预防铅中毒措施

（1）铅是灰白色金属，它存在于颜料和油漆涂料中，含量较多的颜料有章丹粉、黄丹粉、白铅粉以及章丹油、红丹防锈漆、铅油等。形成的粉尘通过呼吸道吸入肺部，也可通过皮肤伤口进入到血液里以及口腔和食物进入体内。

（2）上架大木、斗栱、花活、支条天花等彩画部位旧地仗清除时，应避免干挠法扬尘需采取湿挠法，操作时必须戴好防毒口罩，以防有毒（剧毒巴黎绿和含铅颜料）粉料被吸入人体。

（3）油漆施工中凡与斗栱、花活、上架大木等彩画部位触摸和熬制灰油用的章丹粉、熬制光油用的黄丹粉、配制章丹油及搓刷、打磨时，必须戴好防毒口罩，以防有毒（剧毒和含铅颜料）粉料被吸入人体。

（4）在饮食前和下班时要及时洗手、洗澡，清除黏附污物。发现有口甜者应停止基层处理，有恶心、头痛失眠、脸色发白、体乏疲倦、食欲不振等症状要到医院检查。

4. 预防苯中毒措施

（1）苯是油漆涂料施工中用的有机溶剂，是无色透明有芳香气味、易挥发的液体。当气温高于 58℃时即自燃，当空气中苯的含量达到 1.4% ～ 8% 时，遇明火还会爆炸。中毒途径主要是由呼吸道吸入和人体与苯溶剂直接接触所致。苯也是一种较强的致癌物质。

（2）施工现场应保持通风，在比较封闭的室内施工时应安装换气设备，使空气中苯含量低于 40 mg /m^3。

在没有较好通风条件下，应戴好防毒口罩，以防有害气体被吸入人体。

（3）清洗工具时应戴好橡皮手套，尽量避免直接与苯溶剂接触，防止有毒、有害物质从皮肤渗入体内。

（4）在饮食前应用肥皂洗手洗脸，下班时应淋浴以清除黏附气体。发现头痛、头晕、恶心、呕吐、失眠、昏迷、抽搐等症状要到医院检查。

5. 预防汽油中毒措施

（1）纯度高的汽油为无色液体，易挥发、易燃，极易溶于脂肪。当气温高于 58℃时即自燃，当空气中汽油气体含量达到 1.3% ～ 6% 时，遇明火会爆炸。因用量多易被人们忽视，经常用它清洗工具和手及身体的油污处，其毒性也较大。中毒途径主要是挥发的气体由呼吸道吸入体内和通过皮肤渗入体内。

（2）预防措施参见苯中毒预防措施。发现急性的汽油中毒为头痛、头晕、恶心、呕吐、四肢无力等症状要到医院检查。皮肤接触可引起皮肤干燥和急性皮炎等。

6. 预防生漆中毒措施

（1）预防生漆过敏，漆树和生漆的漆酚易引起皮肤过敏反应，新鲜的生漆其过敏和刺激作用越强，俗称“漆咬”。中毒途径：一是直接地污染了皮肤或间接地污染了皮肤引起过敏反应；二是由呼吸道吸入生漆中的挥发物质引起皮肤过敏反应。前者的预防是避免皮肤直接接触生漆或操作后将手擦洗干净，避免接触人体其他部位；后者的预防是有高度过敏者不宜从事大漆工作，或远离生漆中的挥发物质污染区及有风时不宜在下风向行走，但它聚合成膜后毒性会逐渐消失。

（2）大漆施工预先戴上医用薄膜手套；无医用薄膜手套时，可用豆油、香油等不干性油涂抹于裸露的皮肤表面，避免手与生漆接触，操作后洗手时先用煤油将生漆及漆迹擦净，后用肥皂洗手清水冲洗干净。如手上仍有生漆的黑色斑迹，一定要洗干净，还可用 1% 浓度的硝酸酒精擦净，再用肥皂洗手清水冲洗干净。

（3）大漆施工期间应加强施工现场的通风，每日工作前后，用 2% ～ 5% 浓度的食盐溶液或 1 ∶ 500 的高锰酸钾溶液待冷却后擦洗全身一遍，起到预防生漆过敏的作用。

（4）如发生生漆过敏中毒严重，应及时到医院治疗。如产生生漆过敏中毒症状后，可用传统方法治疗：其一是用明矾水擦洗患处，其二是将韭菜捣成糊状抹在患处等。所以在患病期间禁忌酒、辣、蛋、鱼等刺激性食物，可多吃些水果和凉性的食物。

7. 安全操作要求

（1）油饰工程施工必须坚持安全第一，预防为主的方针。

（2）进入施工现场的人员，必须正确戴好安全帽，系好下颌带；按照作业要求正确穿戴个人防护用品，着装要整齐；在没有可靠安全防护设施的高处 2m 以上，含 2m 悬崖和陡坡施工时，必须系好安全带；高处作业不得穿硬底和带钉易滑的鞋，不得向下投掷物料，严禁赤脚穿拖鞋、高跟鞋进入施工现场。

（3）施工现场的各安全设施、设备和警告、安全标志等未经领导同意不得任意拆除和随意挪动。需临时拆除和变动安全防护设施时，必须经施工技术管理人员同意，并采取相应的可靠措施。

（4）施工现场行走要注意安全，应认真查看脚手架护身栏、挡脚板立网是否齐全、牢固；脚手板是否按要求间距放正、绑牢，有无探头板和空隙。

（5）脚手架未经验收合格前严禁上架子作业。

（6）在高处作业的人员注意不伤害到下面的人员。应遵守以下要求：

1）严禁从高处向下方投掷或者从低处向高处投掷物料、工具；

2）下步架与上步架垂直操作应错开，上步架手持工具应随手放在工具袋内。

（7）不得随意进入危险场所或触摸非本人操作设备、机具、电闸、阀门、开关等。夜间作业场所必须配备足够的照明设施。

（8）施工现场用火，应申请办理用火证，并派专人看火，严禁在禁止烟火的地方吸烟动火，吸烟到吸烟室。

（9）施工前，应将易弄脏部位用塑料布、水泥袋或油毡纸遮挡好，不得把白灰浆、油漆、地仗油灰、头浆、腻子洒在地上、沾染到门窗、玻璃、瓦面和砖石墙上及彩画上。

（10）从事有机溶剂、腐蚀剂和其他损坏皮肤的作业时，应使用像皮或塑料专用手套，不能用粉尘过滤器代替防毒过滤器，因为有机溶剂蒸气，可以直接通过粉尘过滤器等。

（11）各种油饰材料（汽油、油料、稀料、线麻）应单独存放在专用库房内，不得与其他材料混放。库房应通风良好。易挥发的汽油、稀料应装入密闭容器中，严禁在库房内吸烟和使用任何明火。

（12）油漆涂料的配制应遵守以下规定：

1）调制油漆应在通风良好的房间内进行。调制有害油漆涂料时，应戴好防毒口罩、防目镜，穿戴好与之相适应的个人防护用品，工作完毕应冲洗干净。

2）工作完毕，各种油漆涂料的溶剂桶（箱）要加盖封严。

3）操作人员应进行体检，患有眼病、皮肤病、气管炎、结核病者不宜从事此项作业。

（13）使用人字梯应遵守以下规定：

1）高度 2 m以下作业（超过 2 m按规定搭设脚手架）使用的人字梯应四脚落地摆放平稳，梯脚应设防滑橡皮垫和保险拉链。

2）人字梯上搭铺脚手板，脚手板两端搭接长度不得少于 20 cm。脚手板中间不得同时两人操作，梯子挪动时作业人员必须下来，严禁站在梯子上踩高跷式挪动（走高凳）。人字梯顶部铰轴处不准站人、不准铺设脚手板。

3）人字梯应经常检查，发现开裂、腐朽、榫头松动、缺挡等不得使用。

（14）在危险临边作业必须采取防坠落的措施。外墙、外窗、外楼梯等高处作业时，应系好安全带。安全带应高挂低用，挂在牢靠处。油漆窗户时，严禁站在或骑在窗栏上操作。刷封沿板或水落管时，应在脚手架或专用操作平台架上进行。

（15）刷坡度大于 25° 的铁皮层屋面时，应设置活动跳板、防护栏杆和安全网。

（16）活动门窗扇及制品做地仗或刷油漆时，必须将活动门窗扇及制品支放稳固。

（17）在室内或容器内喷涂，必须保持良好的通风。喷涂时严禁对着喷嘴观看。

（18）空气压缩机压力表和安全阀必须灵敏、有效。高压气管各种接头应牢固，修理料斗气管时应关闭气门，试喷时不准对着人。

（19）喷涂人员作业时，如感到头痛、恶心、胸闷和心悸等，应停止作业，到户外通风处换气休息。

（20）操作人员凡进行有粉尘的作业时，应随时戴好防尘口罩，做好个人防护。

第 14 章　古建油作名词术语及技术术语注释

14.1　古建油作名词、术语注释

1. 地仗

指古建筑、仿古建筑的木基层面、混凝土面上实施油饰彩画前的衬地，即麻布地仗、单披灰地仗、胶溶性地仗统称为地仗。详细解释参见本书 3.1 节。

2. 剁斧迹与剁斧痕

指古建筑、仿古建筑实施地仗灰前，用专用的小斧子在新木构件的表面顺序剁出斧印的处理方法。以斧刃剁成基本均匀的斧印其深度 2 ～ 3mm，称剁斧迹。剁斧痕多指在旧地仗的旧油皮上重新做地仗前，用专用的小斧子顺序剁出斧痕的处理方法，以斧尖剁成基本均匀的小坑其深度 2 ～ 3mm，称剁斧痕。

3. 汁浆与支油浆

指地仗施工前为使地仗灰与基层黏结牢固，而配兑的一种混合溶液，其材料配比为油满∶血料∶清水 =1 ∶ 1 ∶（8 ～ 12），称为汁浆。用刷子蘸浆液涂刷于木构件的表面，称为支油浆。汁浆为配兑时的术语，支油浆为操作时和技术交底工序的术语。

4. 肘麻

是指梳理线麻前，需进行初截麻，其尺寸为一肘长，称为肘麻，即用手攥住麻头绕过肘部至肩膀的长度，约为 700mm，俗称肘麻。

5. 粗灰

在指净满地仗的粗灰时，凡捉缝灰、通灰、压麻灰、中灰内不掺血料，俗称粗灰内不掺血料；在传统地仗施工中，指砖灰的粗灰时，凡大籽灰、中籽灰、小籽灰、鱼籽灰，俗称粗灰；指工序的粗灰时，捉缝灰（捉灰遍）、通灰（通灰遍或扫荡灰）、压麻灰（压麻遍），俗称粗灰遍；在指磨粗灰时，凡磨捉缝灰、通灰、压麻灰，俗称划拉灰；在指制作轧子时，凡提前制作轧通灰、压麻灰、中灰的轧子，俗称提前挖（窝）粗灰轧子。挖（窝）的轧子是轧通灰、压麻灰、中灰线的，俗称轧粗灰线。如轧鱼籽中灰框线轧子要求小于细灰轧子时，均称粗灰轧子要小于细灰轧子 1 ～ 2 mm；在指拣灰时，除细灰过板子或轧细灰线外，其他灰遍拣灰均称拣粗灰，俗称粗拣低细拣高。但通过多处遗留净满麻布油灰地仗比传统麻布油灰地仗薄而砖灰粒径小，很少发现大籽灰、中籽灰，是由于传统地仗灰掺入大量血料提高了和易性和古建筑经多次修缮木基层平整度差等因素，使传统砖灰的粗、中、细增加了粗灰的品种。

6. 造灰（武粗灰、文细灰）

指地仗施工中，搽灰者用皮子抹粗、中灰时，俗称“武粗灰”，先抹严再造灰，应通长来回造实后再覆灰，目的使油灰与木骨结合牢固。用皮子抹细灰时，不得拽灰防止细灰出水，俗称“文细灰”，又称抹细灰，应通长来回抹严抹实后再覆灰。用铁板粗、中、细灰时，应通长来回抹严刮实后再覆灰。使灰层之间和麻或布之间与基层黏结牢固，防止脱层；凡搽灰活或使用皮子操作成活的工序，按“抹横先竖后横，抹竖先横后竖”的要领操作时，主要针对操作部位（如上架大木及下架的柱框、大门、板墙等）的操作要求和方法。所谓“抹横”是指抹檩、垫、枋等时，“先竖”针对操作长度范围内先竖着抹一皮子，即为“打围脖”，“后横”随之在“打围脖”范围内横着木件（顺木纹方向）抹严抹实再覆灰抹匀。所谓“抹竖”是指抹柱头、柱、框、大门等时，“先横”针对操作长度范围内先横着抹一皮子，即为“打围脖”，“后竖”随之在“打围脖”范围内竖着木件抹严抹实再覆灰抹匀；在传统实际操作中是按“抹横先竖后横再竖，抹竖先横后竖再横”的要领操作的，主要针对了操作长度范围内的两端“打围脖”，既突出活的整齐美观，又体现操作者的技术素质。

7. 生

指使麻工序的一项程序中，潲生时使用的一种混合溶液，叫“生”。其材料配比为油满：清水 =1 ∶ 1.2。俗称“生”。曾有匠师说过，以前用生桐油潲生，俗称为“生”。

8. 潲生

指使麻工序的其中一项程序（步骤），在使麻过程中，因开头浆（底浆）不均匀处或因粘麻不均匀处，底浆未渗透到麻层表面而产生的干麻层，用糊刷或刷子蘸生戳刷或顺麻刷干麻层处，称为潲生，通过潲生使与底浆浸透麻层达到使麻的质量要求。

9. 混线

指古建筑、仿古建筑下架槛框边角上装饰线的线形种类，似蝙蝠状，称为混线，俗称框线。

10. 线口与砍线口

指地仗施工中，通常是指各种线形的线面，一般多指轧线的线面，俗称线口，如线面的宽度，俗称线口的宽度。砍线口指自形成净满麻布油灰地仗工艺后，下架槛框木作所起装饰线，不适应油作需要的槛框混线宽度和锓口（角度），为便于使麻糊布和轧混线的工艺要求，从古（清早期）至今总是木作起线油作砍，所以在砍活时成为谁轧线谁“砍线口”的作业项目。同时，由于挖竹轧子和轧混线这门独特的技术掌握在极少数匠师中，其技术互不交流则手法不一，在传统修缮中形成谁轧线谁进行砍修八字基础线口。虽然，匠师起线手法差异微妙，其目的隐含在槛框混线贴金之后，求其一致，使古建筑下架部位的间次轮廓更加突出协调，富有立体感。

11. 线角与线脚

在地仗施工中，指槛框轧八字基础线、混线、平口线时，其框与槛交接处的横竖线路形成的对角线（直角）交圈方正，俗称线角。指隔扇、槛窗的边抹轧泥鳅背线、两柱线、皮条线时，其边与抹交接处的横竖线路形成的对角线（直角）交圈方正，俗称线角。指支条轧井口线时，其木顶格横竖线路形成的对角线（直角），俗称线角。线脚是指抱框竖线路的底部与下槛交接处的位置，俗称线脚。

12. 镘口

指下架槛框装饰线（八字基础线、混线、平口线）的线口角度。

13. 崩秧

指使麻、糊布工序中，木件与木件的结合处等现象所形成的阴角，称为“秧”，粘麻糊布时秧处因轧得不实而产生空鼓现象，称为崩秧。

14. 窝浆

指使麻、糊布工序中，窝在麻层或布层的头浆未挤压出来，称窝浆。而窝在麻或布里面的头浆干燥收缩后，易造成地仗收缩后出现凸凹不平、空鼓、裂缝、崩秧等缺陷。

15. 溜细灰

指大木部位的圆构件使用手皮子完成细灰操作的工序。称为溜细灰。

16. 龟裂纹

又称鸡爪纹，指地仗的各道灰层或地仗表面出现的呈龟背纹状的裂痕现象，称为龟裂纹。细灰后暴晒部位如呈现的龟背纹，俗称激炸纹。或磨细灰时遇风如呈现的龟背纹，又称风裂纹。

17. 挂甲

指磨细灰后钻生油的表面留有浮油及流痕，未用麻头擦净而形成的不规则结膜现象，称为挂甲。

18. 顶生

指地仗钻生油后，未充分干燥透（外焦里嫩）就进行下道工序，造成血料腻子表面局部浸染变深，油皮（油漆）表面局部出现成片的小鼓包，呈鸡皮状，严重时呈橘皮状，甚至造成彩画颜色局部浸染变深（咬色）的现象，称为顶生。

19. 靠骨灰

又称靠木灰，是指紧靠木骨刮灰，俗称靠骨灰。通常在捉缝灰工序时，刮成整铁板滚籽灰或刮成整铁板靠骨灰，如被刮缺陷处有灰其周围留有油灰的痕迹，应根据木件表面的缺陷实际情况而定；在早期官工油饰彩画做法中，做靠骨灰地仗，是指一道灰或二道灰做法，木件表面只刮靠骨灰一道，用细灰捉缝再满刮薄细灰。二道灰是用中灰捉缝、补齐缺陷再满刮薄细灰，然后糙油，均称靠骨灰。

20. 克骨灰

多指在通灰或压麻灰上刮中灰和在生油地上刮浆灰的工艺要求，用铁板克骨刮中灰的灰层厚度约 1mm。在油皮（油漆）施工中，地仗上克骨刮浆灰，其作用是薄层腻子所弥补不了的地仗砂眼、麻面等缺陷所进行的一道工序。凡用铁板刮中灰、刮浆灰要求灰薄，均称克骨灰。

21. 道半灰

指传统油饰修补地仗保养见新修缮工程中，大木件、连檐瓦口、椽望、门窗等木装修表面旧油漆较好、亮度差，个别处磕碰、崩裂、小鼓包、翘皮等，做除铲清理、找补道半灰地仗。工艺流程是除铲清理、找补操油、捉中灰、找细灰、磨细找补钻生，即为道半灰。

22. 单披灰

传统主要针对大木地仗做法，而大木又分麻布地仗和单披灰地仗，两大类工艺做法。大木只用油灰衬地的称单披灰，这类做法明代地仗较薄，清代至今由四道灰完成，所以传统单披灰均指大木做四道灰地仗而言。如连檐瓦口、椽头、椽望、斗栱、花活等部位在做法上不称单披灰。现在人们常将所有不使麻、不糊布的地仗，包括三道灰地仗、二道灰地仗，均称单披灰地仗。

23. 楦攒角

指檐头翼角部位楦老檐斜椽当，其工艺作用是既便于做地仗和搓刷光油（油漆）及椽肚分色的操作，又具备整体一致、整齐美观的效果，还能防止鸟类筑巢。详见彩图 3-7-1 和彩图 3-7-2。

24. 水缝

指檐头部位的连檐与瓦口之间的连接错台缝，俗称水缝。以铁板刮粗中细灰，将水缝刮成水溜坡度约 35° 左右，应直顺，坡度一致。既防止水缝进水，又便于搓刷光油（油漆）。

25. 抿尺

是指椽望地仗施工时，用于捉椽望的小工具，需现场临时制作，用长度约一尺、宽度约一寸左右的竹板，先将抿尺的把砍窄 12 mm左右，再将抿尺头部砍削成小铲状，打磨光滑以手拿操作方便为宜。椽望的攒角（翼角）部位，由于斜椽当的望板柳叶缝、椽秧和燕窝的四秧黑缝等旮旯处，用铁板和皮子不易下去操作，以大小抿尺代替铁板和皮子操作。

26. 贴椽秧

指传统地仗施工所进行的贴椽秧，既便于搓刷光油（油漆）的操作，又具备整齐、美观的效果。贴椽秧是指椽望部位的望板与老檐圆椽交接处称椽秧，椽望地仗施工时，捉缝灰工序通常先贴椽秧，后捉望板柳叶缝再捉椽子等部位，椽秧处用铁板由燕窝处将油灰掖入椽秧，逐步捉严掖实至小连檐，再稍斜铁板顺椽帮贴刮饱满直顺，贴刮到小连檐处微有收头。圆椽直径较大者，捉椽秧时用铁板先掖入油灰再楦入似三角形干木条，然后顺椽秧将油灰掖严掖实再贴刮直顺，俗称贴椽秧。

27. 盘椽根

指传统地仗施工所进行的盘椽根，既便于搓刷光油（油漆）的操作，又具备整齐、美观的效果。盘椽根是指椽望部位的檐椽与檩交接处称椽根，椽望地仗施工时，捉缝灰工序通常捉檐椽代盘椽根，椽根处用窄小铁板或用窄小抿尺将油灰掖严掖实，再抿抹成马蹄形，方檐椽抿抹成坡形即可，俗称盘椽根。

28. 行龙

指调制细灰时，须按比例加入清水，即为行龙。清代地仗施工中忌讳细灰内“掺水字眼”，因此，俗称行龙。

29. 超亮

又称失光、倒光等，指搓刷光油后，遇到大量烟气或水蒸气、雾、寒霜侵袭，光泽显著消失和部分消失，或有一层白雾凝聚在油面上，俗称超亮，又称冷超、热超。凡各种性能各道油皮面上呈现半透明乳色或浑浊乳色胶状物时，应用砂纸打磨干净或用稀释剂擦洗干净，重新搓刷光油或涂刷油漆及打金胶油。凡头道油、二道油允许局部或大部分出现失光、倒光现象，但打的金胶油不允许出现。凡末道油（油漆）、罩光油和打金胶油严禁出现超亮疵病。

30. 发笑

又称收缩等，指光油（油漆）成膜在干燥后部分地收缩成锯齿、圆珠、针眼等形状（像水洒在蜡表面上一样）呈斑斑点点状，俗称发笑。

31. 扫道

又称砂道、划痕。指刮地仗灰或刮攒腻子时，油灰内或腻子里有脏物，表面刮出的道痕，俗称扫道。

32. 串秧

指物体油饰的表面秧角（阴角）处或沥粉条的底部两侧秧角（阴角）处，光油（油漆）或金胶油聚溢而形成成串的芝麻大小的油珠即为起皱，俗称串秧。特别是在阳光下沥粉条打金胶油肥瘦不匀时，易形成成串的芝麻大小的起皱油珠。

33. 纹理

指贴金（铜）箔后，金（铜）箔表面形成重叠的搭茬和缕纹或折纹，称纹理。

34. 錾口

指贴金后，金（铜）箔形成的不规则空折纹或未重叠的不规则离缝，帚金后金（铜）箔表面显现不规则的离缝并显露底色，俗称绽口。见彩图 12-3-1。

35. 金花

指贴金箔、铜箔时，多因金胶油黏指感不佳就贴金，或即将超过贴金时间，已有脱滑现象而继续贴，或贴金时间过久未及时帚金致使金胶油已有脱滑现象帚金，表面出现不规则的无金缺陷，并显露底色，致使金面光泽、色泽不一致的现象，统称金花，又称金面发花。

36. 飞金

指贴金后，表面及边缘未拢帚干净的不规则浮金、飘金，俗称飞金。清早期和南方贴金称飞金，而北方贴金后的飞金为质量病态。

37. 金木

指贴金（铜）箔时，所打的金胶油不饱满或基层不光洁或金胶油未达到贴金（铜）时间，就进行贴金，使金面没有光泽，甚至让金胶油将金（铜）箔淹没（吃掉），或呈皱纹状，统称金木。

38. 洇

指彩画部位贴金，打金胶油时，由于金胶油稀，使所打金胶的线路或纹饰渗透、扩散界线以外。造成彩画线路或纹饰不直，不流畅，不整齐，甚至使彩画其边缘颜色变深，俗称“洇”。

39. 溜缝

指漆灰地仗做法的一种工艺，捉刮缝灰后将缝隙（木材面裂缝、榫缝）处糊布条一道，其作用是防止地仗灰层或地仗表面裂缝。

40. 抄生漆

漆灰地仗施工中，基层处理后，不支血料油浆不操油，而涂刷一道大漆；地仗表层不钻生桐油，而涂刷一道大漆。其作用是：第一道抄生漆为使漆地仗与基层结合牢固，最后一道抄生漆是起保护地仗层的作用，似油灰地仗钻生。

41. 浆漆灰

指漆灰地仗完成后，大木或匾额等进行大漆工艺的第一道工序，作用是薄层腻子所弥补不了的地仗砂眼、麻面等缺陷所进行的一道工序。作用同油灰地仗的刮浆灰。

42. 抄面漆

指大漆涂饰工艺施工涂刷的第一遍大漆。

43. 瓦灰浆

指大漆磨退工艺中采用的一种材料，同砂蜡作用。它的制作方法为：将瓦灰碾碎成粉末，然后通过水漂洗的淋灰干后，成瓦灰粉末。在磨漆面时先撒瓦灰粉末，用头发团成把子蘸水顺磨，即为磨瓦灰浆。传统没有水砂纸，采用瓦灰粉末或砖灰粉末和灰油调成油泥，做成不同规格的长方块称灰条晒干待用。

44. 榆木擦漆

指大漆工艺中的一种做法，将榆木制品通过上色、刷生猪血，再擦漆、揩漆、罩面漆、掌平等工序做成红木色木器制品。见本书 8.5 节。

45. 暴聚

指熬制灰油或光油时，由于不了解某批量的生桐油的性能，倒入油多或油开锅后吃不准火候，未及时试油或撤火不及时，使整锅油凝结成胶冻，俗称暴聚。

46. 油皮

指地仗表面经油饰的油形成油膜后，即为油皮。主要指传统光油工艺，同时也指仿古建油漆工艺，俗称油皮工艺。在传统油皮工艺中，光油成膜干燥后，俗称油皮。大漆成膜干燥后，均称漆皮；溶剂型油漆成膜干燥后，也称漆皮。在古建修缮工程中如旧油漆活翻新时，俗称旧油皮翻新等。

47. 断白

指白木茬的建筑物或某一部位或某一木构件，最简便的一种改变颜色或随其周围颜色的做法。如刷一道色油漆或刷一遍胶色即可，俗称断白。

48. 捉麻

传统主要指麻布地仗做法的工序中，如出现捉麻一道、通（满）麻二道或捉满麻三道时，在操作工序中其捉麻主要指捉过缝的灰处使麻（即为构件与构件的连接缝、拉接缝、对接缝、铁箍等处使麻一道），即为捉麻。

49. 连捉带扫荡

指地仗施工中，在捉缝灰工序时，捉灰与通（扫荡）灰两道工序同步操作，是油饰工程所不允许的做法，是违反操作规程的做法。地仗施工的技术交底中，在捉缝灰工序中常注明严禁“连捉带扫荡”。

50. 溏与棒

在油饰工程施工中，主要指调配和使用的各种地仗灰或各种腻子的稀稠度，又指软硬度。俗称“溏了”“溏点”“棒了”“棒点”“棒些”等，在使用中特别要求各种轧线灰和细灰应调棒些。对待“溏与棒”，在施工操作中应依据工序(灰遍或腻子遍)

的配合比调配，既要满足和易性及可塑性（使用要求），又要达到工艺的质量要求。

51. 皴与舔

传统主要指地仗各道灰遍施工中，在操作时无论使用那种工具遇风或暴晒部位，其灰层表面易产生麻面现象，似手背和脖子粗糙的皴，俗称皴了；其接头处易产生不平的麻面现象，似舌舔的痕迹，俗称舔了。有的接头处既有粗糙的皴，又有舔的痕迹，统称舔了。凡接头处的灰层表面产生不平的麻面或舔的痕迹，易使细灰层达不到有磨头的要求，造成平整度差的缺陷。

52. 磨头

是指地仗施工的细灰遍和磨细灰两道工序，其部位主要指大木槛框和稍大一点的面积处，细灰工艺要求所细的细灰厚度不小于 2 mm，通过穿磨细灰既能达到圆、平、直、顺的要求，又不易磨露籽，还留有适量的细灰层，即为“有磨头”。细灰薄也就没有磨头或者说磨头不够易磨露籽。细灰厚虽然有磨头，但需要费时费力进行透磨才能找磨圆、平、直、顺。传统根据细灰部位无论使用灰板细灰还是皮子细灰，或是铁板细灰，其灰层厚度不小于一铜子厚，既有磨头又能达到磨细灰的质量要求，避免油皮（油漆）表面刮较多的油腻子。

53. 穿磨油皮

是指 20 世纪 70 年代古建修缮工程下架油饰的一种做法的表面处理方法。做法有两种，做法一是穿磨油皮，攒刮血料腻子一道，三道油漆成活。做法二是穿磨油皮，找补操油，找刮油石膏腻子一道，攒刮血料腻子一道，三道油漆成活；凡下架旧油皮表面普遍有龟裂时，此做法前者应称之为洗澡活、后者应称之为临时保养见新，把他们作为古建下架油饰的正式做法是不妥地。

54. 破色油与破色

是指古建油饰工程施工中，既无罩油做法又无金活的部位，在搓刷末道油（成活油）时，将搓刷的末道颜料光油内掺入了少量清光油，即为“破色油”。其作用使成活后的油饰表面既防止了透底现象，又提高了光亮度；油饰工程的“破色”多指上架大木做雅伍墨彩画时，由于现用的绿油比传统的偏深，须在拍飞檐椽头（飞头）的绿油内掺入少量黄油，即为“破色”。目的使黑的颜色（如墨万字）突出明显些；上架大木彩画需罩油时，画作在配兑大小色中须进行“破色”。目的是防止罩油的彩画颜色变深。

55. 破色漆与破色清漆

是指仿古建油饰工程施工中，既无罩油做法又无金活的部位，在涂刷末道油漆（罩面漆）时，将涂刷的末道油漆内掺入了少量醇酸清漆，即为“破色漆”。优点是成活后的油漆表面既防止了透底现象，又提高了光亮度。缺点是光亮度不耐久，因醇酸清漆适用于室内；所谓“破色清漆”主要适用于室内木装修旧清漆活翻新，一般在涂刷第一道清漆后，发现涂刷的油色淡点，色泽未达到基本一致时，在醇酸清漆内加入微量的油色（不含稀释剂），即为“破色清漆”。通过涂刷“破色清漆”使其色泽达到要求。

56. 拴路与刷纹

指搓刷颜料光油或涂刷油漆和水性涂料后，表面留有拴痕或刷痕，使颜料光油或油漆成膜后仍留有高低不平的丝缕，古建俗称拴路（指搓刷颜料光油），新建俗称刷纹（指涂刷油漆或水性涂料）。

57. 靠骨油

传统靠骨油做法由来已久，从对建筑木构表面缝隙节疤以灰膏填实刮平，直接做靠木油。凡木构件或木装修只做缝隙节疤油腻子处理或不经打磨或经打磨后直接饰油，即为靠木油。其实新建和装饰装修的涂饰做法与靠骨油相似，只是对油漆前的基层处理（如打磨、操底油、找刮腻子和润粉、刷色等）和涂饰表面的要求与靠木油不同。

58. 油水比

是指地仗工程施工中，油满的油水比多少是决定地仗质量优劣的根本。地仗的油水比或打油满的油水比中的“油”是指灰油，“水”是指石灰水或白坯满（前者含白面、后者含石灰水）。老师傅（画匠）中也有将调配传统油灰配比中的“油”指油满，“水”指血料；传统的油水比逐渐转为固定的模式；清代早期净满地仗的油水比，是按地仗做法确定几种打油满的，如两麻一布七灰地仗做法就有 4 种打油满的油水比，如一麻五灰地仗做法有 3 种打油满的油水比，如三道灰地仗做法有 2 种打油满的油水比，油水比均为不固定的模式；油水比的使用见 2.1.1 油满的油水比与油灰配比的使用。

59. 油见油与水见水

是指油饰工艺和涂饰工艺中对基层与腻子配套使用的技能要求，简单地说混凝土面、抹灰面刷低胶后应找刮胶腻子或石膏腻子，涂刷一道涂料后复找胶腻子，即为水见水；例如混凝土面、抹灰面操底油后应找刮光油石膏腻子或胶油腻子，涂刷一道油漆后复找光油石膏腻子，即为油见油；木材面支油浆后应找刮血料腻子或操底油后应找刮光油石膏腻子，光油（油漆）面局部微有麻面不平可找刮胶油细腻子，即为油见油；例如木材面做清色活，润水粉、刷水色前和刷第一遍虫胶清漆后，应找虫胶色腻子，不得使用乳胶腻子和油性腻子，润水粉应刮胶性色腻子和刷水色配套使用，均称水见水；例如木材面做清色活，润油粉后要求刮腻子时，应刮油性色腻子，刷油色，即为油见油。

60. 行话（术语）

溜，舔，挺，翻，�，溏，棒，绺，皴，笑，超，坠，咬，皱，花，行龙，挂甲，煎丕，出水（调细灰忌讳出水，颜料入油需出水）。秧棱角根（沟）坎末展，犄角旮旯。

油饰工程常见上下架大木的部位名词见本书第 15 章表 15-1-1 和第 16 章的表 16-1-1 注 1。

14.2　古建油作技术术语注释

1. “横砍、竖挠”

是指古建修缮工程地仗施工时，针对第一道工序斩砍见木（基层处理）的操作方法及质量要求。所谓“横砍”是指砍活时，用古建油工专用的小斧子横着（垂直）木纹砍掉旧油灰皮。不得将斧刃顺木纹砍，用力不得忽大忽小，以斧刃触木为度，否则损伤木骨，所以要求“横砍”；所谓“竖挠”是指挠活时，用古建油工专用的挠子顺着构件木纹挠，必要时可采取顺木茬斜挠，将所遗留的旧油灰皮及灰迹（污垢）挠至见新木茬为止。不得横着（垂直）木纹挠，否则易损伤木骨，所以要求“竖挠”。

2. “砍净、挠白”

是指古建修缮工程地仗施工时，针对第一道工序斩砍见木（基层处理）的质量要求。在砍活和挠活时，应用古建油工专用的小斧子和挠子，按“横砍、竖挠”的操作技术术语操作，木基层表面既要达到砍净旧油灰皮，还要将所遗留的旧油灰皮及灰迹挠至见白（新）木茬为止，又不能“损伤木骨”的质量要求。

3. “横掖、竖划”

是指古建地仗施工中，捉缝灰工序时，针对捉缝隙的操作方法及质量要求。所谓“横掖”是指在捉缝隙时，应竖拿铁板横着（垂直）木缝将油灰掖入缝隙。所谓“竖划”是指捉缝隙“横掖”后再用铁板的角顺缝来回划掖油灰，然后竖着铁板顺缝填刮油灰，表面要刮成整铁板灰。使缝内油灰严实、饱满，表面整齐、美观。

4. “竖扫荡、横压麻”

是指古建麻布地仗施工中，针对通灰和压麻灰或压布灰两道粗灰工序过板子时的操作方法及质量要求。所谓“竖扫荡”是指通灰（早期就称通灰，俗称竖扫荡）工序在过板子时，顺着木纹的方向刮灰，檩、柱等圆形木构件，因经多次重修达不到平、直、圆，须横着（垂直）木纹的方向过板刮灰。早期新营建的古建筑，因檩、柱圆形木构件平、直、圆，通灰工序时不过板子，而是使用牛皮制作的皮子进行“竖扫荡”；所谓“横压麻”是指压麻灰工序在过板子时，横着（垂直）木纹方向顺着麻丝滚籽刮灰，其板口应与檩、柱圆形木构件通灰的板口错开。通过横竖过板刮灰，达到平、直、圆的最佳效果。

5.“横翻、竖轧”

是指古建麻布地仗施工中，在使麻工序时，对水轧步骤的操作方法及质量要求。所谓“横翻”是指在开浆、粘麻、砸干轧、潲生后，水轧（翻轧）时，用麻针横着（垂直）麻丝拨动将麻翻虚，既要检查麻层内是否有干麻、干麻包，又要将麻层拨动的不漏籽而厚薄均匀即可；所谓“竖轧”是用麻轧子将翻虚的麻层顺着麻丝挤浆轧实，使浆浸透麻层更加密实平整。再经整理活抻补、找平、轧实，达到使麻的质量要求。

6.“粗拣低、细拣高”

是指古建地仗施工中，在过板子或轧各种线时，针对拣灰者应掌握的操作要点。所谓“粗拣低”是指拣灰者用铁板拣粗灰时，被拣灰处的灰层面须拣平，拣不平的情况下允许拣的微低于灰层表面，但不得拣高灰层表面。如有高出的灰层及余灰、野灰等既不易铲除也磨不掉，更不易磨修平整及成型。如被拣灰处出现微低于的灰层面时，下道工序还可弥补，这就是允许“粗拣低”的道理；所谓“细拣高”是指拣灰者用铁板拣细灰时，被拣灰处的灰层面须拣平，防止收缩或拣不平要拣的略高于灰层表面，便于磨细灰工序时，确保磨细灰易磨修平整及成型。所以要求“细拣高”就是这个道理。拣灰既能弥补板子或轧子下不去地方的不足，又能处理好板口的接头和线口两侧的野灰，还能确保板口或线角的完整，使地仗达到平、直、圆和成型美观的质量要求。

7.“粗灰连根倒、细灰两头跑”

是指古建地仗施工中，针对圆柱子粗灰（早期的扫荡灰）、中灰工序和溜细灰程序操作的要点。所谓“粗灰连根倒”是指圆柱子粗灰时，为防止一人高内出现多余的接头，用皮子由柱根至手抬高处收灰成活的工序，即为“连根倒”，但中灰时手抬高处的接头应与细灰的预留接头错开。在传统油饰施工中总结成“中灰连根倒、细灰两头跑”和“腻子连根倒、细灰两头跑”的技术术语，“连根倒”主要针对用皮子操作能成活的工序，以少留接头为目的。如椽望进行中灰、细灰和腻子工序时，要通长一气贯通收净不留接头，均为“连根倒”；所谓“细灰两头跑”是指用细灰皮子溜圆柱子细灰时，应先溜膝盖以上至手抬高处，要上过头顶下过膝，上下接头放在找细灰打围脖预留接头上，待此段细灰曝干时，分别溜柱子的上段（上步架子）细灰和柱根处（膝盖以下）的细灰，即为“细灰两头跑”。由于溜细灰是由上至下收灰，膝盖以下不易掌握细灰的厚度，因此采取“细灰两头跑”的操作方法。如开间4m以上的上桁条（檩）溜细灰留两个接头时，俗称三皮子活，可采取“细灰两头跑”的操作方法，先溜中间的细灰，再溜两头的细灰，均可先溜两头的细灰，后溜中间的细灰。

8.“左皮子、右板子”

是指古建地仗施工中，针对操作者使用皮子和板子应掌握的操作方法和要点。所谓“左皮子”主要是指上架檩、柱等圆形木构件中灰（含早期的通灰）和溜细灰时，从左插手（由左至右）用皮子完成灰遍成活的操作程序，即为“左皮子”。如开间的上桁条（檩）溜细灰留一个接头时，俗称两皮子活，应先溜左边的细灰，后溜右边的细灰，其接头应放在偏中。如圆柱子溜细灰时，应从暗处由右向左抹灰、覆灰、收灰成活，收灰时要看皮口的后皮柳，并掌握皮柳的直顺度，大面要整皮子活，竖接头应放在圆柱的暗处，半皮子活应放在柱秧处。所谓“右板子”，是指通灰、压麻灰、压布灰和细灰工序中，由过板子完成灰遍成活的操作程序，即为“右板子”。在过板子时，搽灰者用皮子由右至左搽灰和覆灰，过板者手持板子左右让灰，将灰让均匀后，再手持板子由右向左刮灰成活。使用皮子搽灰配合过板子完成灰遍成活的操作程序时，也可称“右皮子”。

9.“俊粗灰、丑细灰”

是指古建地仗施工中，针对粗灰工序和细灰工序灰层表面的质量要求。所谓“俊粗灰”是指粗灰工序如捉缝灰、通灰、压麻灰、压布灰（含中灰）的灰层表面，在操作时除达到平、直、圆等质量要求外，还应达到灰层表面干净、利落、整齐、美观等外观的要求。因为粗灰层表面如有高出的灰层及余灰、野灰、窝灰等缺陷，待灰层干燥后既不易铲除也磨不掉，更不易磨修平整及成型，所以要求“俊粗灰”就是这个道理；所谓“丑细灰”是指细灰工序操作时其灰层，除达到灰层厚度及秧角和棱角基本直顺、整齐，无划痕、蜂窝麻面，确保磨细灰工序能磨修平、直、圆及成型的质量要求外，其灰层表面的外观要求并不重要，所谓“丑细灰”就是这个道理。

10.“长磨细灰、短磨麻”

是指古建麻布地仗和单披灰地仗施工中，针对磨活的磨麻和磨细灰两大工序的操作方法及质量要求。所谓“短磨麻”，顾名思义，就是磨短点（以手腕活动范围的长度急促磨）。操作时一般不称“短磨麻”称为“磨寸麻”。在磨麻时，用缸瓦片或金刚石由上至下横着麻丝磨（现在也有顺着麻丝磨麻的），要磨寸麻，既要磨破浆皮又要断斑磨出麻绒，如长磨麻既磨不破浆皮，又磨不断斑更磨不出麻绒，易造成压麻灰附着不牢：所谓“长磨细灰”，顾名思义，就是拉长些磨（基本以手臂活动范围的长度磨），有利于先磨凸面再找平，如短磨细灰易随凸就凹不易磨平。磨细灰时不称“长磨”，称为穿磨、穿平、穿直（或阴阳角的找直）等。操作时要用新砖块或细金刚石由下至上磨，先轻磨再穿磨硬浆皮直至断斑后，要横竖穿磨至平、直、圆。遇大平面可斜穿、圈磨一遍，圆构件须手感找磨，最后顺木件趟磨掉穿磨的缕痕，使地仗达到平、直、圆的质量要求。传统（指没有金刚石前）磨细灰时，先用缸瓦片穿磨基本断斑后，再用新砖块（选用细城砖块磨平整无砂粒的一面）穿磨平、直、圆。

11.“横穿、竖磨”或“竖穿、横磨”

是指古建地仗施工中，主要针对磨细灰的操作方法及质量要求。所谓“横穿、竖磨或竖穿、横磨”其内容含义与“长磨细灰”技术术语基本相同。不同之处是强调了遇竖木件横着（垂直）构件木纹方向穿磨细灰或遇横木件竖着（顺）构件木纹方向穿磨细灰的操作要求，随着面积的大小同时更换新砖块或细金刚石的大小，凡能进行穿磨的部位（处）则按“横穿、竖磨”或“竖穿、横磨”操作方法操作。特别是涂刷油漆（油皮）部位的地仗，要达到平、直、圆的质量要求。防止油饰后观感出现凹凸不平或水波纹的缺陷，这些缺陷仅靠刮浆灰和血料腻子及油皮上刮油石膏腻子是不易弥补的，甚至由于油皮上刮胶油腻子而造成油漆后翘皮、脱落等缺陷。这就是“长磨细灰”和“横穿、竖磨”或“竖穿、横磨”技术术语的主要含义。

12.“长磨腻子、短磨麻”

是指古建地仗施工中，针对磨活的磨腻子和磨麻的操作方法及质量要求。所谓“长磨腻子、短磨麻”，其内容含义与“长磨细灰、短磨麻”技术术语基本相同。不同之处是地仗钻生桐油干燥后，进行油皮工艺中，磨生、清扫、湿布掸净，找、刮浆灰、满刮血料腻子后。磨腻子时要求用 1½ 号砂纸长磨腻子，通过长磨腻子有利于磨掉凸面的腻子，而凹面的腻子保留下来，达到腻子薄而表面平的目的。如短磨腻子易随凸就凹不易磨平。粉刷工程的顶墙面磨腻子时也是如此“长磨腻子”的。

13.“冬加土籽、夏加丹”

是指古建地仗施工的主要材料“灰油”，在熬炼时，应根据季节性不同调整配比的要点。灰油是用生桐油、土籽面、樟丹粉熬炼而成的。所谓“冬加土籽、夏加丹”是指一年四季春秋两季气候相当，应按一个配比下料；冬夏两季温度差别较大，则应根据土籽面（二氧化锰）和樟丹粉（四氧化铅）的作用，适当增减其配比中的重量。即配比中主要材料生桐油 100 四季不变。春、秋两季土籽面为 7，樟丹粉为 4；冬季土籽面应增 1，樟丹粉则减 1，即冬季土籽面与樟丹材料配比为 8 ∶ 3；而夏季土籽面应减 1，樟丹粉则应增 1，即夏季土籽面与樟丹材料配比为 6 ∶ 5。其每个季节的总重量之合为 111。

14.“油要浅、浆要深”

是指古建油饰（涂料）工程中，对油漆（颜料光油、溶剂型涂料）、浆料（乳液型涂料）在配料调色时，应掌握的要点。配料调色常用颜色是由红、蓝、黄加黑或白，以不等量的不同比例配兑而成的，其调色的结果就是与样板相符。油漆或浆料干燥的过程中，由于受光的折射与反射的影响，其颜色会发生轻微的变化。故在配兑油漆的颜色时应降低一色（度），即为“油要浅”；而在配兑浆料的颜色时应提高一色（度），即为“浆要深”。这就是此技术术语的含义。

15. “横登、竖顺”

是指古建油饰工程中，针对顺油者（涂刷油漆）应掌握的操作方法。所谓“横登、竖顺”，原指搓光油（开油）时，搓油者用生丝团蘸水润软甩净，再蘸油喂匀，搓油要干、到、匀的芝麻油。随后顺油者用油栓先横着构件木纹方向登油（横油），油栓涩时补油，油栓打滑时要斜着登油（斜油），再竖着构件木纹方向顺油（理油），使油肥瘦均匀，不流坠、不裹棱、无皱纹、无明显栓路（刷纹）而通顺的质量要求。

“横登、竖顺”或“竖登、横顺”是指古建油饰工程中，针对顺油者（涂刷油漆）应掌握的操作方法。所谓“横登、竖顺”，原指搓光油（开油）时，搓油者用生丝团蘸水润软甩净，再蘸油喂匀，搓油要干、到、匀的芝麻油。随后顺油者遇竖木件用油栓先横着木纹方向登油（横油），如横登油时油栓发涩应补油登匀，油栓打滑时要反复横斜登油（斜油）勤鐾油，再竖着木纹方向顺油（理油）至均匀；所谓“竖登、横顺”是指顺油者遇横木件用油栓先竖着木纹方向登油（横油），如横登油时油栓发涩应补油登匀，油栓打滑时要反复竖斜登油（斜油）勤鐾油，再横着木纹方向顺油（理油）至均匀。达到使油肥瘦均匀，不流坠、不裹棱、无皱纹、无明显栓路（刷纹）而通顺的质量要求。

16. “冬天过不了的漆金胶、夏天过不了的油金胶”

是指贴金工程中，对贴金的金胶油应掌握的要点。所谓“冬天过不了的漆金胶和夏天过不了的油金胶”是指冬天打漆金胶或夏天打油金胶至结膜，形容（次日）贴金时间延长多久其金胶都能拢瓤子吸金，而确保贴金质量。冬天使用漆金胶时，如匾额、漆器打漆金胶后须入阴室干燥，而漆金胶形成的拢瓤子吸金效果及贴金质量同夏季的油金胶所起的作用；所以使用油金胶在四季中应充分利用夏季的特点，在 5 ～ 8 月份贴金要使用隔夜金胶油，因该季节的金胶油结膜后，手指背触感有黏指感，不粘油，似漆膜回黏，既不过劲，也不脱滑，还拢瓤子吸金，贴金后金面饱满光亮足，不易产生绽口和金花。如今切不可将金胶油内掺入大量成品油漆（除掺入微量腰果清漆例外）作为金胶油使用，易造成贴金后的多种通病。传统为了打金胶防止落刷掺入了微量的黄或红（允许掺入少于 1% 的混色成品油漆）颜料光油，但不论配兑隔夜的金胶油还是配兑其他季节爆打爆贴的金胶油，均应在建筑物贴金的部位处进行样板试验，要控制好贴金时间，否则易影响贴金质量。

17. “真的不能剪、假的不能撕”

是指贴金工程中，针对真假金箔断裁方法的要领。所谓“真的”是指“金箔”，明代称“薄金”，清代称“库金”，又称“库金箔”，颜色发红，金的成色最好，含金量为 98%；其中颜色发黄的称苏大赤，金的成色稍差，含金量为 95%；颜色发白的称赤金箔，金的成色较差，含金量为74%；所谓“假的”传统是指“银箔”，现指“铜箔”。所谓“真的不能剪”，一是从古至今贴金均为撕，二是由于金箔较薄，其厚度只有0.13μm左右，而夹金箔的护金薄绵纸纹以撕金设计选用的，撕金箔时根据贴金宽度撕成的线条尺寸准而齐整、速度快、便于操作。贴金时如用剪刀剪金箔，特别是夏季剪开的齐边口紧，易使护金的薄绵纸将金压实，用金夹子打开薄绵纸时，其金箔易粘吸在护金纸上而形成锯齿边，贴金时贴不整齐还漏贴，造成昂贵的金箔浪费。因此，“真的不能剪”，只能采用撕金的方法断裁金箔；所谓“假的不能撕”由于银箔、铜箔比金箔厚0.08μm左右、质地硬，不易撕成理想的线条宽度，易出现锯齿边浪费较大，因此，“假的不能撕”，只能采用剪子剪的方法断裁银箔或铜箔。这就是“真的不能剪、假的不能撕”的主要含义。

18.“一贴、三扫、九堲（泥）金”

是指贴金、扫金、堲（泥）金三种不同工艺做法中所需用金量的计算要点。要想得到一张金箔贴成的基本相等的面积，扫金的用金量是3张金箔，而堲（泥）金的用金量便是9张金箔。或者说扫金的用金量是贴金的3倍，而堲（泥）金的用金量是扫金的3倍即是贴金的9倍。从质量效果看：堲（泥）金的质量最好，金色厚足而耐久。扫金次之，但大面积要比贴金的光泽度好且色泽一致。贴金最次，但贴金的光亮度较好。

19.“湿扫青、干扫绿”

是指匾额做扫青、扫绿做法时，对筛扫工艺中的操作要求和技术要点。筛扫工艺中，要求颜料干燥有利于筛扫。由于群青颜料体轻、细腻，而鸡牌绿（洋绿）颜料比群青颜料体重、粗糙，因此群青颜料筛扫时，待额字贴金后，蓝油地扣（涂）完光油即可筛扫，将箩内的颜料在额地上筛均匀，筛至颜料不洇油为止，立即在太阳光下暴晒使其速干，用羊毛板刷或排笔将多余的颜料轻扫干净，扣油干后，用绵纸封或挂匾额；洋绿（鸡牌绿）筛扫时，牌匾地如做烫蜡抛光后，绿油字地扣完光油待六七成干时进行筛扫，先将箩内的洋绿在字地上筛均匀，筛至颜料不洇油为止，进行阴干，然后用羊毛板刷或排笔将多余的颜料轻扫干净擦亮蜡面，用绵纸封好牌匾或挂牌匾。

20.“十活九磨”

顾名思义是指在古建油饰的活中，甚至装修涂饰活中、大漆涂饰活中的各种不同做法的工艺中如有十道工序需九道磨，甚至高级做法工艺中几乎道道磨（俗语“活活磨”），说明磨活在一种合格的成品工艺中所起的重要作用。磨活既决定工艺的各层之间附着牢固的程度，又决定工艺的平、直、圆、成形、光滑、整齐、美观和细致的程度等。因此，在施工中磨活是一项不可忽视的工作，应认真对待并掌握各种工艺工序的磨活技法。

21. 油作操作口诀

在传统油饰工程施工中，精炼的操作口诀匠师们心中的基本操作（规程）要领。如“横砍竖挠净，缝子撕撇捺，竹钉下均牢，油浆支严到，缝灰掖垫找，通灰刮平直，使麻翻轧实，磨麻短出绒，压麻滚籽灰，中灰要克骨，细灰两头跑，长磨细灰平，连续钻生透，腻子连根倒，搓油干到匀，顺油均匀到”等。

古建油作技术中，有的技术非文字所能概括，需通过口传心授的形式表达，甚至有些上佳的绝技非语言所能表达，这些技能易失传。要想做到技能水平的全面，首先要爱一行钻一行，勤学苦练，并有良好的职业素质及悟性，而且有传统知识的储备和多方面知识的积累，同时具备传统、修缮、装饰装修工艺的实践经验积累和悟性。对于技艺中的技巧多从书中和实践中探索，要学习前辈学艺的精神(不耻下问、偷看、偷学)。具备一般技能就满足的思想是不可取的，要以“千里之行，始于足下”，“愚者千虑，必有一得”，“学无止境，艺不压身”为境界。

第15章 关于古建筑部位名称油画作与木作名词对照表

名词对照见表15-1。

名词对照表 表15-1

油画作俗语部位名称		木作官式部位名称
1	水缝	风雨台
2	闸挡板	里口木（小式为闸挡板）
3	攒角	翼角
4	豌豆黄	衬头木（枕头木）
5	上行条	挑檐檩、檐檩等
6	崩棱鼓	搭角檩头
7	道僧帽（又叫道士帽）	挑尖梁头
8	压斗枋	挑檐枋
9	趋斗板	斜斗板
10	烟袋锅	升
11	纱帽翅（又叫烟袋脖）	翘
12	猪拱嘴	昂
13	烂眼边	斗栱眼（单材栱）清斜明圆
14	荷包	斗栱眼（足材栱）清凸明平
15	灶火门	垫栱板
16	坐斗枋	平板枋
17	金刚圈	霸王拳
18	腰断红	额垫板（指窄的额垫板不做彩画饰红油）
19	将出头	穿插枋头
20	明柱	檐柱
21	樘子 （大樘子）	裙板
22	海棠盒（小樘子）	绦环板
23	燕窝	椽椀
24	迎风板	走马板或围脊板

续表

	油画作俗语部位名称	木作官式部位名称
25	掏空	廊步椽望或上架大木部位
26	老龙窝（龙井内雕刻蟠龙的部位）	藻井（见彩图 15-1-1）
27	匾心（不含平面匾）	字槛（官式名称）
28	菱花扣	菱花眼钱
29	合楞	滚楞
30	柱窝子（抱肩）	肩膀（制作称断肩）
31	云头（又叫角云头）	花梁头

第16章 关于油饰彩画工程分部、分项工程名称参考

16.1 古建筑工程分项、分部的划分

16.1.1 分项工程的划分

按建筑工程的主要工种所含的具体工程内容划分。如油作施工的地仗（麻布地仗、单披灰地仗、胶溶性单披灰地仗、修补地仗），油皮（油漆），贴金，粉刷，烫蜡、擦蜡，大漆工程等。

油饰彩画工程的分项工程，常按部位的做法划分。在施工和资料管理中，为竣工验收、结算合理、资料归档齐全、不落项，施工时间基本相同时其部位的做法相同可合并同类项。例如，外檐上架大木地仗和内檐上架大木地仗合并成内外檐上架大木地仗；垫栱板与上架大木地仗做法相同合并成上架大木及垫栱板地仗；天花、支条地仗做法相同合并成天花、支条地仗，地仗做法不同应分别分项成天花地仗、支条地仗等，彩画作分项工程与此相同。

16.1.2 油饰彩画工程细部分项的划分

油饰彩画工程细部分项的划分见表16-1-1。

油饰彩画工程细部分项的划分　　表16-1-1

序号	子分部工程名称	分项工程名称
1	地仗（麻布地仗、单披灰地仗、修补地仗）	上架大木地仗，下架大木地仗，山花博缝地仗，大门地仗，挂檐板、挂落板、滴珠板地仗，槅扇、槛窗（门窗）地仗，匾额地仗，栏杆地仗，木楼梯木地板地仗，连檐瓦口、椽头地仗，椽望地仗，天花、支条地仗，斗栱地仗，楣子、芽子、雀替花活地仗，菱花或棂条仔屉地仗等
2	油皮（颜料光油、混色油漆）	上下架大木、槅扇、槛窗、窗屉（门窗）、栏杆油皮，大门油皮，山花、博缝、挂檐（落）板、滴珠板油皮，连檐瓦口、椽望油皮，地板油漆，匾额油漆，楣子、芽子、雀替花活油皮，盖斗板、烂眼边、荷包、垫栱板油皮等（含彩画、赤金罩油）
3	贴金（描金、撒金）	大木彩画贴金，椽头彩画贴金，椽望彩画贴金，斗栱、垫栱板彩画贴金，天花、支条彩画贴金，栏杆、楣子、芽子、雀替花活彩画贴金，山花绶带、梅花钉贴金，挂檐（落）板贴金、柱子贴金，框线、门簪、云盘线、两柱香、皮条线、绦环线、菱花扣、面叶、门钉贴金，匾额贴金等

续表

序号	子分部工程名称	分项工程名称
4	彩画	大木彩画，斗栱彩画，天花、支条彩画，栏杆、楣子、花活彩画，椽头彩画等
5	粉刷	内墙面大白浆、包金土浆，内、外墙面涂料等
6	烫蜡、擦蜡、清漆	上下架大木、木装修（花活）烫蜡、擦蜡等，木装修（花活）清漆等
7	大漆	匾额对子大漆、试验台大漆等

注：1. 油饰工程上架大木与下架大木部位的界线划分如下：

（1）上架大木由下枋下皮以上（含柱头）有梁、板、枋、檩、垫板、垫栱板、压斗枋、坐斗枋、撩檐枋、瓜柱、柁墩、角背、雷公柱、角梁、宝瓶、由戗、燕尾枋、博脊板、栱枋板、镶嵌象眼山花板、柁档板，承重楞木、木楼板底面及梁（含抱头梁）、枋（含穿插枋）、檩等露明的榫头（如挑尖梁头、搭角檩头、花梁头、柁头、将出头、霸王杈）部分。

（2）下架大木由下枋下皮以下的柱子（含擎檐柱）、抱框、上中下槛、风槛、榻板、坐凳、门簪、门栊、门头板、走马板、木（栈）板墙、木楼梯、木地板、筒子板（含什锦门窗套）、带门钉大门、撒带门、攒边门、屏门及如意线边的斗形匾额等。

2. 传统基本按油水比划分上下架，凡风吹日晒雨淋的部位如山花、博缝、挂檐板、挂落板、滴珠板、连檐瓦口、椽头和镶嵌象眼山花板、柁档板及各种门窗扇、栏杆、牌楼大木花板等均列为下架部位。

16.1.3 分部工程的划分

按建筑工程的主要部位所含的具体工程内容划分，如木装修工程、装饰工程（油饰彩画子分部工程）等。

16.1.4 油饰彩画观感质量评定标准分值的分配

应根据项目工程量比重大小分配。例如，油饰彩画项目的划分及标准分参考：山花、博缝、挂落油饰彩画 2，檐头油饰彩画 3，斗栱油饰彩画 1 ～ 3（五踩斗栱 3 分，一斗三升交麻叶斗栱 1 分），天花、支条油饰彩画 1 ～ 3，上架大木油饰 4，上架大木油饰彩画 8，下架大木门窗油饰 6，楣子花活栏杆油饰彩画 2，墙面粉刷 1 ～ 2，相邻部位洁净度 1。

16.2 质量评定标准

一般从三方面评定工程质量：

（1）主控项目：即必须符合要求，不可有一点错处的项目。

（2）一般项目：即基本上达到的项目标准，采用抽查方法检查。

（3）允许偏差的项目：因操作上会出现偏差，所以规定允许偏差的范围。

第17章 古建油漆工职业技能（应知应会的要求）

（1）职业序号：古建 ×××

（2）专业名称：古建土木建筑

（3）职业名称：古建油漆工

（4）职业定义：以专用手工工具或机具，运用特定材料及加工配制，按传统工艺，通过传统操作方法，对建筑物表面和匾额、雕刻等各种装饰物表面进行油饰，以达到传统要求或设计要求及保护、装饰作用。

（5）适用范围：文物建筑维修油饰工程、古建筑修建油饰工程、仿古建油饰工程。

（6）技能等级：设初、中、高级。

（7）学徒期：3年。其中培训期1年，见习期2年。

17.1 初级古建油工

1. 知识要求（应知）

（1）常用油漆及附属材料的名称、性能、用途。

（2）普通油漆、粉刷、裱糊的操作程序和质量标准。

（3）本工种的工具、小型机械的性能。

（4）常见古建筑木结构的构件名称。

（5）地仗前的斩砍、除铲、撕缝、下竹钉的规矩及旧底子的处理方法。

（6）安全操作规程、质量标准及劳动定额。

2. 操作要求（应会）

（1）调配石膏油腻子、大白腻子、血料腻子、石灰水、大白浆等。

（2）斩砍、除铲、撕缝、下竹钉、支油浆、操油和旧底子的处理工作。

（3）常用油漆及附属材料的配制和使用。

（4）普通油漆的打底罩面工作。

（5）配合操作各种地仗。

（6）配合操作清漆、打底罩面、烫硬蜡、擦软蜡等工作。

（7）本工种的工具、小型机械的使用和维修。

17.2 中级古建油工

1. 知识要求（应知）

（1）看懂一般做法说明书、施工图，了解制图的基本知识。

（2）各种油漆涂料的颜色、性能、用途、配制方法及化学反应知识。

（3）披麻、糊布及各种地仗的操作规矩、程序及质量标准。

（4）中级、高级油漆粉刷、烫蜡、裱糊的质量标准和操作程序。

（5）不同气候、不同环境对各道工序的影响和相应采取的施工方法。

（6）与其他工种交叉作业的联系、步骤，油漆活与彩画的关系。

（7）施工方案编制知识、班组管理知识和鉴别质量的方法。

2. 操作要求（应会）

（1）制作各种施工工具。

（2）做各种地仗和各种灰线，并会使1尺8寸板子刮灰。

（3）各种桐油大漆、各种新涂料的罩面及硬木烫蜡。

（4）打金胶、贴金、扣油提地。

（5）各道地仗灰料的配制以及施工现场的全部油漆配制。

（6）根据做法说明和施工图估算工料。

（7）安排计划，组织施工、制定质量安全措施。

（8）处理一般技术质量问题。

17.3 高级古建油工

1. 知识要求（应知）

（1）美术绘画及彩画知识。

（2）各种油漆的性能和不同季节的操作方法，以及油漆施工理论知识。

（3）高级油饰、烫蜡、粉刷、裱糊的质量标准和施工工艺。

（4）古建筑油饰彩画普查内容、方法。

（5）清代油饰材料、做法、设色的知识。

（6）与本工种有关的新材料、新工艺的知识。

（7）预防质量、技术、安全事故的方法。

2. 操作要求（应会）

（1）编制油作修缮方案和做法说明及修缮工程技术鉴定。

（2）根据油作施工方案组织施工。

（3）各种匾额的雕刻、堆字、刻字、扫青、扫绿、扫金。

（4）各种高级烫蜡、大漆、油饰的操作。

（5）熬灰油、光油、金胶油。

（6）各类硬木的新作及修缮烫蜡、油漆、底色。

（7）大漆、金箔、银箔、罩漆等高级技术，在我国南北方不同气候环境下的操作方法。

（8）对初、中级工示范操作，解决本工种操作技术上的疑难问题。

附录A 清工部《工程做法则例》油作用料（卷五十六）

油作用料开后

三麻二布七灰糙油、垫光油、朱红油饰做法：

第一遍捉灰一道。

第二遍捉麻一道。

第三遍通灰一道。

第四遍通麻一道。

第五遍苧布一道。

第六遍通灰一道。

第七遍通麻一道。

第八遍苧布一道。

第九遍通灰一道。

第十遍中灰一道。

第十一遍细灰一道。

第十二遍拨浆灰一道。

第十三遍糙油。

第十四遍垫光油。

第十五遍光油。

使三麻二布七灰糙油、垫光油、朱红油饰每尺用：桐油三两，线麻七钱五分，宽一尺四寸苧布一尺四寸四分，红土二分，南片红土三钱，银朱四钱，香油二分。

使二麻一布七灰糙油、垫光油、朱红油饰每尺用：桐油二两六钱，线麻五钱，宽一尺四寸苧布七寸二分，红土二分，南片红土三钱，银朱三钱六分，香油二分。

使二麻五灰每尺用：桐油一两四钱，线麻五钱。

使一麻四灰每尺用：桐油一两，线麻二钱五分。

使灰三道每尺用：桐油六钱。

使灰二道每尺用：桐油四钱。

朱红油饰每尺用：桐油二钱五分，银朱二钱四分，香油二分。

紫朱油饰每尺用：桐油二钱五分，银朱二钱，烟子六厘，香油二分。

广花结砖色每尺用：桐油二钱五分，广靛花一钱，定粉二钱，香油二分。

定粉油饰每尺用：桐油二钱五分，定粉五钱，香油二分。

广花油饰每尺用：桐油二钱五分，广靛花一钱五分，香油二分。

烟子油饰每尺用：桐油二钱五分，南烟子一钱五分，香油二分。

大碌油饰每尺用：桐油二钱五分，大绿五钱。

瓜皮碌油饰每尺用：桐油二钱五分，定粉三分，广靛花二分，彩黄三钱。

银朱黄丹油饰每尺用：桐油二钱五分，银朱一钱二分，黄丹一钱二分。

红土烟子光油每尺用：桐油二钱五分，红土二钱，烟子四厘。

定粉土粉光油每尺用：桐油二钱五分，定粉三钱，土粉二钱五分。

靛球定粉砖色每尺用：桐油二钱五分，靛球二钱七分，定粉三分。

柿黄油饰每尺用：桐油二钱五分，栀子二分，槐子三分，南片红土五分。

三碌油饰每尺用：桐油二钱五分，定粉五分，三碌四钱。

鹅黄油饰每尺用：桐油二钱五分，彩黄五钱。

松花碌油饰每尺用：桐油二钱五分，彩黄四钱，广靛花一分。

金黄油饰每尺用：桐油二钱五分，黄丹三钱。

米色油饰每尺用：桐油二钱五分，定粉二钱六分，彩黄一钱三分，淘丹四分，青粉二钱。

杏黄油饰每尺用：桐油二钱五分，黄丹二钱，彩黄一钱。

香色油饰每尺用：桐油二钱五分，青粉二钱，土子六分，彩黄三钱。

月白油饰每尺用：桐油二钱五分，定粉二钱五分，广靛花一分。

油饰红色瓦料钻油二次，糙油一次，满油一次每尺用：桐油一两二钱，淘丹五钱七分六厘，南片红土三钱三分六厘。

天大青刷胶每尺用：天大青六钱六厘，水胶六分。

榉黄油饰每尺用：桐油二钱，水胶六分，锭子四分，南片红土五分。

洋青刷胶每尺用：水胶六分，洋青一两。

花梨木色每尺用：水胶六分，苏木一两五钱，黑矾一分。

楠木色每尺用：水胶六分，槐子一钱，土籽面二钱。

红土刷胶每尺用：水胶六分，南片红土二钱四分。

烟子刷胶每尺用：水胶六分，烟子一钱五分。

以上不用灰麻布油饰各色，每尺桐油二钱五分。如刷胶罩油，去桐油五分，加水胶六分。如刷胶不油去桐油用水胶六分核算。

以上除糙油、垫光油、朱红油饰外，每用桐油一百斤，加白灰五十斤，白面五十斤。

每桐油一百斤用：土籽六斤四两，陀僧六两四钱，黄丹六斤四两，白丝六钱，丝绵六钱。（如油过一千斤以外减半准给。）

菱花每十扇，用牛尾一两。（如二十扇以外减半准给。）

煎油，每油一百斤用：木柴二十五斤。（如有木作工程不准办买价值。）

注 1：本文转载自《古建园林技术——清工部〈工程做法则例〉连载本》，主要目的是让读者了解清早期的油饰做法和用料及设色。特别是清早期的朱红油饰，从做法上似乎只有八种，而从用料和色彩上似乎只有 3 种与传统常用的二朱油油饰近似，但其实有色差，有何区别应仔细分析，以便于更符合文物古建筑的色彩要求。

注 2：清雍正十二年（1734 年）颁布的工部《工程做法则例》，是清式建筑的经典性文献，其材料、设色、做法对于我们今天进行古建筑保护、维修、研究有着实用性价值，也是有文字记载以来油作内容最多的技术资料。

注 3：“靛球定粉砖色”中的“靛”即蓝靛、靛青，用蓝色和紫色混合而成的颜色。“蓝靛”是靛蓝的通称，深蓝色。

注 4：斗科油作用料（卷五十七），对研究实用性价值略少未转载。

附录B 清工部《工程做法则例》油作用工（卷七十）

油作用工开后

使灰一道过画作，每折见方尺二百五十尺，用油匠一工。

使灰二道过画作，每折见方尺一百二十五尺，用油匠一工。

使灰三道过画作，每折见方尺八十三尺，用油匠一工。

使灰三道，麻一道过画作，每折见方尺六十二尺，用油匠一工。

使灰三道，糙油、烟子油饰，每折见方尺五十尺，用油匠一工。

使灰三道，麻一道，糙油、朱红油饰，每折见方尺四十一尺，用油匠一工。

使灰三道，麻一道，糙油、垫光油、朱红油饰，每折见方尺三十五尺，用油匠一工。

使灰四道，麻二道，糙油、红土油饰，每折见方尺三十一尺二寸，用油匠一工。

使灰五道，麻一道，糙油、垫光油、朱红油饰，每折见方尺二十七尺七寸，用油匠一工。

使灰五道，麻二道，糙油、垫光油、朱红油饰，每折见方尺二十五尺，用油匠一工。

使灰六道，麻一道，布一道，糙油、垫光油、朱红油饰，每折见方尺二十二尺七寸，用油匠一工。

使灰七道，麻二道，布一道，糙油、垫光油、朱红油饰，每折见方尺十九尺二寸，用油匠一工。

使灰七道，麻三道，布一道，糙油、垫光油、朱红油饰，每折见方尺十七尺八寸，用油匠一工。

使灰七道，麻三道，布二道，糙油、垫光油、朱红油饰，每折见方尺十六尺六寸，用油匠一工。

油饰各色，每折见方尺一百二十五尺，用油匠一工。

油饰檐网，每折见方尺一百二十五尺，用油匠一工。

油饰红色瓦料，钻油二次，糙油一次，油满一次，每折见方尺六十一尺，用油匠一工。

刷各色胶，每折见方尺三百尺，用油匠一工。

头停打满，每折见方尺一百二十五尺，用油匠一工。

地面砖钻夹生油，每折见方尺三百尺，用油匠一工。

每用油匠一百工加煎油拌料油匠十二工。

二共油匠一百工加挑水、劈柴烧火、捶麻、筛碾砖灰壮夫十五名，凡修旧油饰应行斩砍，每油匠一百工加斩砍油匠二十五工。

注 1：本文转载自《古建园林技术——清工部〈工程做法则例〉连载本》杂志，主要目的是让读者了解清早期的油饰做法。

注 2：斗科油作用工（卷七十一）对研究实用性价值略小，故未转载。

附录C　有关《天坛祈年殿油饰彩画工程做法》摘录（大清光绪十二年）

下架柱木装修使灰六道，捉满麻三道，布一道，压布灰一道，糙漆一道，垫光漆二道，朱红漆一道，笼罩亮光朱红漆一道。钻金柱沥粉西番莲，使漆筛扫红金。菱花心使漆灰一道，糙漆一道，垫光漆二道，朱红漆一道，笼罩亮光朱红漆一道。琵琶栏杆使灰三道，糙油，光朱红油。绦环、荷叶、静瓶刷青绿，开黄金线。

上架枋梁大木使灰六道，满麻二道，糙油，彩画金琢墨，龙凤枋心，剔青绿地，找头金流云，边线、楞线沥粉贴金。下檐由额垫板光朱红油。上檐承重枋、承椽枋、博脊枋、棋枋板里面俱使油贴红金；童柱沥粉西番莲，使油贴红金。

斗科使灰三道，糙油，彩画金琢墨。上檐龙井周围斗科，并承重枋里面采做斗科使油贴红金。垫栱板使灰五道，满麻一道，糙油，垫光油，光朱红油，彩画沥粉金流云火焰三宝珠。

天花背面使灰四道，满麻一道，糙油，光红土油。迎面捉灰、捉麻、糙油。廊内天花彩画沥粉金凤元光，剔大青、二青地，岔角五彩边线贴金；龙井天花沥粉勾描圆光、龙凤、流云使油贴黄金；贴梁支条使灰四道，捉麻一道，糙油，廊内俱刷绿，线路贴金；龙井内使油贴红金。

雀替使灰六道，满麻一道，夏布一道，糙油，彩画金琢墨。

盖斗板、望板、连檐、瓦口使灰三道，糙油，垫光油，光朱红油。

椽子使灰三道，糙油，衬二绿、刷大绿。椽头使灰三道，糙油，彩画金万字，龙眼宝珠。望板上捉灰溜缝糊高丽纸一层，满油糊高丽纸二层。

画活罩清油一道。

檐网一道朱红油。

菱花眼钱、槛框线路俱使漆筛扫黄金。

字匾靠木钻生漆一道，捉缝灰一道，通灰一道，满麻三道，压麻灰三道，布三道，压布灰三道，中灰一道，细灰一道，糙漆一道，垫光漆二道；背面光朱红漆一道，笼罩亮光朱红漆一道；字堂筛扫大青，边抹、玲珑雕花使漆筛扫红金。

注：本书转载“有关《天坛祈年殿油饰彩画工程做法》摘录（大清光绪十二年）”主要目的是让读者了解学习探索清晚期的油饰彩画做法、设色以及“漆与油”曾并用的依据。

作者：路化林

2018.12.18

后　记

基于50余年实践和专业管理的经验积累，《中国古建筑油作技术》一书，在古建筑延续保护利用阶段和仿古建筑的修建中，传承、弘扬油作传统技术显得尤为必要，对如何延长古建筑的使用寿命将起到重要的作用。本人水平所限，此书最不足之处，是对初学者来说缺少古建筑识图，因古建筑的木结构非常复杂，构件名称及构件外形也十分繁多奇特，如果我们对这些构件名称及构件外形一点都不熟悉，那先甭说操作，就是上了架子连操作的地点也找不到，将会对施工和文物修复带来不必要的麻烦。要对古建筑的木构件名称和形状及雕刻纹饰进行了解和熟悉，只能在古建木作书籍中和实践中学习，才有可能胜任古建筑的修复和保护工作。本书与技术著作的要求还有距离，不足之处，恳请专家、同行给予指正。

我能写成这本书，首先感谢启蒙老师李紫峰先生、恩师崔立顺先生及刘俊和先生、韩立明先生、李中秋先生、杜长海先生、张云福先生、翟志善先生、张德森先生、张书堂先生、孔维彬先生、王志明先生等，没有恩师的教导和师傅们的关心，我即便进了"古建之门"，也不可能修成此"正果"。同时，还要感谢我的领导，北京古代建筑工程公司第二任总工程师董宝山先生和技术科科长许继远先生、质检科科长王风山先生，因为他们的信任，我从油漆彩画分公司的一名工人（古建油匠）到公司技术质检科负责油漆彩画专业；感谢房管局施工处处长唐吉麟先生，推荐我到北京市修建行业技师考核办任教，培训修建和古建油漆高级工、技师，是领导给了我工作上的求索条件和成功机会。

本书的出版，得到了蔡红英、路炜的支持和帮助，得到了中国建筑工业出版社有关领导、编辑和其他工作人员的大力支持，在此一并感谢！

路化林　于北京

2018年12月3日